县级气象局政务管理

彭 军 主编

气象出版社
China Meteorological Press

内容简介

县级气象工作是气象事业的基础。本教材注重理论与实际相结合,着力研究了具有县级气象局特色的管理理论与实践,引用了基层管理实践中的例证,基本反映了县级气象局政务管理的特点和方法,并着力于解决县级气象局政务管理工作的实际问题,具有较强的针对性、实用性和指导性,有助于基层气象部门政务管理人员掌握县级气象政务管理相关知识和工作方法,熟悉县级气象政务管理的规范和流程,提高综合素质和履职能力。本教材包括县级气象局的行政管理,人事管理,财务管理,党建纪检、精神文明和气象文化,宣传与科普五部分内容。

图书在版编目(CIP)数据

县级气象局政务管理 / 彭军主编. -- 北京 : 气象
出版社, 2022.1
ISBN 978-7-5029-7647-7

Ⅰ. ①县… Ⅱ. ①彭… Ⅲ. ①县—气象局—行政管理
Ⅳ. ①P451

中国版本图书馆CIP数据核字(2022)第016768号

Xianji Qixiangju Zhengwu Guanli

县级气象局政务管理

彭 军 主编

出版发行:气象出版社
地　　址:北京市海淀区中关村南大街 46 号　　　邮政编码:100081
电　　话:010-68407112(总编室)　010-68408042(发行部)
网　　址:http://www.qxcbs.com　　**E-mail**:qxcbs@cma.gov.cn
责任编辑:邵 华　张玥滢　　　　　　　**终　审**:吴晓鹏
责任校对:张硕杰　　　　　　　　　　　**责任技编**:赵相宁
封面设计:博雅锦
印　　刷:北京中石油彩色印刷有限责任公司
开　　本:787 mm×1092 mm　1/16　　　印　张:13.75
字　　数:354 千字
版　　次:2022 年 1 月第 1 版　　　　　　印　次:2022 年 1 月第 1 次印刷
定　　价:68.00 元

《县级气象局政务管理》
编写人员

主　　编：彭　军

副 主 编：陈石定　胡贵华　谢　赛

编写人员：第一章：李劭翌（第 1、2 节）　张涛（第 1 节）　王林（第 2、3 节）
　　　　　　夏智宏（第 4 节）　严大勇（第 4、7 节）　郭坦（第 5 节）
　　　　　　苏磊（第 5 节）　顾文波（第 6 节）　沈蕾（第 7 节）；

　　　　　第二章：肖会中（第 1、3、4 节）　向玉春（第 1、2、4 节）　向辽元（第
　　　　　　3、4 节）　耿芳（第 1、2 节）　王寅娟（第 2 节）；

　　　　　第三章：黄群（第 1、2、5 节）　张蕾芳（第 3、4 节）　向辽元（第 5 节）；

　　　　　第四章：周芳（第 1、2 节）　汪欣欣（第 1、2 节）　潘勐（第 1、2 节）
　　　　　　胡芳玉（第 3 节）　徐远波（第 3 节）；

　　　　　第五章：陆铭（第 1、4、5 节）　杨夏（第 2 节）　刘庆忠（第 3 节）　张
　　　　　　洪刚（第 5 节）　王晓莉（第 4 节）　唐悦（第 2 节）　杨明伟
　　　　　（第 4 节）

审稿专家：姜海如

统　　稿：陈石定　谢　赛　王章敏　顾文波

序

    气象事业是党领导下的科技型、基础性社会公益事业。县级气象部门是服务经济社会发展、防灾减灾和应对气候变化的重要阵地。中国气象局党组历来高度重视县级气象部门的工作,始终将其摆在突出位置。特别是党的十八大以来,气象部门以习近平新时代中国特色社会主义思想为指导,以贯彻落实习近平总书记对气象工作的重要指示精神为根本遵循,不断强化县级气象部门的气象现代化建设力度,气象观测质量稳步提升,气象灾害监测预报预警水平不断提高,气象灾害防御能力显著增强,公共气象服务的社会效益增效明显。同时有效改善了基层气象台站工作生活条件,促进了气象事业科学发展,为经济社会发展和人民安全福祉提供了优质的气象服务

    做好新时代县级气象局工作,进一步提升基层公共气象服务能力和社会效益,需要有一支踏实肯干、爱岗敬业、业务素质高的气象业务服务队伍,也要有一批政治素质高,管理能力强的政务人才。气象业务与气象管理是不可分割的两翼,特别是在新发展阶段,气象社会管理的重要性越来越突出。县级气象部门是气象社会管理的前沿,日常工作中处理的工作涉及面广,直面社会和公众,情况复杂、任务繁重。县级气象部门管理人员的政治素质和管理能力,决定着县级气象部门社会管理职能的发挥,成效的显现和形象的树立。

    为进一步提高县级气象局政务管理水平,促进基层气象台站气象服务能力提高,中国气象局气象干部培训学院(以下简称干部学院)组织中国气象局气象干部培训学院湖北分院(以下简称湖北分院)开展了县级气象部门气象综合管理系列教材中政务管理培训教材编写工作。湖北分院组织专班进行编研工作,多次到基层气象台站进行实地调研,组织专家和基层领导进行研讨,反复修改,数易其稿,形成了《县级气象局政务管理》。

    本书共分五个部分,包括了县级气象局政务管理基础性技能、人事干部管理、财务管理、党建和风险防控、精神文明和气象文化建设等方面,内容涵盖全面,基本覆盖了县级气象局政务工作的全貌。注重理论与实际相结合,着力研究了具有县级气象局特色的管理理论与实践,引用了基层管理实践中的例证,基本反映了县级气象局政务管理的特点和方法。同时着眼于解决县级气象局政务管理工作的实际问题,具有较强的针对性、实用性和指导性。对县级气象局政务管理相关岗位人员掌握相关知识和工作方法,熟悉县级气象局政务管理的规范和流程,提高政务管理人员的综合素质和履职能力,达到政务管理岗位的上岗要求,具有很强实用性。

中国气象局气象干部培训学院院长　于玉斌

前　　言

　　县级气象工作是气象事业的基础,是推进气象现代化、实现气象事业高质量发展的重要基石。基层气象机构直接面向生产、面向民生、面向决策,关系到人民群众生命安全、生产发展、生活富裕、生态良好,既是社会气象服务需求的直接触角,也是气象科技转化为经济社会效益的前沿,承担着繁重的气象业务、服务和管理任务。中国气象局历来将县级气象局的建设摆在全局工作的重要位置,特别是党的十八大以来,中国气象局党组强化领导,科学规划,大力推进,不断完善利于县级气象事业发展的措施,基层气象服务能力和效益显著提高。

　　县级气象局政务管理是基层气象机构的基本职能之一。加强县级气象局政务管理,对提升基层气象业务服务能力,推进气象事业实现高质量发展具有极其重要的现实意义。由于受多方面因素影响,目前县级气象局的政务管理相对比较薄弱,管理水平不适应基层气象事业发展的问题比较明显。因此,学习和研究县级气象局政务管理,不断提高县级气象局政务管理水平,是新时代气象事业实现高质量发展提出的迫切要求。

　　全面推进气象现代化、实现气象事业高质量发展,必须要有新理念、新思路、新举措。在格局上需要更加开阔的视野,现代化的业务、服务、管理要实现全覆盖;在行动上需要更加高效的管理,气象现代化目标要求、具体举措、制度保障、实施路径要全面协同。近些年来,全国气象科学管理得到很大加强,建立健全了科学的决策程序,规范了工作流程,完善了各项规章制度,推进了电子政务和信息化建设,促进了管理方式转变,推动了管理创新,气象管理工作现代化整体水平有了较大提升。但是,县级气象局管理水平与部门整体管理水平还存在较大差距,先进的管理技术和管理方法在县级气象局的应用还不够平衡,与推进现代化进程还不够适应。因此,县级气象局政务管理人员学习和应用现代管理知识,提高管理水平,是适应气象部门实现管理现代化的实际需要。

　　为使基层气象部门政务管理人员掌握县级气象局政务管理相关知识和工作方法,熟悉县级气象局政务管理的规范和流程,提高政务管理人员的综合素质和履职能力,达到政务管理岗位的上岗要求,中国气象局气象干部培训学院(以下简称"干部学院")拟对县级气象局政务管理各岗位开展培训。经干部学院安排,中国气象局气象干部培训学院湖北分院(以下简称"湖北分院")承担了县级气象局气象综合管理中的"政务管理"培训教材编写工作。

　　2010年,在干部学院支持下,在湖北省气象局直接领导下,湖北分院组织编写了《县级气象局综合管理》培训教材,经过多年的教学实践产生了积极效果。2019年以来,湖北分院在总结和评估近些年面向县级基层气象管理教学的基础上,结合党的十八大以来对干部培训教育提出的新要求,以及基层气象管理面临的新形势新任务,组织专班进行了编研工作,多次深入县级气象局进行实地调研,倾听专家和基层管理者意见,部分内容已经在全国县级气象局培训址试讲,后听取学员意见,后经反复修改,六易其稿,最终形成《县级气象局政务管理》。该教材包括县级气象局的行政管理,人事管理,财务管理,党建纪检、精神文明和气象文化建设,宣传与科普五个部分。

　　"行政管理"围绕县级气象局行政办公管理工作实际,分析了县级气象行政管理的内涵与特点,阐述了公文写作与办理、政务公开、安全生产管理、气象突发事件与应急管理、礼仪与沟通、气象保密与档案管理等内容;"人事管理"结合县级气象局管理工作实际,研究分析了县级气象局人事管理理论与实务,包括气象公务员管理、气象事业单位人事管理、气象干部队伍建设和气象人才培养与管理;"财务管理"研究分析了县级气象局财务管理及报销、财务系统、预算申报、资产管理、政府采购管理、项目管理;"党建纪检、精神文明和气象文化建设"分析了县级气象局党的建设、廉政建设、精神文明和气象文化建设的特点和方法,着力于解决县级气象局党建纪检、精神文明和气象文化建设工作的实际问题;"宣传与科普"针对基层气象宣传与科普工作实际,从政策理论、宣传科普活动策划组织、新闻写作与摄影基础等方面进行了深入浅出的阐述,帮助学员了解气象宣传与科普管理组织机构、运行机制、工作职责,掌握新闻写作、摄影和科普传播基本技能,提升宣传科普活动策划组织能力,提高综合运用水平。

目 录

序
前言

第一章　行政管理…………………………………………………………… 1
　第一节　气象行政管理概述……………………………………………… 1
　　一、县级气象行政管理………………………………………………… 1
　　二、县级气象局行政办公管理的主要内容及决策…………………… 4
　　三、县级气象局行政办公管理的主要方法…………………………… 5
　第二节　公文管理………………………………………………………… 9
　　一、公文的概念和种类………………………………………………… 9
　　二、公文的写作………………………………………………………… 12
　　三、公文办理…………………………………………………………… 16
　第三节　政务公开………………………………………………………… 17
　　一、政务公开的一般知识……………………………………………… 17
　　二、县级气象局政务公开……………………………………………… 20
　第四节　安全生产管理…………………………………………………… 22
　　一、气象安全生产管理………………………………………………… 22
　　二、县级气象局安全生产管理………………………………………… 25
　第五节　气象应急管理…………………………………………………… 29
　　一、应急管理…………………………………………………………… 29
　　二、突发事件…………………………………………………………… 33
　　三、值班值守…………………………………………………………… 37
　第六节　政务礼仪与行政沟通…………………………………………… 38
　　一、政务礼仪…………………………………………………………… 38
　　二、行政沟通…………………………………………………………… 44
　第七节　气象保密与档案管理…………………………………………… 49
　　一、保密工作…………………………………………………………… 49
　　二、气象档案管理……………………………………………………… 54

第二章　人事管理…………………………………………………………… 60
　第一节　公务员管理……………………………………………………… 60
　　一、概述………………………………………………………………… 60
　　二、公务员职务管理…………………………………………………… 62
　　三、公务员工资管理…………………………………………………… 65

四、公务员考核 ……………………………………………………… 67

第二节　气象事业单位人事管理 …………………………………… 69

一、事业单位人事管理概述 ………………………………………… 69

二、岗位管理 ………………………………………………………… 70

三、职称评聘 ………………………………………………………… 72

四、工资福利 ………………………………………………………… 74

第三节　气象干部队伍建设 ………………………………………… 81

一、概述 ……………………………………………………………… 81

二、县级气象局领导干部队伍建设 ………………………………… 82

第四节　气象人才培养与管理 ……………………………………… 83

一、概述 ……………………………………………………………… 83

二、气象部门人才分布 ……………………………………………… 84

三、县级气象局人才队伍建设措施 ………………………………… 84

第三章　财务管理 …………………………………………………… 87

第一节　财务报销 …………………………………………………… 88

一、财务报销标准及手续 …………………………………………… 88

二、财务报销流程 …………………………………………………… 95

第二节　预算管理 …………………………………………………… 98

一、概述 ……………………………………………………………… 98

二、预算编制 ………………………………………………………… 100

三、预算执行 ………………………………………………………… 106

第三节　资产管理 …………………………………………………… 107

一、概述 ……………………………………………………………… 107

二、部分资产配置标准 ……………………………………………… 109

三、国有资产使用管理规定 ………………………………………… 110

四、国有资产处置管理规定 ………………………………………… 112

第四节　政府采购管理 ……………………………………………… 115

一、概述 ……………………………………………………………… 115

二、政府采购工作环节 ……………………………………………… 118

三、采购方式及工作流程 …………………………………………… 119

四、政府采购审批审核事项 ………………………………………… 122

第五节　项目建设 …………………………………………………… 123

一、概述 ……………………………………………………………… 123

二、可行性研究报告编制 …………………………………………… 125

三、实施方案编制 …………………………………………………… 128

第四章　党建纪检、精神文明和气象文化 ………………………… 130

第一节　新时代党的建设 …………………………………………… 130

一、党的全面领导 …………………………………………………… 130

　　二、新时代党的建设主要内容 ·································· 131
　　三、新时代气象部门党的建设 ······························ 133
　第二节　县级气象局党的建设主要任务 ······················ 136
　　一、概述 ·· 136
　　二、主要任务 ··· 137
　　三、县级气象局党的建设的重要制度 ······················ 140
　第三节　精神文明和气象文化建设 ··························· 148
　　一、习近平总书记相关重要论述 ·························· 148
　　二、气象部门精神文明和气象文化建设 ···················· 151
　　三、县级气象局精神文明和气象文化建设 ·················· 153

第五章　宣传与科普 ·· 160
　第一节　气象宣传与科普管理 ······························· 160
　　一、宣传管理 ··· 160
　　二、科普管理 ··· 163
　第二节　写作基础与宣传应用 ······························· 166
　　一、气象宣传的内涵与分类 ······························ 166
　　二、新闻写作知识 ·· 168
　　三、气象新闻写作实践 ···································· 174
　第三节　宣传策划与媒体服务 ······························· 179
　　一、宣传策划 ··· 179
　　二、媒体服务 ··· 182
　第四节　气象科普实务 ····································· 184
　　一、气象科普概要 ·· 184
　　二、气象科普务实 ·· 186
　　三、气象科普拓展与创新 ·································· 190
　第五节　气象摄影 ··· 192
　　一、气象摄影概述 ·· 192
　　二、气象摄影实务 ·· 192
　　三、气象摄影拓展与创新 ·································· 201

参考文献 ··· 204
后记 ··· 207

第一章　行政管理

行政管理是由行政和管理构成的联系词,一般是指国家行政机关对社会公共事务的管理,又称公共行政。展开讲就是指国家行政机关对社会公共事务,通过计划、组织、控制、领导等工作,对国家所拥有的行政资源和法定的社会资源(包括人、财、物、时间、信息)进行合理配置、有效使用和监管。

国家行政管理的基本内容主要包括:行政体制、行政组织、行政领导、行政决策、行政权力、行政法制、行政监督、行政改革和行政机关管理、人事行政、财务行政等。其中以行政组织和行政领导为核心,贯穿于行政的基本过程和基本环节,体现了行政的基本规律,形成行政各个部分有机联系的整体。随着经济社会发展,国家行政管理的范围不断扩大,包括经济建设、文化建设、社会建设、市政建设、公共卫生建设、环境建设等各个方面的组织管理活动。现代行政管理多应用系统工程思想和方法,以降低行政成本,提高行政效能和效率。

第一节　气象行政管理概述

内容提要

本节主要包括气象行政管理概述、县级气象局行政办公管理等内容。重点阐述了气象行政管理的内涵,介绍了县级气象行政管理的职责及特点,讲述了县级气象行政办公的内容及其科学方法,重点分析了规范县级气象局行政决策会议,介绍了实施目标管理、督查督办、制度管理等方法。

一、县级气象行政管理

(一)气象行政管理的内涵

气象行政管理,是指国家气象行政机构依据法定职能和职责,对国家气象公共事务的管理。

定义中的国家气象行政机构,是指国家级、省级、地市级和县市级气象局。没有设立气象管理机构的县级政府,其气象行政管理职能由地市级气象局负责,其公共气象职能由地市级气象事业单位承担,或由所在地县级政府与地市级气象局共商承担。

定义中的"法定职能和职责",是指由国家法律、法规、规章和国家"三定"方案规定的气象行政管理机构应当承担的职能和职责。除了《中华人民共和国气象法》(以下简称《气象法》)《气象灾害防御条例》《气象设施和气象探测环境保护条例》《人工影响天气管理条例》外,还应包括《中华人民共和国农业法》《中华人民共和国水利法》《中华人民共和国林业法》《中华人民共和国环境保护法》《通用航空飞行管制条例》等其他法律法规中规定的气象内容,也包括省级地方人民代表大会常委会制定的气象法规和气象相关内容的法规,以及省级人民政府通过的气象规章和气象相关内容的规章,还有国家编制委员会办公室关于气象行政机构的"三定"方案中所包含的气象内容。

定义中的"国家气象公共事务的管理",涉及内容比较多,而且在四级气象行政管理机构中所管理的国家气象公共事务也有差别。

(二)县级气象行政管理的职责及特点

1. 主要内涵

县级气象行政管理,是指县级气象局依据法定职能和职责,对县市辖区内气象公共事务的管理。我国气象工作实行"部门和地方双重领导,以部门为主"的管理体制,因此县级气象局则实行由地市级气象局和当地县(市)委、政府双重领导,以地市级气象局领导为主。县级气象局的法定职能职责,主要由气象法律、法规、规章和各级政府规范性文件授权而形成,也包括当地县级党委、政府授权。

2. 主要职责

根据一般县级气象局情况,县级气象行政管理主要有以下职责。

一是负责本县级行政区域内气象事业发展规划的制定及气象工作的组织实施;对本县级行政区域内的气象活动进行指导、监督和行业管理。

二是组织指导本县级行政区域内气象灾害防御工作;组织拟订和实施本县级行政区域的气象灾害防御规划;组织气象灾害防御应急管理工作;管理本县级行政区域人工影响天气工作,指导和组织人工影响天气作业;指导城乡气象工作,组织推进农村气象灾害防御体系和农业气象服务体系建设,组织指导乡镇(街道)气象工作站和气象协理员、信息员队伍建设。

三是组织管理雷电灾害防御工作,做好雷电监测、预报预警、雷电灾害调查鉴定和防雷科普宣传,划分雷电易发区域及其防范等级并及时向社会公布。

四是组织本县级行政区域内气候资源的综合调查、区划,指导气候资源的开发利用和保护;组织并审查重点建设工程、重大区域经济开发项目和城乡建设规划的气候可行性论证和气象灾害风险评估。

五是负责本县级行政区域内的气象台站和气象设施的组织建设和维护管理;组织管理本县级行政区域内气象探测资料的采集、传输和汇交;依法保护气象设施和探测环境;负责审查建设项目大气环境影响评价所使用的气象资料。

六是负责本县级行政区域内的气象监测、预报预警、公共服务管理工作;组织管理本县级行政区域内气象信息的发布和传播;组织重大活动、突发公共事件气象保障工作;承担重大突发公共事件预警信息发布系统建设及运行维护。

七是组织开展气象法制宣传教育,负责监督有关气象法律法规的实施,对违反《气象法》等法律法规规定的行为依法进行处罚,承担有关行政诉讼;组织宣传、普及气象科学知识。

八是管理本级气象部门内部的计划财务、人事劳动、队伍建设、教育培训和业务建设;负责本级中央与地方气象财政事权和责任落实工作;负责本级气象部门党的建设、精神文明和气象文化建设。

九是承担上级气象主管机构和本级人民政府交办的其他事项。

3. 管理特征

县级气象行政管理特征,主要取决于三个重要因素:一是县级气象局实行的领导体制,这是决定和影响气象行政管理特征的根本因素;二是县级气象工作本身具有的公共属性,以及县级公共气象服务与地方经济社会发展的关系;三是气象法律法规授予县级气象管理机构的权力。正是这三个重要因素,使我国县级气象行政管理形成了以下主要特征。

其一,认真贯彻落实上级重大决策部署。县级气象局是气象部门最基层的国家气象行政组织,贯彻落实中央决策部署和各级党委政府、气象部门重大决策是对县级气象局提出的政治要求。县级气象局在政治上必须深入学习习近平新时代中国特色社会主义思想,增强"四个意识"(政治意识、大局意识、核心意识、看齐意识)、坚定"四个自信"(中国特色社会主义道路自信、理论自信、制度自信、文化自信)、做到"两个维护"(坚决维护习近平总书记党中央的核心、全党的核心地位,坚决维护党中央权威和集中统一领导)。在工作中必须树立服务大局、转型发展、与时俱进的工作理念,认真贯彻落实上级重大决策部署,切实做到有令必行、有禁必止,确保上级重大决策部署不折不扣落到实处;不断强化上级重大决策部署的学习宣传,通过及时召开党组会(党支部会)、党员大会、全体职工会议等多种形式,传达学习上级重大决策部署,并结合单位实际提出贯彻落实意见。

其二,积极争取县级党委、政府的工作支持。从气象管理体制上讲,气象部门实行"双重领导,部门为主"的体制,县级气象行政管理应当更多依靠上级气象管理机构。但在实际工作中,气象工作涉及气象防灾减灾、气候资源开发利用、气象公众服务开展和气象台站保护等问题,不仅关系到县级气象局法定职责的履行,更关系到在全县范围的落实,只有得到县级党委、政府和政府各部门的支持,才能使气象行政管理向乡镇延伸,气象行政管理才能覆盖全县域范围。如气象台站环境保护,如果没有县级政府和县规划局、自然资源局、建设局和公安局的支持,仅靠县级气象局就难以实现保护气象台站环境法定职责。特别是气象灾害防御工作,只有在县级党委、政府的组织下,乡镇(街道)气象工作站和气象协理员、信息员队伍建设才能得到稳步的推进,并在实际工作中发挥作用。

其三,积极争取地市级气象部门工作指导。由于历史和现实多种原因,我国县级气象行政管理能力一直比较薄弱,县级气象局行政管理人员大多来自于气象业务岗位,气象业务能力较强,气象行政能力相对薄弱,不仅表现在管理理论、管理方法、管理技术等方面,而且还表现在对科学的管理知识重视方面。在许多县级气象局,资历较老的凭经验管理,一些新上任的管理人员也是传统的师傅带徒弟,传授一些管理经验,沿用一些过去的管理制度,再就是依赖于上级气象部门的规章制度和规定,而自身的管理能力和水平难以提升。因此,县级气象局在实施行政管理实践中,盼望地市级气象局加强指导,有时还希望地市级气象局领导和科室人员直接深入到县级气象局,帮助解决气象行政管理中的问题。近年来,有的地市级气象局加强了这方面工作机制的探索,对部分专项管理工作由地市级气象局直接参与管理,如难度大的气象执法、气象财务管理、气象规划建设管理等。

其四,以党建与业务融合为抓手,实行"一人多岗"。气象行政事务、业务、服务、党务较难分隔,许多县级气象行政管理事务总量不算大,但工作领域的宽度与地市级气象局相近,不仅要做好气象灾害防御管理、防雷减灾管理、人工影响天气管理、施放气球安全管理等社会管理工作,还要做好党建、党风廉政建设、行政办公管理、气象业务管理等内部行政工作。根据2013年全国县级气象局改革情况,一般县级气象局只有公务员3~5人,气象事业编制人员4~7人不等,还有一些地方编制和编外人员。因此,在县级气象局的实际工作中,行政管理与气象事业职能较难分开,公务员不仅要承担气象行政任务,还要承担相应的气象业务服务工作;气象业务服务人员,有时也需要承担相应的行政工作任务。只有一人多岗锻炼、培养综合能力,实现人力资源上相互补充、工作机制上相互配合,才能在现有人员状况下保证各项工作齐头并进,呈现出事业全面发展的态势。

二、县级气象局行政办公管理的主要内容及决策

(一)行政办公管理主要内容

行政办公管理包括一般行政事务管理和办公事务管理。它与行政管理的区别在于,行政管理主要是指对社会公共事务的管理,而行政办公管理主要是指部门内部事务的管理。行政办公管理包括办文、办会、办事三个方面,涉及的内容包括人、财、物、事的行政处理。具体包括相关制度的制定和执行、文书资料、档案管理、会议、日常办公事务、应急、信息宣传保密、政务公开、办公物品管理,还涉及考勤、考绩、请假、财产设备、办公用房、车辆、安全生产、环境卫生等工作的管理。这些内容县级气象行政办公管理均有涉及。

由于县级气象局承担着将上级各项工作部署落到实处的责任,科学的行政办公管理方法也是需要重点学习的内容。一般来说,行政办公管理的最终目标是通过各种规章制度和管理协调,使部门之间形成密切配合的关系,使整个单位在运作过程中成为一个高速并且稳定运转的整体;用合理的成本换来员工最高的工作积极性,提高工作效率,完成单位目标任务。

如何提高行政办公管理科学化水平,是县级气象局行政办公管理必须重视的一项基础性工作。从实践来看,可以从三个方面入手:一是提高县级气象局行政决策科学能力,通过规范党组或党支部工作规则和行政议事规则,提升落实民主集中制的管理水平;二是通过实施科学管理方法,如运用目标管理方法、督查督办方法、制度管理方法,形成常态化科学管理机制,稳定提高管理效率;三是及时有效搞好单位及内部运行组织协调,降低运行损耗,营造健康有序和谐的工作氛围,以达到提高工作效益的目的。

(二)气象行政决策

行政决策是行政主体为履行行政职能所做的行为设计和抉择过程。县级气象局行政决策是县级气象局机关及其工作人员在处理气象政务和气象事务过程中所做出的决定。在党的十八大以来,上级气象部门对县级气象局发挥班子领导集体作用,做好科学行政决策进行了制度安排。

1. 规范党组(党支部)工作规则

为进一步规范县级气象局党组(党支部)工作,加强和改善党的领导,提高党的执政能力,更好发挥党总揽全局、协调各方的领导核心作用,气象部门通过认真执行《中国共产党党组工作条例(试行)》,要求气象部门的各级党组,结合实际制订本单位的党组工作规则,包括已经成立的县级气象局党组。

一是准确把握党组工作原则和职责。坚持旗帜鲜明讲政治,加强党的全面领导,增强"四个意识"、坚定"四个自信"、做到"两个维护";坚持全面从严治党,担当管党治党主体责任,落实新时代党的建设总要求,贯彻新时代党的组织路线,推动全面从严治党向纵深发展;坚持民主集中制,确保党组的活力和坚强有力,推动形成良好政治局面;坚持依据党章党规开展工作,在宪法法律范围内活动;坚持正确领导方式,实现党组发挥领导作用与本单位领导班子依法依章程履行职责相统一。一些尚未成立县级气象局党组的,县级气象局党支部建设得到了切实加强。

二是规范党组(党支部)会议讨论事项。依据《中国共产党党组工作条例(试行)》和气象部门上级党组对县级党组(党支部)工作要求,明确了需要经过县级气象局党组或党支部讨论决定事项有:贯彻落实党中央重大决策部署,省市级气象局和当地县委县政府重要会议、重要文

件精神以及上级领导同志有关重要指示的措施或意见;需要向上级党组织请示报告的重要事项;台站建设五年发展规划、年度工作计划和重要专项工作计划,以及年度预算安排;单位重大改革事项、重要人事任免、重大项目安排以及大额资金使用(包括大额资产处置);党组中心组学习会议的议题及主要文件;县人大代表、县政协委员的组织推荐;以县级气象局名义进行的综合性表彰、奖励的审定和上报上级表彰的人事推荐;党组织建设中的重大问题,意识形态工作、思想政治工作和精神文明建设等方面的重要事项;落实党风廉政建设主体责任、监督责任和党风廉政建设、反腐败工作重要决策和纪检、监察、审计工作重大事项;接收和调动工作人员、推荐安排人员出国(境)访问、培训计划,推荐安排职工长时间离岗学习培训;根据上级规定和需要,需由党组(党支部)集体审定的其他事项。

三是严格集体领导、分工负责的民主集中制。第一,一把手书记应摆正位置。根据民主集中制要求,凡是需经县级气象局党组或党支部讨论决定事项必须经党组或党支部民主议决,集中形成共识决定。书记在班子里和其他党组成员一样也只有一票,没有否定大多数人的权力。第二,一把手书记要发挥领导作用。经过酝酿后提出的议题,书记可以引导党组(党支部)成员发表意见,大家可以发表新的见解、新的认识,也可以发表不同意见。第三,正确处理少数与多数的关系,如何让少数人的意见转化为多数人的共识,可以反复讨论,最后形成同意、不同意或修改完善后的决策意见。第四,正确处理协商与票决的关系,特别重大决策应有三分之二多数才能形成决定,必要时应报上级党组织认可。第五,严格实行集体领导与领导成员个人分工负责制有机统一,领导成员个人必须分工负责,又必须避免分工分家而形成各自为政、相互推诿。

2. 规范行政会议管理

县级气象局一般实行局务会议、局办公会议等制度,是落实县级气象局党组(党支部)决定的具体会议形式。

局务会议由局长或由局长委托的副局长召集和主持。局务会实行局长负责制,属于参与民主决策制度。鉴于县级气象局工作人员不多,局务会议可扩大到所有科(股)室中层干部参加。局务会议的主要任务:一是审议本局代表县级政府制订气象规章草案及气象有关文件;二是审议由本局或联合其他部门制定的规范性文件;三是审定本局气象工作年度目标任务、会议计划、培训计划;四是审定本局各项行政管理规章制度和本局具体工作落实事项;五是讨论或审定其他需要局务会议研究决定的事项。

局办公会议由局长或副局长召集和主持,根据研究内容确定参与人员,属于协调民主决策制度。会议召集人可根据需要确定有关股室主要负责人及有关人员出席会议。局办公会议的主要任务:一是具体协调研究落实党组(党支部)和局务会议决定事项;二是协调安排落实有关专项任务;三是协调落实有关职能交叉的事项。

局务会、局办公会的召开、记录及纪要由县级气象局综合管理工作人员负责承办,相关流程及要求与党组会议的要求基本一致。

三、县级气象局行政办公管理的主要方法

涉及县级气象局行政办公现代管理方法有很多,根据目前县级气象局管理实际情况,介绍以下三种主要方法。

(一)目标管理方法

1. 目标管理的内涵

目标管理是一种以目标为导向,以员工为中心,以结果为标准,使组织和个人获得最佳业

绩的现代管理方法。即由管理者与被管理者共同参与来确定目标、执行目标与评估目标结果的管理制度与方法。

目标管理的特点。一是重视全员参与。目标管理是一种全员参与的、民主的、自我控制的管理制度，也是一种把个人需求与组织目标结合起来的管理制度。二是构建目标体系。目标管理把组织的整体目标逐级分解，转换为各单位、各员工的分目标，其工作目标的方向一致，环环相扣，相互配合，形成协调统一的目标体系。只要每个成员完成自己的分目标，整个部门的总目标就可以完成。三是以结果为核心。目标管理以制定目标为起点，以目标完成结果考核为终结，至于完成目标的具体过程、途径和方法，上级并不过多干预。

目标管理的主要作用。一是有利于提高行政效率；二是有利于突出以工作为中心；三是有利于调动人的积极性和创造性；四是有利于明确责任，强化责任。

目标管理常见问题。一是把目标实施的过程作为目标，如会议次数、会议记录、上交报告的时次、发文件次数、会商次数等；二是目标体系构建不平衡，目标没有主次，目标量多细繁；三是政府部门的目标容易演化为上对下转移责任，下对上重形式和被动接受考核。

2. 目标管理在气象部门的应用

自中国气象局在1998年对全国气象部门实施目标管理后，目标管理在气象部门已经得到广泛应用，并且已经取得了比较丰富的实践经验，对推动气象事业发展发挥了重要作用，已经被气象部门普遍认为是一种行之有效的管理方法。

全国气象部门的目标按层级分四级，是一个由目标集合到目标分散的过程。四级分别是国家级、省级、地级和县级；按职能分解与下达，即业务、服务、法规、计财、人事、科教、党建、廉政、文明建设等，国家级、省级、地级和县级都有与其层级相适应的职能分解，并按目标层级闭合原理进行管理，即国家级目标分解到省级和国家级直属单位并进行考核，省级目标分解到地级和省级直属单位并进行考核，地级目标分解到县级和地级直属单位并进行考核。

目前，气象部门目标管理主要运用的是百分法，就是把所有目标任务都转换为分数，最后以分数为标准，确定不达标、达标、优秀达标和特别优秀达标；有的省份还设立有专项优秀项目；在实行百分法的同时，还设立有极少数项重大不达标而取得考评或直接确定不达标。

3. 县级气象局目标管理

县级气象局的目标管理方式，大部分是目标任务分解及责任制。在落实市级气象局下达的目标任务基础上，结合本县党委、政府关心的工作确定1～2个特色气象服务工作，争取取得成效。同时，县级气象局将这些任务逐项列出来，明确责任领导、责任人和完成时间，并将此作为年终考核的重要依据，从而达到不断激发职工工作责任感，提升其工作积极性、主动性、创造性的目的。

实施目标管理的基础，是要加强岗位责任管理。县级气象局机构设置不多，一般只有综合办公室和气象台。由于综合办公室承担的行政办公管理任务较多，一般会明确一位副局长管理，并配备一位气象业务人员承担具体工作。

为了提高工作协同性，部分县级气象局还采取设立专项工作专班的形式，将全体人员统筹使用。即每项工作专班由局领导分别牵头，2～3人一组，承担专项工作的年度计划、对外联络、内部管理、深入开展。这种方式不仅便于专项工作的灵活管理，而且便于年轻工作人员深入了解一个专项性工作的实施过程，有利于人才成长。

(二)督查督办方法

政务督查是贯彻上级精神，保证决策实施，狠抓工作落实的重要手段，是提高行政机关执行力的有效途径。县级气象局作为最基层的气象单位,加强内部工作督查督办,是抓好各项决策部署落实的有效手段。县级气象局的督查督办主要方法有会议形式、通报形式、检查形式、工作汇报形式等。

1. 督查督办事项

一般来说,县级气象局可围绕上级中心工作,对以下五类事项进行督查:一是对重大决策部署,如全年工作部署(包括全年目标任务)进行分解,并督办工作任务进展情况;二是对县委政府领导文件签批意见进行督办,以及市级气象局领导交办任务进行督办;三是对县级气象局党组(党支部)会议及行政办公会议议定事项落实情况进行督办;四是对外单位转办事项进行督办,包括政府热线转办事项、其他单位转办事项、信访件完成情况等;五是对本局职工反映的重要问题完成情况进行督办。

2. 督查督办方式

重大决策部署的落实情况一般每季度督办一次,由县级气象局综合办公室组织梳理进展情况,适时在全局干部职工大会上进行通报。其他督办工作由办公室汇报,在每月月初的职工工作总结会议上一并进行通报,并及时在当月工作安排中予以安排。重大事项县级气象局局长和班子成员应亲自督查督办。

(三)制度管理方法

制度的概念:制度,也称规章制度,是国家机关、社会团体、企事业单位,为了维护正常的工作、劳动、学习和生活秩序,保证国家各项政策的顺利执行和各项工作的正常开展,依据法律、法令、政策而制订的具有法规性或指导性与约束力的成文规范,是各种行政法规、章程、制度、公约的总称。

制度的分类:制度可分为单位工作制度、职业岗位制度和政策法规制度三方面。单位工作制度适用于单位全员性的工作制度,如单位人事、财务、考核等制度;岗位性制度适用于某一岗位上的长期性工作,如《气象观测规范》;政策法规制度则是为保障上级或国家政策法规在本单位实施而制定的相关制度。

制度的特点:一是指导性和约束性。制度对相关人员做些什么工作、如何开展工作都有一定的提示和指导,同时也明确相关人员不得做些什么,以及违背了会受到什么样的惩罚。二是鞭策性和激励性。制度有时就张贴或者悬挂在工作现场,随时鞭策和激励着人员遵守纪律、努力学习、勤奋工作。三是规范性和程序性。制度对实现工作程序的规范化、岗位责任的法规化、管理方法的科学化起着重大作用。

县级气象局行政办公的主要制度,其涉及内容很多,凡是县级气象局行政办公涉及的内容均应建立相关制度,这里主要介绍印章、办公用房、公务用车、公务接待、职工请假休假等常用管理制度(办法)。

1. 印章管理办法

各机关事业单位的印章管理制度,均是根据《国务院关于国家行政机关和企业事业单位社会团体印章管理的规定》而制定的。县级气象局是国家气象部门最基层的气象行政单位,县级气象局各类印章就是县级气象局行使国家气象行政权力的象征。为确保印章安全使用和管理,县级气象局的党组(党支部)印章、局公章以及合同专用章等都由办公室专人负责管理。使用各类印章必须办理使用登记手续。登记的项目包括:用印日期、用印单位、经办人、事由、印章名称、印数、批准人、盖章人。

局公章必须在局内部使用,严禁在局以外地方使用;确需外出使用时,须经主要负责人批准,两人同行。

2. 财务管理制度

目前,县级气象局的财务管理方式有两种:第一种是由本单位管理,第二种是县级账市级管,即为了提高对县级气象局财务管理的规范性,由市级气象局财务核算中心统一管理县级气象局的财务。

针对第一种财务管理方式,县级气象局应单独制订财务管理办法,内容应包括:明确本单位的资金来源渠道、综合预算管理程序、经费报销要求、经费支出程序以及监督管理措施等。

针对第二种财务管理方式,可由市级气象局统一制订财务管理制度,印发县级气象局执行。也可在市级气象局指导下,各县级气象局针对本单位实际情况,分别单独制订财务管理办法。

此外,为加强财务管理,各县级气象局应分别制订专门的会议费、培训费、差旅费等管理办法。

3. 办公用房管理办法

根据中央精神,国家发改委、住房和城乡建设部会同有关部门对《党政机关办公用房建设标准》进行修订,2014年11月印发了《住房城乡建设部关于印发党政机关办公用房建设标准的通知》(发改投资〔2014〕2674号)。该文件明确,党政机关办公用房由基本办公用房(办公室、服务用房、设备用房)、附属用房两部分组成。县级机关正科级的办公面积标准为18平方米,副科级为12平方米,科级以下为9平方米。县级气象局行政机关干部办公面积应当按照此标准执行。

2017年12月,中共中央办公厅、国务院办公厅印发了《党政机关办公用房管理办法》,要求各地区各部门认真遵照执行。各单位要严格按照有关规定在核定面积内合理安排使用办公用房,不得擅自改变办公用房使用功能,不得调整给其他单位使用。工作人员调离或者退休,在办理调离或者退休手续后1个月内收回其办公用房。党政机关办公用房使用单位应当建立本单位内部使用管理制度,加强监督检查和责任追究,及时发现和纠正违规问题。

4. 公务用车管理办法

公车改革后,部分县级气象局的公务用车取消,不存在公车管理事项。但是,也还有部分县级气象局保留了业务用车,一般用于开展农事调研、灾情采集、区域站维护维修及人工影响天气作业相关工作。

公车管理的工作职责一般在县级气象局综合办公室,在管理中需注意以下环节:一是用车审批程序,一般应填报公务用车审批单,由分管副局长审批同意。二是费用结报管理,驾驶员出车期间的费用须按次及时结报,一次一单。报销相关差旅费必须要附上审批表,并经局分管领导审核签注意见。三是油耗管理,一般车辆加油综合办公室统一管理,专人负责。车辆出发前,应加满油,无特殊情况不得在途中现金加油。四是工作台账管理,综合办公室建立公务用车使用台账、公务用车加油台账以及维修台账,并定期向局分管领导汇总。同时,应遵守公务用车安全管理各项制度。

5. 公务接待管理办法

公务接待是指本县区域以外的人员到气象局考察调研、检查指导等执行任务时产生的接待行为。从分工上来说,县级气象局综合办公室负责公务接待工作的统一管理与组织协调,财务室负责审核报销接待费用支出。

在公务接待期间,县级气象局综合办公室应及时向接待对象了解来访目的、时间、行程、人员等情况,提出接待方案,执行接待任务,并办理报销手续。

如有公务接待用餐,综合办公室应填报公务用餐审批单报局领导审批,其用餐标准可按照当地市级气象局下发的标准或当地县级政府明确的标准执行。

公务接待报销实行一函一事、一事一结。接待任务完成后,综合办公室应在7个工作日内及时办理报销手续。接待费报销凭证包括:财务票据、派出单位公函、进餐审批单和公务接待清单等。接待费用应当采用银行转账或公务卡方式结算,不得以现金方式支付。在实际工作中应避免先接待后补函、函事不符、不按规定收取餐费的情况发生。

6. 合同管理办法

县级气象局一般由综合办公室对单位合同订立、履行、归档等程序性工作进行统一管理,并负责管理单位的合同专用章;承办合同单位应按规定定期向局领导汇报由本局或下属气象单位签订合同的情况。

合同文本由经办人起草后,由承办机构负责人、分管局领导全面初审合同真实性、合理性以及文本完整性和规范性。必要时,应将合同文本送发本局或上级气象局聘请的顾问律师进行审核。

7. 职工请销假及考勤管理办法

该办法一般包括三方面内容:一是假期种类及规定。主要是汇总相关政策规定,对假期种类及规定分类列出,以便职工学习并自我管理。一般来说,假期种类包括年休假、病假、事假、婚假、产假、丧假、探亲假等。二是假期待遇规定。主要是对职工请假期间,基本工资、国家统一津补贴、改革性津补贴、生活性补贴(基础性绩效工资)全额发放,工作性津贴(奖励性绩效工资)发放情况作出规定。三是请销假审批与考勤程序。主要是对请假由副局长、局长审批的天数进行规定。县级气象局由于单位小、人员少,在职工请销假及考勤管理方面需要加强。

思考题

(1)县级气象行政管理的主要内容有哪些?

(2)县级气象局实施目标管理的意义、不足与改进措施有哪些?

(3)县级气象局实行民主集中制有哪些主要形式?

(4)县级气象局实施制度化管理的不足及改进措施有哪些?

第二节　公文管理

内容提要

公文是党政机关实施领导、履行职能、处理公务的具有特定效力和规范体式的文书,是指导、布置和商洽工作,请示和答复问题,报告和交流情况的重要工具。本节主要包括公文的概念及种类、公文的公文格式以及公文办理等。对县级气象局而言,遵行党政机关公文规范没有例外。

一、公文的概念和种类

(一)公文的概念

"公文"一词,最早源于晋代陈寿的《三国志·魏志·赵俨传》,"公文下郡,绵绢悉以还民。"当时仅指一种体式的公务文书。随着社会的发展进步,公文的种类、名称及其内涵不断发展变化。

公文有广义与狭义之分。广义的公文是各级各类国家机构、社会团体和企事业单位在处理公务活动时所形成的有现行功用、法定效力和特定体式的文字材料。

狭义的公文即通用公文,也称法定文书(机关公文),是党政机关实行领导和管理以及一些人民团体、企事业单位进行某些公务活动所形成和使用的具有法定效力和规范体式的文书。俗称"红头文件"。本节主要取狭义公文概念。

(二)公文的格式

公文的规范化格式,不仅增强了公文的权威性与有效性,也方便了公文的处理。公文的结构,包括版头、主体和版记,共包含 19 个要素。

版头是公文首页红色分隔线以上的部分。包括:份号、密级和保密期限、紧急程度、发文机关标志、发文字号、签发人以及版头中的分隔线,共 7 个要素。

主体是首页红色分隔线(不含)以下、公文末页首条分隔线(不含)以上的部分。包括:标题、主送机关、正文、附件说明、发文机关署名、成文日期、印章、附注、附件,共 9 个要素。

版记是首条分隔线以下、末条分隔线以上的部分。包括:版记中的分隔线、抄送机关、印发机关和印发日期,共 3 个要素。

1. 版头

第一是份号。公文负责制份数的顺序号,即将同一文稿印刷若干份时每份公文的顺序编号。

第二是密级和保密期限。涉密公文应当标注"绝密""机密""秘密"和保密期限,保密期限是对公文秘密等级时效规定的说明。

第三是紧急程度,即公文送达和办理的时限要求。根据公文紧急程度,分别标注"特急""加急",电报应当分别标注"特提""特急""加急""平急"。一般情况下,"特急"为 1 天办理完毕,"加急"为 3 天办理完毕,"平件"为 5 个工作日内办理完毕。

第四是发文机关标志,由发文机关全称或者规范化简称加"文件"二字组成,也可以使用发文机关全称或者规范化简称(一般党的机关这样使用,不加"文件"二字)。

第五是发文字号。发文字号是发文机关按照发文顺序编排的顺序号,由发文机关代字、年份、发文顺序号加"号"组成。

第六是签发人。上行文应当标注签发人姓名,签发人必须是本机关主要负责人或主持工作的领导。

第七是版头中的分隔线。发文字号之下 4 毫米处居中印一条与版心等宽的红色分隔线。

2. 主体

第一是标题。标题是对公文主要内容准确、简要的概括,由发文机关名称、事由和文种组成。

第二是主送机关,即公文的主要受理机关,应当使用机关全称、规范化简称或同类型机关统称。

第三是正文。公文首页必须显示正文,编排于主送机关名称下一行,文中结构层次序数依次可以用"一、""(一)""1.""(1)"标注,一般第一层用黑体字、第二层用楷体字、第三层和第四层用仿宋体字标注。

第四是附件说明。如有附件,在正文下空一行左空二字编排"附件"二字,后标全角冒号和附件名称。如有多个附件,使用阿拉伯数字标注附件顺序号(如"附件:1.××××××"),附件名称后不加标点符号。附件名称较长需回行时,应与上一行附件名称的首字对齐。

第五是发文机关署名、成文日期和印章。成文日期一般右空四字编排,印章用红色。单一机关行文时,一般在成文日期之上、以成文日期为准居中编排发文机关署名,印章端正、居中下压发文机关署名和成文日期,使发文机关署名和成文日期居印章中心偏下位置,印章顶端应当上距正文(或附件说明)一行之内。联合行文时,一般将各发文机关署名按照发文机关顺序整齐排列在相应位置,并将印章一一对应、端正、居中下压发文机关署名,最后一个印章端正、居中下压发文机关署名和成文日期,印章之间排列整齐、互不相交或相切,每排印章两端不得超出版心,首排印章顶端应当上距正文(或附件说明)一行之内。

第六是附注。附注是需要说明的其他事项,如公文的发放范围、政府信息公开方式、联系人和联系电话等。

第七是附件,即公文正文的补充、说明或参考资料。附件应当另面编排,并在版记之前,与公文正文一起装订。

3. 版记

第一是版记中的分隔线。版记中的分隔线与版心等宽,首条分隔线和末条分隔线用粗线(推荐高度为 0.35 毫米),中间的分隔线用细线(推荐高度为 0.25 毫米)。首条分隔线位于版记中第一个要素之上,末条分隔线与公文最后一面的版心下边缘重合。

第二是抄送机关。除主送机关外需要执行或知晓公文内容的其他机关,应当使用全称、规范化简称或同类型机关统称。

第三是印发机关和印发日期。印发机关和印发日期一般用 4 号仿宋体字,编排在末条分隔线之上,印发机关左空一字,印发日期右空一字,用阿拉伯数字将年、月、日标全,年份应标全称,月、日不编虚位(即 1 不编为 01),后加"印发"二字。版记中如有其他要素,应当将其与印发机关和印发日期用一条细分隔线隔开。

4. 页码及其他情况

页码一般用 4 号半角宋体阿拉伯数字,编排在公文版心下边缘之下,数字左右各放一条一字线,一字线上距版心下边缘 7 毫米。单页码居右空一字,双页码居左空一字。公文的版记页前有空白页的,空白页和版记页均不编排页码。公文的附件与正文一起装订时,页码应当连续编排。

5. 公文中的横排表格

A4 纸型的表格横排时,页码位置与公文其他页码保持一致,单页码表头在订口一边,双页码表头在切口一边。

6. 公文中计量单位、标点符号和数字的用法

公文中计量单位、标点符号和数字的用法按国家标准执行。

(三)公文的种类

《党政机关公文处理工作条例》中所列的公文文种有 15 个,即决议、决定、命令(令)、公报、公告、通告、意见、通知、通报、报告、请示、批复、议案、函、纪要。县级气象局最常用公文有以下 5 种。

一是通知。通知属于下行文,适用于发布、传达要求下级机关执行和有关单位周知或者执行的事项,批转、转发的公文。行文对象主要是县气象局的各科室。其主要特点是具有用途的广泛性、使用的高频性、公用的指导性和行文的时效性。如:《××县人工影响天气办公室关于召开人工影响天气作业空域协调会的通知》。

二是报告。报告属于上行文,适用于向上级机关汇报工作、反映情况,回复上级机关的询问。行文对象一般是市气象局或县委县政府。报告的主要特点是具有单一性(可以不回复)、陈述性和事后性,所有报告都是在工作开展一段时间后或完成之后撰写的。如:《××县级气象局关于××国家基本气象站探测环境保护有关情况的报告》。

三是请示。请示适用于向上级机关请求指示、批准事项。主要特点是具有回复性、单一性,只能对一种事项提出请求。行文对象一般是市气象局或县委县政府。请示具有针对性、超前性(事前行文)和可行性。如:《××县级气象局关于报批〈××县级气象局机关公务用车制度改革实施方案〉的请示》。

四是函。函适用于同级机关或不相隶属机关之间商洽工作、询问和答复问题、请求批准和答复审批事项。行文对象一般是县政府有关部门单位,如县农业农村局、县水利局等。主要特点是形式灵活,适用性强,具有务实性。如:《××县级气象局关于商讨××事项的函》。

五是纪要。纪要适用于记载会议主要情况和议定事项。主要特点是具有纪实性、提要性、指导性和称谓语的规范性,是本级单位讨论决定事项查阅依据。行文对象主要是参加会议的有关科室。

文种使用中有些常见的问题不可忽视。文种是公文标题中不可缺少的要素,文种选用正确与否,是能否达到行文目的的重要环节。文种使用上存在的问题,突出表现在以下几个方面。

一是缺少文种。有的公文没有标题,有的公文虽然有标题却缺少文种要素,如以"××县级气象局2018年气象服务情况"作为公文标题,仅有事由一个要素,犹如新闻标题。如果公文报送的收文单位为同级单位,应拟定公文标题为"××县气象局关于报送2018年气象服务情况的函"。转发文件时,原文件的标题应放在书名号之内,另外注明文种,例如"××县气象局关于转发《××市气象局关于××通知》的通知"。

二是使用非法定文种。把属于机关其他应用文,特别是事务文书中的文种,误作为正式公文文种使用的情况。常见的有:把计划类文种"要点""打算""安排""方案"等作为公文文种直接使用,把属于总结类的文种"小结""总结",以及把属于规章制度类的文种"办法""规程""实施细则"等作为正式文种直接使用。但是,如果将上述应用文用转发或印发通知的形式发布,则是规范用法,如"××县级气象局办公室关于转发《县委宣传部××年工作要点》的通知""××县级气象局办公室关于印发《××年××工作实施方案》的通知"。

三是混用文种。不按文种的功能和适用范围去选用文种,造成临近文种相互混用,导致行文关系不清,行文目的不明,行文性质混淆。在公文处理中这类问题最常见的是"请示"与"报告"以及"请示"与"函"混用。如《××县级气象局关于批准成立××机构的报告》和《××县级气象局举行××活动的报告》,两个标题内容十分明确,就是要求上级解决问题,应该用"请示"而不是"报告"。报告是"向上级机关汇报工作、反映情况、答复上级机关的询问",这类报告,只要把情况汇报、反映清楚即可,目的是让上级和领导了解发展情况,掌握工作进度,做到心中有数,不需要回复;而请示是"向上级机关请求指示、批准",需要回复,两者在使用上有很大的区别。有时也存在"请示"和"函"混用,如同级某县级气象局向同级财政局《关于解决××活动经费的报告》或《关于解决××活动经费的请示》,所用的文种都是错误的,应为《关于解决××活动经费的函》。

二、公文的写作

公文应当达到四个基本要求。一是符合国家的法律法规、党的路线方针政策和上级机关的指示。二是必须完整、准确地体现发文机关的意图。切忌把个人的想法当成机关的意图,自已有好的建议,必须报经领导认可之后才能写进公文中。三是必须全面、准确地反映客观实际情况。公文中所反映的情况必须是真实的、可靠的,体现事物的本质和规律性的情况。撰写公文前要作深入细致地调查研究,取得大量的真实的第一手资料,以增强公文的客观性。四是提出的政策、措施必须切实可行,即提出的某项政策、措施可被接受,所需的资源能够充分获得,技术上可付诸实施。

(一)通知

通知的格式一般由标题、主送机关、正文、落款和日期构成。

通知的标题一般由发文机关、事由和文种三部分构成。有时还需要根据具体情况写明"补充通知""紧急通知"等。

主送机关在标题下、正文前顶格写受文的单位或个人。

正文包括缘由、通知事项、通知要求三部分。不同种类的通知其正文的写法也有所不同。

落款是发文机关名称,日期以领导签发的日期为准。一般位于正文右下方。

通知有以下几类。

一是发布性通知,其正文一般很简短,写明发布的意义和目的,提出执行的要求。

二是批示性通知,一般包括发文的缘由,对批转、转发文件的评价,执行要求等部分。对批转、转发文件的通知,不仅要表明本机关的态度,还要结合本地区、本单位、本部门的实际情况作出具体的指示性意见。

三是会议通知,一般包括召开会议的机关、会议名称、会议起止时间和地点、会议内容和任务、参加会议的人员范围和人数、入场凭证、报到时间及地点、与会人员须携带的文件材料、其他要求事项(如提前上报会议人员名单,要求预先告知乘坐的交通工具及车次、航班)等内容。

会议通知要适当提前发文,以便出席人员做好准备。如果事情重大,时间紧迫,可发"紧急通知",引起受文机关的注意。

四是任免通知,只要写清决定任免的时间、机关、会议或依据文件,以及任免人员的具体职务就可以了。

(二)报告

报告正文的结构一般由开头、主体、结尾三部分组成。开头一般先总述前一阶段的工作情况,包括取得的成绩和存在的问题,以此作为发文的依据,然后常用"现将有关情况报告如下"作为过渡语,引出下文。这部分要落笔入题,上承报告标题中的事由,下启正文主体内容。

报告的主体是报告的重点内容。如果是综合性报告,可采用条款式。反映某一方面情况的报告,应写明事情经过、原因和结果;侧重总结工作经验的报告,则要对成绩和存在问题进行必要的分析,归纳出规律性的内容;工作情况报告,应写明工作的进展或完成情况、取得的成绩和存在的问题、经验和教训,也可以简单地交代下一步工作的安排或打算;事故或事件的报告,就要写清发生事故或事件的时间、地点、单位,涉及的人员,事故的详细情况或事件的经过,造成的后果或影响,还要分析主观和客观原因,最后写明处理情况或提出处理意见,如果是责任事故,还要对直接责任者和有关领导提出处理的意见;根据上级的询问作出答复报告,一般按询问的内容作答即可;至于备案报告,只需报告何时何种会议通过了何种事项,如果是规范性文件,可作为附件附在报告后面。

报告的结尾,常用"特此报告""特此报告,请审阅""以上报告如有不当,请指正"等惯用语来结束全文。

（三）请示

请示一般由首部、正文、结尾三部分组成。

首部包括标题和主送机关。标题有两种形式，一是标准公文标题，即由发文机关、事由、文种构成；二是由事由、文种组成。拟写请示标题，关键是写好"事由"，要明确、简括地表达出请示的核心内容，以便上级机关准确了解和把握，及时作出针对性的批复。请示的主送机关原则上只能是一个直接上级，如需同时送其他机关，应当用抄送形式。请示不得直接送领导者个人。

正文是请示的核心内容，要写清请示缘由和请示事项。请示缘由要用简明扼要的语言，将请示的原因和背景情况，或请示问题的依据、出发点及思想基础交代清楚。请示事项，要将请求上级机关给予指示、批准或批转的具体问题或事情全盘托出，请求上级机关作出答复。一是要明确。是请求上级机关对某项工作作出指示，还是对处理某一问题作出批准，抑或是请示批拨资金或物资等。二是要具体。若请示批拨资金，则应写明总计需要资金数额多少，已筹到多少，尚需领导解决若干。若请求批拨物资，应将产品名称、型号、规格、数量等要素写清楚。有时亦可提出本单位对解决问题的观点和方案，并标明倾向性的意见。

请示的结尾，一般用较为固定的结语，以示对上级机关的尊重。通常用"特此请示，请予批准"（请求批准的请示）、"妥否，请批示"（请求指示的请示）、"以上请示如无不妥，请批转……"（批转性请示）等习惯用语。请示的结尾绝不能出现"报告"字样。落款，即请示机关的署名，并加盖公章。成文时间是请示的实际发出日期。成文日期下一行居左空两格附注处注明联系人的姓名和电话。

（四）函

函由标题、主送机关、正文、落款和成文日期等部分构成。

函的标题应包括发文机关、事由和文种三部分，如《中国气象局办公室关于征求〈气候可行性论证管理办法（修订征求意见稿）〉意见的函》。但在实际应用中往往省略发文机关，如《关于请求批准××县级气象局××中心编制的函》。

主送机关即接收函的机关。

正文。来函与复函的正文写法略有不同。来函是主动地向有关机关商洽、询问事情，开头交代发函的原因、目的；中间写询问或商洽的内容，要写得具体、清楚；结尾提出希望，常用"即请函复""请函复为盼"等习惯用语。函复的开头类似批复，先引来函，然后用"经研究，函复如下"过渡到下文；中间针对来函所商洽或询问事项，作出明确的答复；结尾常用"此复""特此函复"结束全文。

落款。正文结束后写上发函机关名称，盖上公章。成文日期即发函的日期。

（五）纪要

会议纪要是在会议记录的基础上加工整理而成的，是记载、传达会议情况和议定事项、用以指导工作、解决问题、交流经验的重要工具，是传送会议信息的主要媒介之一。日常工作例会，如县级气象局局长办公会、专题会等都应产生纪要。

纪要格式。纪要标志由红色小标宋体字"×××××纪要"居中排布。用3号黑体字标注出席人员名单，在正文或附件说明下空一行左空二字编排"出席"二字，后标全角冒号，冒号后用3号仿宋体字标注出席人单位、姓名，回行时与冒号后的首字对齐。标注请假和列席人员名单，除依次另起一行并将"出席"二字改为"请假"或"列席"外，编排方法同出席人员名单。

纪要正文。会议纪要的正文应反映会议概况、会议精神、会议决定事项或结语等内容。会议的正文有多种写法。

一是分类标项式。多用于专题会议。应站在整个会议的高度，综合会议中提出的各种意见，将会议讨论的内容依其内在联系和逻辑关系归纳成几个方面，分项撰写并冠以合适的小标题。

二是新闻报道式。这种写法类似新闻写作中的消息写作，适用于日常工作例会，要依次写出会议进行程序、会议概况、会议议题、讨论意见、决定事项等。

三是指挥命令式。一般的局长办公会可采用这种写法。主要写会议决定事项。一般写为"会议决定……""会议同意……""会议通过了……"等。

值得一提的是，写好会议纪要必须做好会议记录。会议记录要全面、客观，对会议涉及的各个要素如时间、地点、人员、议题、发言内容等要全面记载。同时，要将会议资料收集齐全，在会议过程中要及时消化和整理会议情况，根据会议主旨和会议实际情况打好腹稿，逐步形成会议纪要的框架，如纪要由几个部分组成，写几个问题，怎样放置等。

（六）公文写作常见错误

一是违反行文规则。公文有一套严格的行文规则，不得直接报送领导个人。按照规定，除局领导交办事项和确需直接报送审批的少数敏感涉密事项、重大突发事件及涉外事件外，不得将请示、报告直接报送领导个人；不能越级行文。县级气象局如果有问题需请示省级气象局的，可以先向其上一级部门（市级气象局）呈文，由其市级气象局再向省级气象局呈文。

二是"签发人"常见错误。一般会出现两个常见错误：无签发人或签发人不正确。上行文要求标注签发人姓名，平行排列于发文字号右侧。签发人是指各级行政机关的正职或主持工作的负责人。各单位上报的文件，必须由主要负责人签字，主要负责人因出访、健康等原因不在岗，可由主持工作的负责人（不是分管负责人）签发。

三是公文标题常见错误。公文标题由发文机关、公文内容、文种三部分组成，一般格式为"发文机关＋关于××（事由）＋文种"。常见错误主要有：要素不全。发文机关、事由、文种，三要素缺一不可，特别要注意不能缺少发文机关。在使用"报告"文种时，遇到比较多的问题是"某某局关于某某事项的情况报告"，应该用"某某局关于某某事项情况的报告"。表述不清楚，例如：某单位更换设备需要申请经费，标题应该是"××局关于更换某种设备所需经费的请示"。

四是主送单位常见错误。常用公文中必须标明主送机关（也就是抬头），并使用全称或者规范化简称。报告、请示等上行文只能标注一个主送机关。

五是引用（引文）常见错误。主要有：引用公文不规范，往往只引发文号或不引发文号。根据规定，文中多次引用同一文件，应先引发文机关（有时可省略）、标题，后引发文字号（用括号括住），再次出现时可直接引用发文字号，无文号的，第一次引用时可在文件名称后面加括号注明简称。引用"（试行）（征求意见稿）（送审稿）"时不规范，出现诸如"现将《×××实施方案》（征求意见稿）呈上，请提出修改意见"的错误。规范用法是，引用其标题时应放在书名号之内（其余放在书名号外），如上例应写为"现将《×××实施方案（征求意见稿）》呈上，请提出修改意见"。使用非规范化简称时不规范。一般先用全称并加括号注明"以下简称×××"首次出现时就需简称的，应在直接简称后加括号说明其全称。

六是有些词容易用错。"截止"与"截至"。"截止"含有"停止"的意思，如"截止昨天""截止某月某日"。"截至"后面必须带时间宾语，"截至"的"至"有"到"的意思。如果"截止"后面加上

"到",就与"截至"的意思相同了。

"制定"与"制订"。"制定"强调法规等的定型和拍板定案,强调动作已完成,对象多是路线、方针、政策、法令、规章制度等;"制订"的对象多是方案、计划、规划。"制订"强调方案、计划等形成过程。"制订"在公文中习惯用于具体规章制度的订立,如"制定体育产业发展规划"应该是"制订体育产业发展规划"。

"其它"与"其他"。据国家语委有关规定,在法律法规和公文中统一用"其他",不用"其它"一词。

"按照"与"遵照"。"按照"是中性词,使用范围较广,通用于各种文体;"遵照"带有尊重色彩,后面的名词多为上级、长辈的指示、教导等。"按照"是介词,"遵照"是动词,如"按照××同志的指示精神……",应写为"遵照××同志的指示精神……"。

"报道"与"报导"。公文中统一用"报道",不能用"报导"。

列举完后"等"的用法。有两种情况,一种是没有列举完的时候用"等",如"北京、上海等城市",还有一种用法是列举完之后用"等",例如"北京、上海、武汉、长沙等四座城市",这里的"等"是表示列举完了之后收尾。

七是"抄送机关"常见错误,主要表现为没有使用全称或者规范化简称、统称;标点符号用错,没有按照"同一性质、层级的抄送机关用顿号隔开,不同性质、层次的抄送机关间用逗号隔开,在最后一个抄送机关后标句号"的规定使用标点符号,特别是在"最后一个抄送机关后标句号"方面常出错。

三、公文办理

(一)收文办理

县级气象局公文来源一般为上级气象部门、本地县委、县政府或本地不相隶属的单位。收文的途径一般为气象部门综合管理系统、本地电子政务系统、本地公文交换站或者经邮寄送达的信件。

对于通过电子政务系统获取的公文,要及时签收并注明签收时间,登记该公文的编号、收文时间、来文单位、来文号、标题、密级、紧急程度、主送单位等。紧急程度为急件或特急件的公文应优先办理。

对于收到的纸质公文,可将文件扫描后整理成为 word 文档,文档的名称即该文件的名称,手动添加到综合管理系统中,登记为收文,并按照网页关于收文登记的填写项目如实录入文件的标题、文种、来源单位、紧急程度、文号、收文日期等信息,便于管理和查阅。

做好收文登记工作后,由文秘呈送局领导阅批,对于阅知类公文,应按阅批人排序由前往后依次传阅;对于请示类公文,按阅批人排序由后往前依次传阅。在公文管理系统中,为了节省领导依次审阅的时间,一般选择同时传阅。

(二)发文办理

县级气象局发文的途径一般为电子公文或纸质公文,发文办理主要包括以下四个工作程序。一是机关负责人对于公文的签批有无遗漏,公文的内容、文种、格式是否准确规范;二是对于标注特急或要求限时发出的公文,要严格按照时限在电子政务系统使用正确的电子印章印发;三是对于拟制的公文再次核查,主要看是否有错字、多字、少字,公文格式是否正确、规范。对于纸质文件还应看是否页面整洁、墨色均匀、字迹清晰、装订整齐,不缺页、多页和错页。

(三)公文归档管理

县级气象局公文归档范围:一是反映本机关主要职能活动和基本历史面貌,对本机关工作、国家建设和历史研究具有利用价值的公文材料;二是机关工作活动中形成的在维护国家、集体和公民权益等方面具有凭证价值的公文材料;三是本机关需要贯彻执行的上级机关、同级机关的公文材料;四是其他对本机关工作具有查考价值的公文材料。

(四)电子公文

电子公文是指通过电子公文处理系统形成的具有规范格式公文的电子数据,具体包括公文形成、办理、传输和存储的信息记录。电子公文与原纸质公文具有同等效力。气象部门的电子公文是指通过气象部门综合管理信息系统形成的公文。电子印章与实物印章具有同等效力。县级气象局办公室负责电子公文系统的日常运行管理。由系统管理员(可由办公室文秘兼职)负责系统的日常维护,并配合做好电子公文归档工作。

思考题

(1)选一份新近制发的公文,说明它选用的文种,指出版头包含的要素。

(2)指出下列标题的正误,并说明原因。

①关于印发《关于加强××安全管理的通告》的通知

②关于×××问题的函告

③关于批复《××》刊物出版的通知

(3)概述至少三种常用文种及该文种的特点和作用。

第三节　政务公开

内容提要

本节从政务公开概述入手,主要介绍了政务公开、气象政务公开、县级气象局政务公开等内容。重点简述了气象政务公开内容及方式,介绍了县级气象局政务公开内容、方式和流程,分析了县级气象局政务公开内容、方式和常见问题。

一、政务公开的一般知识

(一)政务公开的概念

所谓政务公开,有广义和狭义之分。广义的政务公开则指与政事相关的种种事务的公开,其中包括除属于国家规定保密以外的党政事务、行政事务和其他社会事务。其信息公开的主体范围广泛,不仅包括党政机关,还包括了检务公开、审务公开、警务公开以及学校、医院等公用事业单位的信息公开。

狭义的政务公开是指政府的行政事务公开,主要限于政府机关范围内,尤其是与公共行政管理密切相关的、与民众切身利益密切相关的事务,其主体是政府行政机关。

根据《中华人民共和国政府信息公开条例》(以下简称《条例》)的规定,我国目前的政务公开所采用的概念偏向于广义的理解,虽然该条例将政府信息定义为"行政机关在履行职责过程中制作或者获取的,以一定形式记录、保存的信息",但在其附则中指出"法律、法规授权的具有管理公共事务职能的组织公开政府信息的活动""教育、医疗卫生、计划生育、供水、供电、供气、供热、环保、公共交通等与人民群众利益密切相关的公共企事业单位在提供社会公共服务过程中制作、获取的信息的公开"都参照该条例执行。从中看出我国的政府信息公开主要包括了三个主体：一是行政机关，二是法律、法规授权的具有管理公共事务职能的组织，三是与群众利益密切相关的公共企事业单位。

(二)政务公开的原则

根据《条例》的规定，政务公开遵循以下原则。

一是以公开为原则，不公开为例外。这一原则强调了政府信息公开的广泛性和全面性，是在政务公开制度实施过程中需要遵循的基本原则。"以公开为原则"，表明公共权力运作的过程和结果均应向社会和公众公开，不仅包括办事制度和办事程序向社会和公众公开，还包括政府所属部门以及与公共利益相关的其他机构在履行职务过程中产生、收集、整理、使用、保存的社会各方面信息的公开。"不公开为例外"则表明并不是政府掌握的所有信息都需要公开，而例外则强调这一部分不公开的信息应为所有信息中的一部分，相对于公开而言，其范围狭窄，具体内容有明确的限定。

二是平等原则，依法公开。政府信息必须公平地公开，就是强调公民、法人和其他的合法组织，都和政府机关一样，具有平等地获取、使用和保护政府信息的权利。政府信息具有公共财产的性质，作为社会最重要的信息资源，人人享有平等获取和使用的权利。除了行政机关主动公开的政府信息外，公民、法人或者其他组织还可以根据自身生产、生活、科研等特殊需要，向国务院部门、地方各级人民政府及县级以上地方人民政府部门申请获取相关政府信息，即依申请公开，同样体现出平等获取信息的权利。

三是免费原则，及时公开。公民在获取政府信息时不收费，体现了政府信息的公共属性。行政机关应及时准确地通过政务公报、新闻发布会、网络、报刊、电视等便于公众知晓的方式主动公开政府信息，且不收取费用。

各级气象主管机构负责提供共享的气象资料，应当免费向从事气象工作的机构、事业单位开展的公益服务、非营利性科研和教育机构从事的非商业性活动提供所需的气象资料。

(三)政务公开的内容

具体来看，政务公开的内容主要包括以下三个方面。

一是政务管理机构自身基本情况。包括管理机构的地位、职权范围、具体职责以及保证其行使职责的具体措施；管理机构内部组织关系及所设内部机构的职权职能划分；管理机构的名称、地址，政府领导成员的履历、分工和调整变化情况、公务员录用、负责具体事务的工作人员之姓名及联系方式等。

二是政务活动及决策过程。这一方面又包括政务活动及其决策程序的公开、政务活动的公开和决策过程的公开。这里的程序包括公众办理有关事务的具体程序、规则及需要准备的证件材料，与办理有关事务相关的法律、法规和规章、政策的公布。活动公开则指相关管理机关向社会公众公开其具体的行政行为，包括这一行为的内容、形式等具体信息，既要使承受行政行为的当事人知情，也要让其他公民或组织了解。决策过程的公开是对政务管理机构如何决策的过程进行公开，以显示决策的公平与公正，同时接受社会公众的监督。

三是政务活动及决策结果。政务活动和决策结果包括管理机构相关活动的结果或决策制定所形成的文件、资料、信息情报等。只有将决策与执行的过程与其相对应的结果都予以公开,才能构成完整的政务公开原则的全部内涵。具体来说,结果的公开,主要包括三个方面。一是公开政务管理机关的行为结果;二是公开行政机关在各种会议上通过的各种文件;三是公开活动决定或决策制定的依据,如行政机关作出决定所依据的相关背景资料、证据等。例如社会经济发展战略、发展计划、工作目标等,事关全局的重大决策,规范性文件及其他政策措施、政府年度财政预算情况、重要物资招标采购情况和重大基本建设项目招标情况、政府投资建设的社会公益事业情况等。

(四)政务公开的方式

政府信息公开分为主动公开和依申请公开。

主动公开一般通过政府公报、政府网站、新闻发布会以及报刊、广播、电视等便于公众知晓的方式。

政府公报是政府机关出版发行的以登载法令、方针、政策、宣言、声明、人事任免等各类政府文件为主要内容的连续出版物。如中央政府公报和地方各级政府、各机关公报等。

政府网站是指一级政府在各部门的信息化建设基础之上,建立起跨部门的、综合的业务应用系统,使公民、企业与政府工作人员都能快速便捷地接入所有相关政府部门的政务信息与业务应用,使合适的人能够在恰当的时间获得恰当的服务。

新闻发布会是政府或某个社会组织定期、不定期或临时举办的信息和新闻发布活动,直接向新闻界发布政府政策或组织信息,解释政府或组织的重大政策和事件。新闻发布会通常邀请记者、新闻界(媒体)负责人、行业部门主管、各协作单位代表及政府官员参加,通过报刊、电视、广播、网站等大众传播手段集中发布,迅速将信息扩散给公众。

政府信息涉及社会生产生活各个方面,其中有一部分信息只涉及部分人和事,只对特定的公民、法人和其他组织从事生产、安排生活、开展科研等活动具有特殊作用。依申请公开,就是行政机关根据公民、法人或者其他组织的申请,依照法律规定和本机关的职权,向申请人公开政府信息的行政行为。

(五)电子政务

电子政务本质上就是通过互联网建立政府网站组成"虚拟政府"。当前,各级政府以门户网站建设为突破口,使得公众可以方便快捷地通过政府网站获取政府的信息和服务,力促公共服务水平提升。电子政务是技术创新与政府管理创新相结合的典范,其最终价值体现在提高政务活动的公开性、透明度,实现政府与社会、公民的互动,改善公共服务环境上。

这个定义包含三个方面的内容:第一,电子政务必须借助于电子信息和数字网络技术,离不开信息基础设施和相关软件技术的发展;第二,电子政务处理的是与政权有关的公开事务,除政府机关的行政事务以外,还包括立法、司法部门以及其他一些公共组织的管理事务;第三,电子政务并不是简单地将传统的政府管理事务原封不动地搬到互联网上,而是要对其进行组织结构的重组和业务流程的再造。

在传统的信息公开手段上实现电子政务,可极大降低获得政府信息申请数量和相应的成本,使得知情权、信息平等权更好地为公众所享有。同时对于行政机关来说,利用互联网发布政府信息也便利其管理和保存信息,减少事务性工作,提高政府管理效率和服务水平。

(六)气象部门政务公开

气象部门依照有关法律、行政法规的授权,具有管理公共事务的职能。气象政务公开,是指国家气象行政机构依据法定职能和职责,对除属于国家规定保密以外的国家气象公共事务,如预算、计划、决策、政策、工程等信息面向社会公开。同时,气象部门也有内部公开,也可称为局务公开。

气象政务公开的原则,既有一般政务公开的全部原则,更有气象事业特殊的原则。由于气象观测数据的特殊性,有关军事行动、涉外谈判及科研关键技术的气象数据及资料是机密或秘密级别的,禁止对外公开。

气象部门政务公开的方式包括主动公开和依申请公开。对外公开通过官方网站、召开新闻发布会、报纸、气象频道(电视)、公告栏以及微博、微信公众号等多种方式主动向社会公开气象部门党务、政务信息。

气象政府网站是气象部门进行信息对外公开的主要载体,具备信息发布、解读回应、办事服务、互动交流等功能。2015年之前,地县级有独立存在的气象政府网站,自国务院办公厅开展了全国政府网站普查,清理僵尸网站后,中国气象局也展开了全国、省、地、县级气象局门户网站检查,鼓励地县级气象政府网站向省级集约。"十三五"以来,为适应互联网发展变化,推进集约共享,中国气象局正在建设覆盖气象部门国、省、地、县四级,以中国气象局政府网站为龙头,省级气象政府网站为支撑的气象政务集约化网上服务平台。所有地县级气象政府网站功能都将迁移至省级气象政府网站,逐步将省级气象政府网站整体迁移至国家级互联网基础设施资源池,初步形成"1+31"的国省两级气象政府网站格局。2019年,全国省级气象局相继完成了集约网站的开发建设任务,部分省级气象局尝试在门户网站由市级气象部门组织开展市县两级网上政务公开工作。

气象部门综合管理信息系统是承担气象部门对内部工作人员进行政务公开的载体,该系统从2007年建设开始,2015年覆盖国、省、地、县四级,在政务和业务管理、部门协同、决策支撑等方面发挥了相应的作用。各单位都可在其上发布公示公告、工作信息,并可将文件转给相关工作人员阅览。

二、县级气象局政务公开

(一)公开的内容

1. 政务公开

县级气象局对外公开主要包括以下几个方面。

一是财政信息。当年的财政预算、上一年度的财政决算以及"三公"经费。

二是年度计划或工作要点。上一年度工作亮点和当年工作安排。

三是重点项目。重大建设项目招投标、建设施工、竣工验收等环节,以及气象部门集中采购品目。

四是文件资料。本级及上级气象部门出台的法律法规、部门规章、气象行业标准及气象规范性文件等。

五是政务动态。本级气象部门政务要闻、通知公告、工作动态等需要社会公众广泛知晓的信息,及时转载上级气象政府网站、本地区政府网站发布的重要信息。

六是其他可公开的政务内容。本级气象部门简介、机构设置与主要职责等介绍性信息;气象服务信息、预警信息及相关预报预测产品。

2. 局务公开

县级综合管理系统通常使用公文管理、信息发布、出差管理、内部公告等几个模块功能实现内部政务公开。在综合管理系统上的公告栏中,县级气象局可公示科研项目、"三农"项目、人事调整和年度考核结果以及其他要求公示公开的事项等。其中,县级气象局局务公开的重点是政策性文件、财务情况和民主决策执行情况。

(二)公开的方式

1. 网站公开

县级气象局通过上级气象政府网站或当地政府门户网站提供政务信息服务。目前大部分县级气象局依托当地政府网站"信息公开"版块,按地方政府要求设置了政务公开模块。有的地方政府要求公开财政信息、年度计划、政务动态等,有的仅要求公开政务动态,并对上传信息数量进行考核。

2. 新闻发布会

县级气象局可通过当地新闻媒体以新闻发布会的形式对重大节假日、重要会议、运动会、中高考期间的天气趋势进行现场发布,对政策文件进行解读,对出现的重大气象灾害发生情况进行回应。

在气象预报服务方面,对针对春节、高考、国庆期间的天气情况召开新闻发布会,对重大节假日期间的天气预报、气象服务及建议做出详细通报。

3. 新媒体融合发布

近年来,气象政务微博、微信,政府信息客户端成为气象部门政务公开的另一个重要途径。各级气象部门各单位都在新浪微博、腾讯微博设立了官方微博,或同时申请了微信公众号发布气象信息,传播气象要闻,解读气象政策等。

目前,部分县级气象局还与当地新媒体中心签订合作协议,在重大气象灾害发生时出面采写气象服务新闻稿件,并在当地政府各种新闻媒体、政务终端上发布,以扩大气象服务的社会影响力。

4. 网上平台

目前,中国气象局正在组织开发网络资源,拟建成覆盖气象部门国、省、地、县四级,涵盖部门全部审批事项的气象行政审批网上平台和行政审批监督管理平台。县级气象局要做好与行政审批网上平台的对接工作,将政务服务事项纳入网上政务服务平台办理,并按照国家政务服务平台相关标准规范组织实施。依托网上政务服务平台,实时汇入网上申报、排队预约、现场排队叫号、服务评价、事项受理、审批(审查)结果和审批证照等信息,实现线上线下功能互补、无缝衔接、全过程留痕。

5. 依申请公开

除了县级气象局主动公开的政府信息外,公民、法人或者其他组织(以下简称申请人)可以根据自身生产、生活、科研等特殊需要,向县级气象局申请获取相关政府信息。县级气象局应在网站上设置依申请公开页面供申请人通过互联网发布申请,并提供可下载的电子版申请表,供申请人选择获取政府信息的方式。

(三)公开的程序

1. 政府信息公开程序

县级气象局应参照当地或者上级气象部门制定的政府信息公开目录进行信息公开,应公开而不予公开的政府信息,应当说明理由和依据。对于必须公开的政务信息内容,应明确专人对拟公开的政府信息文稿进行文字审核和保密审查,对不明确或有争议的事项应当先行采取保密措施,经分管领导报上级气象主管机构审定后确定是否公开。

对公开事项进行保密初审后，还应对错别字、数字及人名、地名等文字进行检查，避免出现疏漏和错误。拟公开的政府信息经分管领导审核通过后，可送达不同途径进行公开。通过当地政府网站进行公开的政府信息，应由专门的工作人员填写《政府信息公开登记表》备案，然后登录网站信息发布后台，根据本级政府信息公开目录与当地要求，及时在相关栏目发布相应的政府信息。

2. 依申请公开程序

县级气象局办公室通过电子邮件、信函等方式受理政府信息公开申请。办公室负责信息公开的工作人员初审申请人提交的拟公开内容是否符合要求，报分管领导审查签批。对于可以公开的信息，工作人员起草《××县级气象局政府信息公开告知书》经局领导审核后寄送申请人。

3. 内部事务公开程序

县级气象局应当按照有关内部管理规定，将内部事务向全局干部职工公开，如本级人事、财务、年度考核等事项在本级干部职工中公开，现在绝大多数县级气象局都做到了内部事项公开。但是，还需要加强内部公开事项的管理，如加强对单位内部规范性文件的学习和讨论，进一步提高单位规范化管理水平。对比较敏感的内部公开事项，可选择以会议的形式公开，可在公开的同时加强政策解读，以免造成误解或引发矛盾。

思考题

(1)谈一谈你所认识的政府信息公开工作。

(2)气象部门主动公开政府信息的方式有哪些？还有哪些方式可以使用？

(3)模拟一次依申请公开。

(4)谈一谈气象部门的政务公开如何拓宽监督渠道，主动接受地方政府部门、新闻媒体和社会各界的评议监督。

第四节　安全生产管理

内容提要

本节主要介绍了安全生产管理基础知识，气象部门安全生产总体要求和县级气象局安全生产管理的主要职责和任务。

一、气象安全生产管理

(一)气象安全生产管理概述

安全生产是指在社会生产活动中，通过人、机、物料、环境的和谐运作，使生产过程中潜在的各种事故风险和伤害因素始终处于有效控制状态，切实保护劳动者的生命安全和身体健康。保护劳动者的生命安全和身体健康是安全生产最根本、最深刻的内涵，是安全生产的本质和核心。

安全生产管理是指针对人们在生产过程中的安全问题，运用有效的资源，发挥人的智慧，通过人的努力，进行有关决策、计划、指挥、控制和协调等活动，实现生产过程中人与机器设备、物料、环境的和谐，达到安全生产的目标。

气象安全生产管理主要包括三个方面。一是安全生产社会监督管理，包括雷电重大气象灾害安全防御监督管理、人工影响天气作业安全监督管理、施放气球监督管理、气象探测环境保护监督管理、气象法律法规赋予的其他安全生产管理等；二是安全生产气象保障服务，包括影响安全生产的台风、暴雨(雪)、寒潮、大风(沙尘暴)、低温、高温、干旱、雷电、冰雹、霜冻和大雾等气象灾害的监测预报预警服务，因气象因素直接造成或者诱发的煤矿、非煤矿山、危险化学品、烟花爆竹、冶金等行业领域安全生产事故应急救援气象服务，应急管理、自然资源、交通运输、住建、水利、农业农村、林业、海事、旅游、应急管理、电力、石油化工等气象灾害防御重点单位安全生产气象保障服务；三是气象部门自身的生产安全，包括人工影响天气装备、弹药、物资的运输、储存和作业安全，制氢、储氢、用氢和气象业务施放气球安全，易燃易爆危险化学品使用安全，气象业务系统运行安全和气象信息安全，部门内部消防、交通、施工、建(构)筑物、地下空间、电梯、水电和食堂食品等安全。

《气象法》规定了气象主管机构应当组织对重大灾害性天气的跨地区、跨部门的联合监测、预报工作，及时提出气象灾害防御措施，并对重大气象灾害作出评估，为本级人民政府组织防御提供决策依据。

《中华人民共和国安全生产法》明确了国务院有关部门依照本法和其他有关法律、行政法规的规定，在各自的职责范围内对有关行业、领域的安全生产工作实施监督管理。

《国务院安全生产委员会成员单位安全生产工作职责分工》(安委〔2015〕05号)文件也明确了中国气象局气象安全生产工作主要职责。

一是建立健全气象灾害监测预报预警联动机制，根据天气气候变化情况及防灾减灾工作需要，及时向各有关地区和部门提供气象灾害监测、预报、预警及气象灾害风险评估等信息，为安全生产预防控制和事故应急救援提供气象服务保障。

二是依法履行雷电灾害安全防御的监督管理职责，组织制定有关安全生产政策措施并监督实施，依法参加有关事故的调查，指导省级气象主管机构的监督管理工作。

三是会同有关部门指导无人驾驶自由气球和系留气球安全生产监督管理工作，组织制定有关安全生产政策措施并监督实施。负责人工影响天气作业期间的安全检查和事故防范。

(二)气象安全生产管理的意义

安全生产事关人民群众生命财产安全，事关改革发展稳定大局，事关党和政府形象和声誉。气象安全生产管理是安全生产管理的重要内容之一，越来越受到党中央国务院、各级党委、政府以及社会公众的高度重视。做好气象部门自身的生产安全、安全生产气象保障服务、安全生产社会监督管理等气象领域安全生产管理工作是气象部门贯彻落实习近平总书记关于防灾减灾救灾和安全生产工作重要指示精神的具体体现，也是维护气象部门自身稳定和谐发展，依法履行气象综合防灾减灾职能，最大程度减轻气象灾害对经济社会发展和人民群众生命财产安全威胁的必然要求。

我国气象灾害频发，由气象因素引起的安全生产事故给人民生命财产造成了重大损失，有些重大气象灾害事件只要有关部门和单位充分利用好气象预警信息就可能降低或避免损失。

近些年来，由安全生产意识不强、安全责任落实不到位等原因导致的部门内部安全生产事故也时有发生，如2007年某国家气候观象台发生一氧化碳中毒事故导致1名地面测报值班员死亡。因此，气象部门必须牢牢树立红线意识，重视安全生产工作，加强安全生产管理，防御气象因素引发重特大生产安全事故，防范部门内部安全生产风险，切实保障人民群众生命财产安全。应防患于未然，时刻铭记安全生产责任重于泰山，全面履行气象安全生产监管和服务职能,扎实做好气象安全生产工作,维护部门安全稳定良好局面。

(三)气象安全生产管理总体进展

近些年来,全国气象部门认真学习领会习近平总书记关于做好安全生产工作的一系列重要讲话和指示批示精神,坚决贯彻落实《中共中央国务院关于推进安全生产领域改革发展的意见》《地方党政领导干部安全生产责任制规定》等文件要求,高度重视气象安全生产工作,加强安全生产制度建设和责任体系建设,充分发挥气象现代化建设成果,努力做好气象部门自身的生产安全、安全生产气象保障服务、安全生产社会监督管理等气象安全生产管理工作,切实加强各类隐患风险排查整治,各级气象部门安全生产总体形势良好,在保障国家经济社会发展和人民群众生命财产安全中发挥了显著作用。

一是气象安全生产社会监督管理机制更加完善。全国气象部门深化了“党委领导、政府主导、部门联动、社会参与”的气象防灾减灾机制;强化了部门合作,先后与中华人民共和国住房和城乡建设部、中华人民共和国安全生产监督管理总局等相关部门联合发文贯彻落实《关于优化建设工程防雷许可的决定》《关于进一步强化气象相关安全生产工作的通知》等文件精神,明确相关部门的防雷安全、施放气球、气象灾害安全防御监管职责,产生了良好的社会经济效益;强化了预警信息发布工作,已完成安监、公安、民政、国土、交通、水利等14个部门52类预警信息的对接。通过上述工作,各级气象部门安全生产总体形势良好,为保障国家经济社会发展和人民群众生命财产安全发挥了显著作用。

二是安全生产保障服务效益更加显著。气象灾害监测能力显著增强,在轨运行气象卫星数量不断增多,新一代天气雷达覆盖面积不断增大,在煤矿、非煤矿山、大型油库、核电站、风景区、高速公路、港口、大桥等重点区域建立了气象观测设施;台风24小时路径预报误差达到世界领先水平,强对流预警时间提前量不断超前,气象预警信息公众覆盖率不断扩大,气象保障安全生产能力大幅提升,有效地提高了对重大灾害的防御能力,极大地减轻了气象灾害带来的人员伤亡和财产损失。气象灾害导致的死亡人数显著减少,灾害损失占GDP比重明显下降。

三是部门内部安全生产形势日趋向好。中国气象局先后印发了《中国气象局2016—2018年遏制重特大事故工作方案》《气象部门安全生产工作指南(试行)》《人工影响天气作业点安全等级评定办法》等安全生产办法,大力推进部门内部安全生产管理科学化、规范化、标准化建设。全国各级气象部门切实加强组织领导,狠抓工作落实,层层压实责任,气象干部职工安全生产红线底线意识进一步增强,安全责任制和安全管理制度进一步健全,安全生产风险防控、重大隐患排查治理、应急处置能力、安全生产信息化能力进一步增强,安全形势总体保持稳定。

尽管气象部门对内和对外安全生产管理能力持续提升,安全生产形势持续总体平稳,但对照党和国家的要求,对照人民群众的需要,仍存在着一定差距。一是有效预防气象安全生产事故和气象因素直接造成或诱发的相关重特大安全生产事故的气象服务能力还有待进一步提升;二是防雷安全监管能力有待提高,企业的安全主体责任有待进一步落实;三是各地各单位自身安全生产工作存在薄弱环节,安全生产责任不到位、隐患排查整治不到位、安全生产管理制度不健全、安全设施配置不到位等情况时有发生。安全生产仍需进一步抓严、抓细、抓实。只有时刻绷紧安全生产这根弦,坚持防患未然的问题导向,强化风险防范意识,锲而不舍抓好气象安全生产管理工作,才能为气象事业高质量发展提供坚强保障。

二、县级气象局安全生产管理

(一)安全生产管理职责

1. 防雷安全监管职责

加强防雷安全隐患排查,特别是对易燃易爆场所、危化场所、高层建筑、人口密集场所等易遭雷击的建筑物和设施要登记造册,督促其使用单位对防雷安全隐患及时整改;规范雷电灾害风险评估、防雷设计技术评价、施工监审、防雷装置安全检测和雷电灾害调查等技术服务工作;严格执行防雷法规规章和各项规范性文件。

2. 系留空飘气球施放安全监管职责

贯彻执行国家和省、市、县有关法律法规,组织、指导、协调、监督系留空飘气球安全管理工作;严格行政审批制度,申请升放气球的单位必须有独立的法人资格,有固定的工作场所,危险气体的运输、使用和存放必须符合国家有关规定;强化执法检查,重点检查升放气球单位是否具有资质证,升放气球单位是否按照规定程序进行申报并获得批准,升放气球的时间、地点、种类和数量等是否与所批准的内容相符合,升放气球单位和作业人员、技术人员是否遵守有关技术规范、标准和规程,气球的升放是否符合有关安全要求和条件。

3. 安全生产宣传教育职责

做好气象防灾减灾宣传工作,建立健全气象相关安全生产培训教育制度和培训计划;强化气象相关安全生产管理知识的宣传和教育培训,营造良好的社会氛围,引导广大人民群众积极参与气象相关安全生产监督和管理;充分利用电视、网站、展板、电子显示屏、大喇叭等形式广泛宣传,通过举办气象相关安全生产知识讲座、应急演练等活动开展气象安全生产法律法规和气象防灾减灾知识宣传教育。

4. 安全生产气象保障服务职责

完善气象灾害防御体系建设,全力做好气象灾害监测预报预警服务工作,密切监视天气变化,特别是暴雨、雷电等重大天气的变化,积极主动为政府及相关部门提供准确率高、针对性强、并有科学依据和可操作性防范措施的气象风险预警服务产品;加强天气会商和灾害性天气区域、部门应急联动,健全完善气象风险预警信息发布机制,提高气象灾害预警信息发布的时效性和覆盖面;完善气象灾害应急制度、应急预案、应急流程、应对措施,做好应急值守设备的维护,加强应急演练,做好为部门、行业安全生产突发事件应急处置的气象保障工作;落实24小时应急值守制度,做好突发事件信息处置及报送工作,确保通信畅通。

5. 内部安全生产管理职责

一是建立健全消防安全工作制度。重点落实安全生产责任制,加强内部自查;建立单位灭火和应急疏散预案、演练方案,每年组织进行培训和演练;定期检查、维护、检修单位所属的业务用房、职工宿舍、食堂以及出租房屋的消防器材、报警系统、安全标志等设施,确保安全设施完好;在变压器、配电房、检修作业现场等容易发生事故的地方,应按照国家有关标准设置安全设施或悬挂安全标志;定期进行消防安全隐患排查,对重点部位(如:机房、档案室、天气会商室、会议室等)的消防设施配备及安全规范制度落实情况进行检查,及时清除易燃物,确保消防通道、疏散通道、安全出口畅通;加强供水、供电、供气等重点部位巡查和安全隐患排查;加强职工食堂、饮用水源等公共卫生重点部位的卫生安全管理,严防食物中毒和损害人身健康的事件发生;加强监控设备的24小时无缝隙监控及人员值班,落实门卫安保措施,完善单位人员和物品出入管理制度。

二是人工影响天气安全职责。制定人工影响天气作业管理制度、作业操作规范、流程,制定人工影响天气作业应急预案;建立严格的人工影响天气作业公告和空域审批制度,确保作业安全,严禁不申请空域擅自作业;做好人工影响天气作业发射装备、指挥平台设备和系统的安全管理;制定人工影响天气弹药使用管理规定,确保弹药储存、运输和使用的安全,建立过期人雨弹、哑弹及过期火箭弹调查、登记、销毁制度;加强人工影响天气管理,组织开展安全教育、操作演练和上岗培训。

三是计算机网络安全职责。制定计算机网络安全管理制度,明确网络管理员,未经同意,任何人不得擅自安装、拆卸或改变网络设备以及更改有关网络配置参数;建立发布信息审查制度,严禁任何人在单位建立的网站或网页上发布与自己工作职责无关的信息;严禁利用单位计算机网络系统下载、浏览及传播、传送色情信息和其他有害信息,严禁扩散、盗用他人计算机用户信息;严禁在网络上使用来历不明、引发病毒传染的软件。

四是道路交通安全职责。加强公务车辆使用管理,建立车辆出车、保养和维修登记制度;严禁公车私用,严禁领导干部私自驾驶公务车辆;加强对车辆的安全检查,及时消除隐患,确保车辆处于良好、安全状态,杜绝"带病车"上路;组织开展交通安全法律、法规宣传,提高干部职工的交通安全意识、法律意识、责任意识和文明意识,要求干部职工驾车时自觉守法,文明行车,严禁发生酒后驾驶等严重违法违规行为,杜绝重大交通责任事故的发生。

五是财务安全职责。贯彻执行国家有关财务安全政策、法律、规定,制定本单位财务安全管理办法、制度;负责本单位的资金安全、财务保密管理工作;负责各类财务凭证、报表及相关资料的安全管理工作。

六是人身和财产安全职责。贯彻执行国家有关安全生产、劳动保护的政策法令、规定,以及上级各项安全制度,对观测场、财务室、易燃易爆和危化物品存放地等重要场所应配备必要的人身和财物安全防护设施,制定相应的安全防范措施;安全报警系统应全天候处于工作状态,遇有故障及时维修排除。

七是基建项目及装修装饰工程职责。认真履行安全生产职责,严格按照有关规定依法发包,确保安全投入,明确有关各方安全生产职责,加强建设工程的安全生产监管,并承担相应管理责任,尤其要检查工程施工现场的危险标识是否到位。

八是气象设施设备安装调试与维护职责。气象设施设备安装调试与维护需要第三方承担的,要严格按照有关规定依法发包,明确有关各方安全生产职责,加强安全生产监管;由相关单位自行承担气象设施设备安装调试与维护的,要建立施工中的安全管理制度,严格按照有关法律法规和技术标准、操作要求进行,确保设备及其安装、调试、维修的安全;加强单位业务用房、气象观测场等场地及其设施设备的防雷安全工作。

(二)安全生产组织管理

县级气象局应当成立由有关局领导任组长的安全生产工作领导小组,落实安全生产工作责任。遇安全生产专项活动或重大活动,应成立专项工作临时机构,负责专项活动的组织领导、安排部署、检查推进、安全抢险、应急指挥和总结评估。

县级气象局安全生产管理工作,管理体系上应坚持"有组织机构、有管理制度、有教育培训、有应急体系、有风险防控、有检查整治、有工作台账"的原则,工作推进上应坚持"有计划、有部署、有检查、有考核"的原则。

(三)安全生产责任体系

气象部门实行安全生产责任制,必须牢固树立"发展决不能以牺牲安全为代价"的红线意识,按照"管行业必须管安全、管业务必须管安全、管生产经营必须管安全"和"党政同责、一岗双责、齐抓共管、失职追责"的要求,坚持安全发展、依法治理,综合运用巡查督查、考核考察、激励惩戒等措施,加强组织领导,强化属地管理,完善体制机制,有效防范安全生产风险,坚决遏制重特大安全生产事故,促使气象部门各级领导干部切实承担起安全生产责任,为营造良好稳定的安全生产环境作出积极贡献。

县级气象局安全生产责任体系建设的原则是"横到边、竖到底、落到人、定到时",主要负责人是本单位安全生产第一责任人,应由一名班子成员分管安全生产工作,对本单位安全生产工作负分管责任,班子其他成员对分管范围内的安全生产工作负分管领导责任,相关职能部门负责人对职责范围内的安全生产工作负监管责任,具体承担安全生产责任和落实安全生产任务的人员对安全生产工作负主体责任。

横到边,是指责任体系要包括气象部门安全生产管理各项内容,不能出现管理漏项;竖到底,是指责任体系要落实到本单位具体岗位,不能出现管理盲区;落到人,是指责任体系要明确各个岗位安全生产责任具体责任人,不能出现某个岗位安全责任空挡;定到时,是指责任体系要明确重大时间节点需要具体开展的安全生产工作,不能出现某个重大时间节点安全责任真空。

安全生产责任书编制和签订。安全生产责任书,是上级部门根据下级部门的相关职责,确定其在安全生产方面所应承担的责任和要求,通常由以下几个方面组成:一是责任落实情况。领导干部实行安全生产工作责任制,主要负责人和其他负责人的安全生产职责落实情况,单位召开安全生产专题会议、安全生产工作部署落实情况以及上级工作安排完成情况。二是安全生产目标管理责任书逐级签订和落实情况。重要区域及高敏感设施实行挂牌责任制落实情况。三是制度建设情况。安全生产管理制度是否建立健全、安全生产工作台账制度是否建立。四是基础设施安全维护情况。强化水电气暖、燃气等内部安全管理,防止出现失盗、火灾、用电、用水等安全生产事故。五是安全培训、宣传教育以及应急演练开展情况。对考核单位开展安全教育培训和应急演练情况作出要求。六是安全生产工作日常开展情况。对被考核单位日常安全检查、专项活动组织、专项检查整改、上级文件会议精神贯彻落实等工作作出要求。七是考核方式方法。依据本单位安全生产工作管理相关制度,列出考核细则、考核方式方法。安全生产考核属于社会安全管理应当争取地方政府纳入考核内容,遵循地方政府考核办法,属于部门内考核可结合本单位目标管理进行考核。

(四)安全检查与隐患排查治理

县级气象局内部安全生产检查是指安全生产监管部门、安全生产主管部门或县级气象局自身贯彻国家安全生产法规的情况等所进行的检查。

一是检查对象。气象部门在其内部安全生产责任范围内,所有为各项工作正常运行提供各类保障的场所、设备设施、人员、环境等,重点检查办公业务用房、服务用房、设备用房、附属用房、在建工程项目,相应的责任区域及其各类设施;用于存放设备设施、易燃易爆危险品的库房,相应的责任区域及其各类设施。

二是检查记录。检查记录是记载检查基本情况的文字材料和重要的原始档案资料,具有执行依据、文件基础、日后查考和史料价值等作用。检查记录内容必须实事求是、真实准确完整。

三是问题隐患建账。要结合安全生产检查或排查出的隐患问题,建立本单位安全隐患台账。

(五)安全生产台账管理

安全生产台账,主要包括安全生产组织管理、安全生产设施、安全生产隐患、教育培训、经费使用等。采用图文并茂的台账形式,如实记录安全生产工作,工作留痕,经得住检查,重大问题隐患要建立销账制度。

1. 组织管理台账

组织管理台账,包括本单位成立安全生产委员会、工作组的书面文件;召开会议传达上级重要安全生产会议精神、研究安全生产工作的会议纪要,出台的年度安全生产工作计划、实施方案;主要负责人安全承诺书;与本单位重点部位管理人员签订的年度安全目标责任书;安全生产应急预案、演练方案;安全生产工作部署、专项安全生产活动总结。

2. 设施台账

建构筑物台账,包括名称、位置、设计单位、施工单位、竣工日期、设计使用年限、占地面积、结构形式、防火等级等内容;重要生产设施设备台账,包括名称、规格型号、功能、生产管理及技术要求、材质、重量、生产厂家、出厂日期、安装日期、采购价格等内容;特种设备台账,包括设备名称、安装部署位置、制造单位、出厂编号、检修维修信息、注册登记信息、定期检验检测报告、定检日期、复查日期等内容;安全设施台账,包括种类、名称、位置、数量、责任人、有效期等内容;个体防护用品台账,包括种类、名称、存储位置或者领用记录、有效日期、更新情况、责任人等内容;安全警示标识台账,包括标识类别、标识名称、单位、设置地点、设置时间、数量、维护责任人等内容;供应商、承包商档案,包括资格审查记录、表现评价、续用评价等。

3. 隐患台账

隐患台账,包括安全检查台账及隐患整改台账等。安全检查台账,包括检查时间、检查形式、检查对象、参加人员、发现问题及处理情况等内容;隐患整改台账,包括隐患名称、发现日期、原因分析、整改措施、计划完成日期、整改负责人、销账情况等内容;安全生产事故台账,包括事故时间、事故类别、伤亡人数、损失大小、事故经过、救援过程、事故总结材料等内容。

4. 教育培训台账

教育培训台账,包括职工基本信息、入职时间、入职部门、工种、专业工龄、培训单位、考核成绩、取证时间、复审时间、发证编号等内容;职工安全培训教育档案,可做成员工安全培训登记表,包括姓名、身份、培训时间(开始时间、结束时间)、培训班名称、培训内容、举办单位、考核成绩等内容。

(六)安全生产能力建设

安全生产工作总的指导方针是坚持预防为主、标本兼治、系统建设、依法治理,切实降低重特大事故发生频次和危害后果,最大限度减少人员伤亡和财产损失。通过以开展"人防、物防、技防"为主的安全生产管理工作,对有效防范安全生产事故的发生必将发挥重大的作用。

1. 加强人防建设

一是强化意识。首先思想上时时刻刻要有一个"安全阀"和一种"安全生产、预防为先"的意识,主要包括依法安全生产的意识、遵守规章制度的意识、严格遵守操作规程的意识、安全隐患绝不放过的意识、"安全第一、预防为主、综合治理"的意识。要加强职工培训和宣传教育,引导职工树立群众是搞好安全生产的主体的意识、对自己和他人安全负责的意识、事故预防和应急处理能力的意识。

二是强化队伍建设。县级气象局要明确一名安全生产兼职管理员,按照上级气象部门和当地安全管理部门的要求,组织完成本单位的安全生产工作任务,做好本单位的安全生产管理工作台账。

2. 加强物防建设

"物防",就是在安全防范的对象周围安装障碍物,阻止或延迟作案分子进入,增加攀爬的难度。为此,安全投入要到位。

一是在单位周边建立摄像安全监护系统或红外报警系统,如有可疑人员进入,红外报警器会立即报警,安保人员将快速响应处理。

二是加强对单位大门的管理,设置保安或门房,加强对进出人员及车辆的盘查;有条件的可为安保人员配备警戒装备,增强防范单位内部安全事故的能力。

三是装备消防、防雷等设施,为单位和职工安全增加保障。

3. 加强技防建设

"技防"是实现安全生产的重要支撑,主要指创新安全生产管理模式,提升安全生产管理方法,积极推进安全生产办公自动化、监控精准化等建设,有效减少事故发生。

一是在单位办公大楼建立门禁管理等技术防范系统,不但能够解决保卫力量人员不足的问题,而且可解决对抓获人员取证困难的问题,能够对犯罪分子起到震慑作用,增加职工安全感;二是有针对性防范,提高"技防"水平,可在楼梯出入口、财务室、设备库房等重点部位安装摄像头,可以起到震慑和预警作用。

思考题

(1)县级气象局安全生产管理的主要职能与任务是什么?

(2)安全生产台账管理有些什么项目?

(3)如何加强县级气象局安全生产能力建设?

第五节　气象应急管理

内容提要

本节介绍了气象应急管理、突发事件处置和值班值守等有关内容,重点阐述了气象应急管理的"一案三制"、重大突发事件报送的类型、标准、流程,值班值守的工作职责、制度等方面的内容。

一、应急管理

(一)气象应急管理概述

1. 应急管理的定义

应急管理是应对于特重大事故灾害的危险问题提出的。应急管理是指政府及其他公共机构在突发事件的事前预防、事发应对、事中处置和善后恢复过程中,通过建立必要的应对机制,采取一系列必要措施,应用科学、技术、规划与管理等手段,保障公众生命、健康和财产安全,促进社会和谐健康发展的有关活动。

应急管理是对突发事件的全过程管理。根据突发事件的预防、预警、发生和善后四个发展阶段,应急管理可分为预防与应急准备、监测与预警、应急处置与救援、事后恢复与重建四个过程。应急管理又是一个动态管理过程,体现于突发事件的各个阶段,是一个完整的系统工程。

应急管理工作内容可以用"一案三制"概括,"一案三制"体系是具有中国特色的应急管理体系,"一案"为突发公共事件应急预案体系,"三制"为应急管理体制、运行机制和法制。应急管理体制主要指建立健全集中统一、坚强有力、政令畅通的指挥机构;运行机制主要指建立健全监测预警机制、应急信息报告机制、应急决策和协调机制;而法制建设方面,主要通过依法行政,努力使突发公共事件的应急处置逐步走上规范化、制度化和法制化轨道。

2. 气象应急管理的定义

气象应急管理是对突发气象灾害有计划有组织的进行有效预警、控制和处理的过程。气象灾害应急处置应坚持政府统一领导、分级管理、条块结合、以块为主的原则,包括建立和完善气象灾害应急预案,加强各级气象灾害应急救援指挥体系建设,完善应急响应工作机制,形成科学决策、统一指挥、分级管理、反应灵敏、协调有序、运转高效的气象灾害应急救援体系等。通过十几年的努力,气象部门以"一案三制"为框架的应急体系已基本建立。

气象应急管理能够最大限度地减小突发气象灾害的负面效应,保障经济社会健康发展和公众生命财产安全。近年来,气象灾害突发性、极端性、灾害性增强,全国暴雨天气增多,登陆台风多,强度偏强,路径复杂,暴雪高温干旱极端事件增多,全国气象部门及时启动应急响应,采取有效措施积极应对,气象防灾减灾取得显著经济社会效益。

3. 气象应急管理的主要特征

气象应急管理主要有三个特征:一是统一领导、分级负责,在党中央国务院的统一领导下,各级政府实行行政领导责任制,依法按预案分级组织开展突发事件应对工作;二是综合协调、分类管理,明确部门职责和责任主体,发挥政治优势和组织优势,整合各方面应急资源和力量,形成统一的信息、指挥、救援队伍和物资储备系统;三是条块结合、属地管理为主,赋予地方政府统一组织实施应对工作的权力和责任,同时充分发挥专业应急指挥机构的作用,做到快速反应、协同应对。当发生气象灾害时,按照灾害的规模和影响,分别由国务院和各级政府进行突发事件应急管理,从而形成条块结合的管理机构和应急响应机制。

4. 气象应急管理的分类

气象应急管理可从启动应急命令主体、应急响应级次和应急灾种类型三个方面进行分类。

按照启动应急命令主体,可分为部门外部启动应急和部门内部启动应急,部门外主要指当地政府或地方有关指挥机构(比如县气象防灾减灾指挥部),部门内主要指上级气象部门。

按照应急响应级次,可分为Ⅳ级、Ⅲ级、Ⅱ级、Ⅰ级四个级别,Ⅰ级为最高级别,情况越紧急、灾害程度越大启动应急响应级别越高,可以从低级次逐级递升或者跳级升到更高级次。

按照气象应急的灾种类型,可分为台风、暴雨(雪)、寒潮、大风(沙尘暴)、低温、高温、干旱、雷电、冰雹、霜冻、冰冻、大雾、霾等气象灾害,还包括因气象因素引发水旱灾害、地质灾害、海洋灾害、森林草原火灾,以及地震、矿难、疫病等突发事件处置过程中的气象灾害应急管理。

(二)气象应急管理现状

1. 气象应急管理历程

自新中国成立以来,我国应急管理工作应对的范围逐渐扩大,由自然灾害为主逐渐扩大到自然灾害、事故灾难、公共卫生事件和社会安全事件等方面,应急管理工作内容从应对单一灾害逐步发展到需要综合协调的复杂管理,其发展历程大致可分为新中国成立之初到改革开放之前的单项应对模式,到现如今的综合应急管理模式。气象应急管理正是在国家应急管理发展的大环境下逐步发展,大致可分为三个阶段,第一个阶段是新中国成立之初至 2003 年抗击

"非典"期间,气象应急管理与常规气象业务交织在一起,并未专门提出气象应急的概念;第二个阶段是 2003 年至 2018 年初,气象应急管理呈现分散协调、临时响应模式的特征,气象应急管理进展明显;第三个阶段是 2018 年初开始的综合应急管理模式,随着国家全面推进综合防灾减灾救灾能力建设,气象应急管理被纳入综合防灾减灾。

2. 气象应急管理现状

一是气象应急预案。气象应急服务具有突发性、不确定性、危险性、紧迫性、复杂性等特点,有的可能涉及多个行业、领域、部门和学科,需要根据各个因素的特点综合加以考虑,这就决定了气象应急服务必须制定多种应急预案。地方各级人民政府和县级以上气象机构根据有关法律、法规、规章、上级人民政府及其有关部门的应急预案以及本地区的实际情况,制定相应的应急预案。针对气象灾害和突发事件的性质、特点和可能造成的社会危害,具体规定应急管理工作的组织指挥体系、职责和突发事件的预防、预警机制、处理程序、应急保障措施等内容。各有关部门按照职责,分工负责相互配合,共同做好气象应急工作。

全国 31 个省(自治区、直辖市)人民政府、95%以上地市级和 2200 余个县级政府制定出台了气象灾害应急政府专项预案,结合本区域气象灾害特点制定了相应的气象灾害应急专项预案。气象灾害应急专项预案的实施,从防灾减灾角度明确了建立以气象灾害预警信息为先导、政府统一组织领导、各个部门积极响应、全社会积极参与的重大气象灾害应急联动机制。同时,各省、市、县级气象局也根据当地气象灾害频发重发实际,制定了相应的分灾种的气象灾害部门应急预案。中国气象局本级共制定应急预案 5 件,各直属单位制定应急预案 70 余件,各省(自治区、直辖市)气象局制定应急预案 300 余件,市县两级气象部门制定各类应急预案 6000 余件。

二是气象应急管理体制。通过建立国家、省、市、县四级气象灾害专项预案体系,明确了各级政府在气象灾害应对中的主导地位,应急指挥机制逐步完善。加强部门间的交流和合作,形成重大天气多部门联合会商研判机制,实现气象灾害预警服务与各部门应急工作的有效衔接,促进联防工作更加制度化、规范化,进一步强化了气象预警"消息树""发令枪"的作用。充分发挥社会参与作用,强化了气象部门有关气象灾害预警信息发布的地位。通过近年来的大力宣传,社会公众气象灾害防御意识、主动避灾意识、自救互救能力明显提升,尤其是对气象灾害预警信息的重视程度越来越高。例如:台风预警发布后,渔船主动回港避风、市民主动避免出行,群众大都选择安全场所避灾;暴雨灾害来临时,公共场所、沿街店铺等主动为公众提供避雨场所;企事业单位主动安装防雷装置等。

三是气象应急管理组织体系。建立了国家级"气象灾害预警服务部际联络员会议制度",中国气象局不断深化与省(自治区、直辖市)、部委、高校合作,大大拓展了气象应急服务的领域。地方各级人民政府普遍成立了气象灾害防御指挥部、气象防灾减灾领导小组等不同形式的气象灾害应对指挥协调机构,定期召开气象灾害防御工作会议。全国许多县市成立了由地方政府列编制并提供运行维持经费的县级气象防灾减灾机构。

中国气象局印发《关于加强基层气象应急管理工作的实施意见》,明确要求各地建立健全基层气象应急管理组织体系,按照条块结合、属地为主、上下协同的原则,完善省—地(市)—县级联动的应急管理指挥体系,建立健全省级气象应急管理的领导和办事机构,明确职责,落实人员。省级气象部门要安排专职人员、地(市)级气象部门要安排专人负责气象应急管理工作,县级气象局应明确应急管理责任人。通过近年加强应急管理组织体系建设,县级气象局应急管理工作力量得到明显增强。

3. 气象应急管理存在的问题

存在的问题主要有四个方面：一是气象应急保障能力不高，面对突发性气象灾害，监测能力还不足，预报准确率需提高，气象灾害预警信息缺乏针对性、及时性，发布渠道存在局限性，气象灾害预警信息无法及时传递到每位社会公众手中，突发事件应急保障服务能力有限；二是气象应急体制不够完善，各部门应对气象灾害及其他突发公共事件时管理职责不够清晰，信息、资源及人力调动不能共享，各部门应急管理分工有的不够明确，统一指挥、调度、行动的协调机制不够完善；三是气象灾害风险评估制度不健全，气象灾害风险区划不深入，城乡规划和重点工程气象灾害风险评估及气候可行性论证开展不够广泛，农村基础设施防御气象灾害能力较弱；四是全民参与气象灾害防御的意识薄弱，社会公众气象防灾意识不强、避灾知识掌握不多不全面，面对气象灾害保护自己、帮助他人的能力还不够，气象防灾减灾知识宣传还不够广泛深入。

(三)县级气象局应急管理

1. 应急概述

县级气象局作为最基层的气象机构，管理和服务工作直接面对广大人民群众，开展气象应急工作十分必要和重要。为更好地开展县级气象局的应急管理工作，应成立县级气象局应急管理领导小组（以下简称领导小组），负责统一领导和指挥部门内气象灾害的防范与应急处置，应急管理领导小组办公室（以下简称应急办）负责应急响应的综合协调。领导小组组长由县级气象局主要负责人担任；副组长由县级气象局分管业务、应急的负责人担任；成员由相关单位主要负责人组成。应急办主要职责：一是统一领导部门内应急工作；二是决定应急管理工作重大事项，审定气象灾害应急工作方案；三是指挥、协调有关气象灾害应急处置工作，决定是否派出现场工作组；四是调度应急处置所需的人力、物力、财力、技术装备等资源；五是指挥处置气象灾害应急过程中其他重大突发事件；六是决定部门应急响应的启动和终止，签署重大气象灾害应急响应命令。

要建立完善应急预案体系。一要推动政府专项应急预案工作，当地要有县级政府制定出台的气象灾害应急政府专项预案，如《××县气象灾害应急预案》，还可根据当地气象灾害实际，制定分灾种的气象灾害政府应急预案，如《××县防御台风灾害应急预案》；二要建立完善部门应急预案，如《××县气象局气象灾害应急预案》，也可制定分灾种的部门气象灾害应急预案，如《××县气象局防御台风灾害应急预案》；三要积极配合当地政府开展对气象灾害造成的损失及气象灾害的起因、性质、影响等问题的调查、评估与总结。同时组织本单位开展气象应急工作的评估总结，及时修订完善气象灾害应急预案。

2. 应急响应

县级气象局应急响应是指上级气象部门（市级气象局）因重大气象灾害启动应急，或当地政府（含其他地方指挥机构）因突发事件需要提供气象应急服务启动应急，县级气象局响应对应的命令进入应急状态。气象部门气象应急响应有国家、省、市、县四个层级，不得越级响应，比如县级只能响应市级，不得越级响应省级；地方需求的应急响应为地方政府或地方有关指挥机构启动应急，气象部门接到地方应急指令后开展气象应急服务。

要遵循分灾响应、分级负责、上下联动的原则，各有关单位按照职责分工做好响应工作。领导小组和应急办全体成员在岗待命（手机全天保持 24 小时开通），全程跟踪气象灾害的发展、变化情况。必要时召集领导小组紧急会议，听取相关应急响应小组情况报告，研究部署具体应对措施，下达应急响应任务。领导小组组长、副组长轮流带班，随时签发向上级单位以及有关部门报送的重要材料。

在应急命令宣布后立即组织向上级气象部门（市级气象局）和地方党委、政府值班室报送应急响应命令，三小时内上报未来三天的应急带班、值班人员名单和联系方式，并及时滚动上报有关信息直至应急响应命令解除。

领导小组和应急办成员参加天气会商，了解天气形势，组织好应急气象服务工作。根据气象灾害及重大气象灾害预警信息，组织相关业务单位研究判断可能产生严重影响时，会同应急办主任向领导小组组长或授权副组长提出响应升级以及派出工作组建议。做好应急气象服务加密观测、滚动预报、应急通信保障组织工作。

统一组织对外宣传口径，必要时请示领导小组组长或授权副组长审定。视情况，随时组织职责范围内的应急工作对外新闻发布等宣传事宜。

应急响应终止后，应急响应机构自动解除应急状态，返回正常业务运行和管理状态。及时开展评估、总结、材料归档工作，并上报上级单位。

3. 应急起动

气象灾害应急响应设为Ⅳ级、Ⅲ级、Ⅱ级、Ⅰ级四个级别，Ⅰ级为最高级别。原则上按照气象灾害种类分别启动不同应急响应，当同时发生两种以上气象灾害且适合不同启动级别时，按灾种最高级别启动应急响应。一般情况下，应急响应启动或变更的级别应从低级到高级逐级进行，必要时可根据气象灾害的发生和发展过程，越级调整应急响应级别。

获知上级启动应急指令后，应根据掌握的相关情况向领导小组组长或授权副组长报告。应急办主任按照领导小组组长或授权副组长意见组织召集领导小组会议。会议重点以上级应急响应启动的级别为参照标准，综合考虑预警信号、可能影响程度、临近实况监测、发生灾害范围、公众关注程度等多种因素，提出启动、调整应急响应的具体意见，包括启动应急响应种类、级别、范围，是否派出工作组以及其他应急事项等。

进入应急响应时要按照上级气象部门或当地政府要求，根据本地实际情况，原则上启动不低于上级应急响应级别的应急响应。比如上级气象部门启动Ⅱ级应急，县级气象局只能启动Ⅱ级应急响应、甚至Ⅰ级应急响应，而不能启动Ⅲ级或者Ⅳ级应急响应。

4. 应急社会管理

县级气象局应当地政府要求，不同程度承担了当地气象灾害防御社会管理工作，职能主要包括：负责当地气象灾害应急指挥部的日常工作；负责组织实施当地气象灾害应急预案（此预案为政府专项预案）；负责拟订和实施当地气象灾害防御规划；负责当地气象灾害防御和应急工作的社会管理；负责当地气象信息员、气象信息服务站等的组织管理；负责组织当地政府相关部门参与的气象灾害应急演练工作；负责气象灾害防御工作信息收集整理；代表当地气象灾害应急指挥部与各部门进行灾害防御联络工作。

当地若启动政府专项气象灾害应急预案，应严格按照预案规定组织开展相关工作，并做好与部门内应急预案的衔接。

二、突发事件

(一)概念和分类

1. 突发事件的概念

突发事件是指突然发生，造成或者可能造成严重社会危害，需要采取应急处置措施予以应对的自然灾害、事故灾难、公共卫生事件和社会安全事件。突发事件的构成要素：突然暴发、难以预料、必然原因、严重后果、需紧急处理。突发事件的特点：引发突然性、目的明确性、瞬间的聚众性、行为的破坏性、状态的失衡性。

突发事件处置的六个原则：以人为本，减轻危害；统一领导，分级负责；社会动员，协调联动；属地先期处置；依靠科学，专业处置；鼓励创新，迅速高效。突发事件处置的十个环节：接警与初步研判、先期处置、启动应急预案、现场指挥与协调、抢险救援、扩大应急、信息沟通、临时恢复、应急救援行动结束、调查评估。

开展突发事件应对工作主要是为了预防和减少突发事件的发生，控制、减轻和消除突发事件引起的严重社会危害，规范突发事件应对活动，保护人民生命财产安全，维护国家安全、公共安全、环境安全和社会秩序。

2. 突发事件的类型及划分方法

按照成因：自然性突发事件、社会性突发事件。按照危害性：轻度、中度、重度危害。按照可预测性：可预测的、不可预测的。按照可防可控性：可防可控的、不可防不可控的。按照影响范围：地方性、区域性或国家性、世界性或国际性地方突发事件。有限范围发生，影响范围小，一般只需当地政府应急处理机构应对，无需外来协助。但当地政府要及时向上级报告，以备扩大延伸和恶化时提供援助。

2006 年 1 月国务院颁布的《国家突发公共事件总体应急预案》规定，根据突发公共事件的发生过程、性质和机理，突发公共事件主要分为以下四类：

一是自然灾害。主要包括水旱灾害，气象灾害，地震灾害，地质灾害，海洋灾害，生物灾害和森林草原火灾等。

二是事故灾难。主要包括工矿商贸等企业的各类安全事故，交通运输事故，公共设施和设备事故，环境污染和生态破坏事件等。

三是公共卫生事件。主要包括传染病疫情，群体性不明原因疾病，食品安全和职业危害，动物疫情，以及其他严重影响公众健康和生命安全的事件。

四是社会安全事件。主要包括恐怖袭击事件，经济安全事件和涉外突发事件等。

各类突发公共事件按照其性质、严重程度、可控性和影响范围等因素，一般分为四级：Ⅰ级（特别重大）、Ⅱ级（重大）、Ⅲ级（较大）和Ⅳ级（一般）。对突发事件进行分级，目的是落实应急管理的责任和提高应急处置的效能。

(二)气象部门重大突发事件的类型和标准

气象部门重大突发事件，包括重大气象灾害、与气象相关的重大突发公共事件、气象部门内部突发事件。

1. 重大气象灾害事件

重大气象灾害包括台风、暴雨洪涝、干旱、大风、龙卷、冰雹、飑线、雷电、雪灾、冻雨、冻害、霜冻、低温冷害、沙尘暴、高温热浪、大雾、霾、连阴雨、渍涝、干热风等所造成的灾害。

出现下面三种情况，称之为重大气象灾害事件：一是一次天气过程在地级市范围内直接造成 5 人(含)以上死亡，或强对流天气在 1 个行政村或相邻 2 个行政村(1 平方千米内)直接导致 3 人(含)以上死亡的气象灾害。二是因气象原因，造成所属行政区域内主要机场、港口、铁路、国家高速公路网线路已连续封闭 12 小时或将封闭 24 小时以上的。或因气象原因对所属行政区域内通信网络、电力、交通，城乡供水、供气、供热等公用设施造成重大影响和损失的，直接经济损失在 1 亿元以上或者造成整个地区(地级市及以上)"城市生命线"(交通、通信、供水、供电、供气、下水道等关键设施)中断 6 小时以上的或将中断 12 小时以上的。三是气象灾害造成死亡人数尚未达到以上标准,但发生在敏感时间(如全国性重要会议、重大活动、重大节日,需要特别关注社会稳定、国家安全等期间)、敏感地区(如当前国内国际舆论关注地区、社会矛盾突出地区等)、敏感群体(如中小学生等弱势群体、涉及群体性利益)的,信息报送标准可酌情降低,因气象因素导致的凌汛、酸雨、作物病虫害、大气污染等次生、衍生灾害造成重大损失的,由各单位根据当时的具体情况进行判断。

2. 与气象相关的重大突发公共事件

与气象因素相关的重大突发公共事件主要指其发展、应急处置过程受气象因素的影响与制约,迫切需要提供气象服务保障的重大突发公共事件。

与气象相关的重大突发公共事件有以下几类:一是和气象相关的自然灾害,包括旱涝灾害,地震灾害,地质灾害,海洋灾害,生物灾害和森林草原火灾等;二是受气象因素影响的事故灾难,包括由气象灾害引发的矿难,交通运输事故,环境污染和生态破坏事件等;三是受气象因素制约的公共卫生事件,包括传染病疫情,动物疫情,以及其他严重影响公众健康和生命安全的事件等;四是需要提供气象保障服务的社会安全事件,包括爆炸恐怖袭击事件、特殊群体性事件,以及防雷工程、防雷装置检测、气球施放领域事件等。

3. 气象部门内部突发事件

造成气象业务服务中断或气象职工(含离退休职工,下同)伤亡的重大安全生产事故,因自然灾害等原因造成气象部门内部较大财产损失的各类突发事件,以及涉及气象职工的案件、群体性事件、涉外事件和流行性疫情等。

气象部门内部突发事件有以下几类。

一是除正常设备和系统检修和维护外,包括探测、信息网络、预报预测、公共气象服务等业务系统和设备突然发生故障,造成(地级市及以上范围内)上述业务已经中断,无法按正常流程按时提供资料和数据等,且预计未来 3 小时内无法修复的事故,或影响国家基准站、基本站正常观测、资料传输的事故。包括但不局限于建设工地、交通、消防、人工影响天气、防雷工程、防雷装置检测、气球施放、制氢储氢、易燃易爆品等领域造成严重财产损失(直接经济损失 10 万元以上)或发生人员重伤、死亡的安全生产事故。

二是因发生自然灾害造成气象部门所属房屋建筑物、供水、供电、供暖、道路、围墙、围栏等基础设施损毁并影响气象职工工作和生活,或导致气象职工重伤、死亡,或因灾造成气象探测、信息网络、预报服务系统完全破坏无法开展基本气象业务的突发事件。

三是气象部门处级以上干部违法违纪案件,气象职工涉嫌重大违纪违规及触犯法律的案件。对违反中央八项规定精神,受到立案查处和通报等,以及气象职工违反有关纪律规定,被当地纪委正式通报的事件。

四是气象部门在科学研究、对外交往活动中等发生泄密。气象部门纸质涉密资料、内部资料、档案丢失被盗,或存储重要气象资料、档案、涉密材料的电子储存介质或设备丢失被盗,以及固定资产净值在 5 万元以上的关键设备或重要资产被盗等。气象台站观测簿、原始资料丢失、被盗或损毁,台站征地和基本建设原始档案丢失、被盗或损毁。

五是气象部门发生或可能发生群体性上访和过激上访事件、影响政治稳定的法轮功等邪教组织破坏事件,或是发生直接影响气象部门正常工作的打、砸、抢等社会群体性事件。

六是气象部门境内接待外宾活动中发生人员走失、交通事故等造成重大财产损失和人身安全的境内涉外事件。气象职工出境公务活动发生突发事件或人员叛逃、刑事犯罪事件。

七是气象职工出现非正常死亡。气象职工及家属被确诊为流行疫情病例或被集中隔离,或与已知急性传染性疾病有过密切接触需居家隔离,气象职工发生群体(3人以上)中毒或疑似食物中毒、高温中暑、群体性传染病等情况,或多人同时因其他疾病或困难等需要紧急干预的情况。

八是经媒体报道后受社会关注,并对气象部门造成不良影响的事件。利用气象信息传播渠道发布负面信息或干扰正常业务运行的其他事件。

(三)重大突发事件报送要求

1. 时间要求

在坚持实事求是的原则下,获知事件发生后的2小时内要完成首次电话报告,初步报告事件发生的时间、地点、信息来源、事件起因和性质、基本过程、已造成的后果和影响范围。在4小时内完成书面材料,对事件发展趋势、处置情况、拟采取的措施以及下一步工作建议等进行报告。

2. 内容要求

对于重大气象灾害事件,在报告中应详细列述灾害发生前,县级气象局短期预报和短时临近预报工作情况,包括预报时间、内容以及重要气象专报制作等情况以及预警信息发布工作情况,包括预警发布时间、等级、内容、对象及主要渠道,在条件允许下,还应收集各地党委、政府及相关部门的应急联动等情况,包括部门外发布的工作通知、应急响应部署等,以及预报、预警和服务效益情况。对于与气象相关的重大突发公共事件,应详细报告事发地政府组织响应情况、对气象服务特殊需求及安排落实情况以及天气对事故处置可能影响等。对于气象部门内部突发事件,应着重报告原因分析、处置部署以及后续工作安排等。

如果未收集到有关信息,但经媒体报道后受社会关注或上级气象部门领导关心的事件,接到上级气象部门通知后,应积极与相关单位联系,将进一步了解的情况及时报告上级气象部门。如遇与气象条件密切相关的重大突发公共事件以及重大突发公共事件处置过程中需要提供气象服务,如火灾,危险化学品泄漏、核扩散,重大环境污染和生态破坏,重大交通、航海、航空事故等,可能或者已经造成100人(含)以上人员伤亡的,要第一时间向上级气象部门报告。事件本身比较敏感或发生在敏感人群、敏感地区、敏感时间,或可能演化为特别重大事件的,可酌情降低标准报送。

3. 报送途径

重大突发事件信息报告书面信息通过办公网络正式向上级气象部门报告。有条件的要按要求同时报告音视频、图片等信息。紧急情况下,可先通过电话口头报告,再书面报告。报告涉密信息应严格遵守相关保密规定。同时,要根据事件性质抄报给上级对口责任部门。重大气象灾害事件、公共气象服务系统、决策服务等关键服务系统故障,抄报减灾服务管理部门。通信网络业务中断、观测资料丢失、监测业务中断、天气雷达故障等重大安全事故抄报观测业务管理部门。预报业务中断抄报预报业务管理部门。气象行政审批、防雷和施放气球领域事件、在气象执法中发生的抗法事件等抄报法规管理部门。因各类自然灾害造成气象部门内部财产损失、基础设施毁损等事件信息抄报计财管理部门。人工影响天气作业事故抄报人影管理部门。交通事故、火灾、工程建设等事故,气象职工非正常死亡,重大群体性事件、涉外事件、重大气象事件,内部资料、档案丢失,设备、资产被盗等事件要视具体内容抄报办公室、人事管理、纪检监察管理部门等。

4. 报告要点

关于重大气象灾害事件。主要有天气气候实况及重要灾情,包括发生的时间、时段,地点、区域,当时天气气候情况,所造成的人员伤亡、经济损失、对公共安全和社会影响等简要情况;气象服务及应急响应情况,包括发生前的气象监测、预警、预报、预测、服务情况;预警信息发布情况,包括灾害发生后的气象应急响应情况,气象部门有关应急监测、资料传输、预报、服务部署和安排情况,采取针对性措施;后期气象服务及建议,包括此次灾害天气过程中的后续预报和预测,气象服务工作下一步重点关注及可能遇到的困难。

与气象相关的重大突发公共事件。主要有:事件基本情况,包括发生的时间、地点、起因、经过及后果等;天气实况,包括事件发生时的天气实况以及当前的天气情况;气象服务情况,包括事件发生前、发生过程中的气象监测、预警、预报、预测、服务信息。

关于气象部门内部突发事件。主要有:事件基本情况,包括发生的时间、地点、起因、经过及后果等;采取的应对措施,包括报送单位对事件的应急处理情况;后续工作安排,包括后续工作计划,对原因及处置难点分析。

三、值班值守

(一)工作职责

县级气象局值班工作主要履行值守应急、信息汇总等职能,确保本单位与上级单位、本地政府、下级单位联络畅通,发挥运转枢纽作用。主要工作职责:一是负责每天24小时政务和应急值守工作;二是负责接收值班平台上的各类政务工作信息、应急信息、重大突发事件信息,并及时报告单位带班领导(必要时报告相关负责人),及时传达落实领导对各类信息的指示批示,并及时反馈落实情况;三是保障值班设施良好,设备运行正常,确保通信联络畅通;四是完成领导交办的其他事项。

带班领导由各单位负责人担任,负责领导和指导值班人员开展值班工作,协调处理值班相关信息,对带班期间的值班工作负领导责任。

值班人员应掌握岗位职责和相关规定、突发事件信息报送要求,熟练操作值班室设备设施,对当天带班领导情况及重要事项熟悉明了;提前与上班值班人员办理接班工作;及时办理值班信息处理工作和完整填写值班日志;做好相关资料的收集、整理和存档,并与下班值班人员做好交接工作;在值班期间不得擅离岗位。

(二)工作制度

一是24小时值班制度。各单位每天安排人员24小时在岗值班,安排其他人员备班。如遇重大突发事件、特殊敏感时期等,可实行双人或多人值班。

二是领导带班制度。每天安排负责同志带班,法定节假日、特殊敏感时期等,各单位负责同志驻地带班。

三是来电接听制度。值班人员应及时、认真接听来电,精练、礼貌应答,重要来电要准确、详细地做好记录,必要时可要求来电方报送书面材料。

四是值班记录制度。值班人员应如实填写值班日志并妥善完整保存《值班日志本》。内容包括:值班时间、带班领导、值班人员、交接班情况等。突发事件应按时间顺序详细记录处置全过程。记录应要素齐全、详略得当、字迹清楚。

五是交接班制度。交班人员应将值班情况、设备运行情况、未处理完毕事项等当面向接班人员交代清楚,并由交接班双方签字确认,保证值班工作全天候无缝对接。

六是保密制度。值班人员使用电话、传真、计算机网络传递有关文件和信息时,要严格遵守各项保密规定,杜绝泄密、失密事件发生。未经允许,不得让无关人员在值班室滞留或者使用值班设备、设施。

七是培训制度。各单位每年至少对值班人员开展一次业务培训,对首次参与值班的同志必须进行岗前培训,达到要求后方可上岗。

(三)信息报告

值班人员应积极主动、多渠道核实接报突发事件信息的真实性、准确性,符合有关信息报送要求的,严格按照规定程序、规定范围报告有关人员;对于情况不清楚、要素不全的,要及时核实补充后报告;情况紧急时,可边核实边报告。

突发事件信息要按照《中国气象局重大突发事件信息报送标准和处理办法(试行)》报送,内容要客观真实、简明扼要、表述准确、要素齐全。对突发事件及处置的新进展、可能衍生的新情况要及时续报;突发事件处置结束后,要进行终报。

接到上级值班机构要求核报的突发事件信息,应在规定时间内反馈。如遇特殊情况,确实无法在规定时间内核报的,要及时解释原因,并按上级值班机构要求继续做好相关工作。

重大突发事件发生后,各单位应力争在第一时间向上级值班室电话报告和书面报告。对于敏感时间、敏感地点、敏感性质的事件信息,或可能演化为突发事件的信息,以及其他认为需要向上级报告的相关信息,不受分类分级标准限制,应及时上报。

突发事件信息报告以书面报告为主,电话、传真、短信、网络、视频等其他形式报告为辅。紧急情况下,可先电话口头报告,再书面报告。

思考题

(1)县级气象局开展好应急工作应把握哪些工作重点?

(2)县级气象局如何做好突发事件预警信息发布工作?

(3)如何做好县级气象局值班值守工作?

第六节　政务礼仪与行政沟通

内容提要

本节介绍了礼仪与政务礼仪的涵义、原则以及县级气象公务人员个人形象、接打电话、筹办会议、接待访问的礼仪规范,并介绍了行政沟通的内涵、类别、作用及县级气象局内部沟通、部门外沟通的基本要求和方法。

一、政务礼仪

(一)概述

礼仪是指人们在社会交往活动中,为了相互尊重,在仪容、仪表、仪态、仪式、言谈举止等方面约定俗成的、共同认可的行为规范,是礼节、礼貌、仪态和仪式的统称。古人讲"礼者,敬人也",其涵义就是说,礼仪是律己、敬人的一种行为规范,是对他人尊重和理解的过程和方式,是一种待人接物的基本要求。

政务礼仪,又称公务礼仪,是国家公务机关及相关事业单位工作人员在内部沟通交流及对外服务,用以维护行政主体形象和个人形象,对交往对象表示尊重与友好的行为规范和惯例。其实质是通过系统的交流原则与技巧,维护机关单位的形象,提高工作的质量与为民服务的好评度,拉近本人与来访者的距离,使工作更加顺利的进行。

政务礼仪要注重以下基本原则。

1. 尊重原则

尊重为首要原则。它包含两层意思:一是对自我的尊重,对自己职业形象的接纳;二是对公务活动有关对象的尊重,尊重他人的人格、感情、兴趣、信仰、风俗习惯、价值取向及所享有的权利和利益。

2. 守信原则

所谓守信,就是讲信用,对自己的承诺认真负责。工作中,遇到约会、会议、接见、会谈等,绝不能拖延迟到。与人签订的协议、合同,要严格遵守。公务活动中,凡需要承诺的事情,不要随便答应,应量力而行,一旦做出承诺就要如实兑现,不要随意变更;如果不得已需要变更,也须提前打招呼并做出令人信服的解释,这样可以赢得别人的信任,获得别人的帮助。

3. 适度原则

适度原则是指应用礼仪时应注意做到把握分寸,认真得体。在施礼过程中,要恰到好处,使人能够自然适应。根据公务活动的目的,针对不同的时间、不同的场合、不同的情景以及不同的对象,正确地表达自己的敬人之意。否则,超过一定的"度",则会使"有礼"变"无礼"。

4. 对等原则

对等原则的核心是平等。它一方面表现为往返性,即有来有往,如接过对方名片的同时,要迅速递上自己的名片,接受公务拜访后要及时回访;另一方面表现为相当性,如在接待他方来访或进行公务洽谈时,应派与来访方级别相当的人出面迎接或会谈。

5. 宽容原则

宽容就是要大度,心胸宽广,能设身处地为他人着想,体谅他人,在一些非原则问题上,能够原谅对方的过失。大度和宽容会使你赢得一个绿色的人际环境。

政务礼仪的内容十分丰富,包括政务着装、政务举止、政务交谈、政务办公、会务礼仪、政务参观、迎宾与送别礼仪、政务宴会礼仪等等。由于县级气象局一般在 10 人左右,为了落实每项上级布置的工作任务,大多是一人多岗,且工作衔接紧密。在与地方政府机构联系工作时,以及接待上级领导检查时,基本上全局人员参与,每个人都会承担一定的工作任务。因此,每位县级气象人员都应该了解一些基本礼仪,并在实践中自我督促落实。

(二)个人形象礼仪

作为一名公职人员,无论是在生活中还是工作中都应当时刻注意个人形象。尤其是在公共场合,公职人员的形象代表的是党和国家的形象,是公共权力、公共责任的外在表现,代表着政府的公信力和执行力。

个人形象涵盖非常丰富。个人形象提升,要从以下几方面着手。

1. 仪容礼仪

服装应当合乎身份,以庄重大方、素雅整洁、朴实得体为原则,要自然、协调,表现出稳重、干练、富有涵养的形象。

男职工着装要遵循三色原则,即全身的颜色最好是在三种之内。春夏季多穿衬衣及衬衣式短袖,选择白色、浅蓝色为佳。秋冬季可穿西装或便装,西装颜色以藏蓝、黑色、深灰为最正式,内穿的衬衣袖口长于西装袖口 1~2 厘米,领口应保持干净清洁。遇到重要会议要求着正装时,男职工应穿西服、系领带,领带颜色应与西装的颜色相配或协调,不宜夸张。袜子应与鞋同色或与裤同色。一般来说,不能穿白色或其他较浅颜色的皮鞋搭配正装。

女职工着装要大方得体,忌过分时髦、过分暴露、过分紧身、过分透视、过分短小。上衣讲究平整挺括,较少使用饰物和花边进行点缀。衬衫以单色为最佳之选。裙子应至少在膝盖以上3厘米,真皮或仿皮的西装套裙不宜在正式场合穿着。穿高跟皮鞋时,应注意鞋跟不能发出声音,以免在公务场合对他人造成干扰。发型自然、简洁,不过分夸张、怪异,发色自然,符合传统的标准。化妆总原则要少而精,一般以浅妆、淡妆为宜,不能浓妆艳抹,并避免使用气味浓烈的化妆品。

2. 仪态举止

男士站姿应体现阳刚之美,头正、颈直、收下颌、挺胸、收腹、收臀,双脚大约与肩膀同宽,重心自然落于脚中间,肩膀放松,两眼平视前方,表情自然,面带微笑;女士站姿则主要体现出柔和与轻盈,丁字步站立。

坐姿应尽量保持端正,双腿平行放好,身体不要前倾或后仰,双肩齐平。要移动椅子的位置时,应先把椅子放在应放的地方,然后再坐。

行走应抬头挺胸,步履稳健自然、自信。避免八字步,避免做作。走通道、走廊时要靠道路的右侧行走,放轻脚步,不能一边走一边大声说话,遇到同事要主动问好。

握手应先问候再握手,伸出右手(手要洁净、干燥),手掌呈垂直状态,五指并拢,握手3秒左右。握手时注视对方,不要旁顾他人他物。用力要适度,与异性握手时用力轻、时间短,不可长时间握手和紧握手。为表示格外尊重和亲密,可以双手与对方握手。

手势的上界一般不超过对方的视线,下界不低于自己的胸区,左右摆的范围应在本人的胸前或右方。一般场合,手势动作的幅度不宜过大,次数不宜过多和重复。

接送客人时,面带微笑行15度鞠躬礼,头和身体自然前倾。初见或感谢客人时,行30度鞠躬礼。

与客人交谈时,为表示尊重和重视,宜注视对方的双眼,切忌斜视或环顾他人他物。

公务场合的致意方式主要有点头、微笑、鞠躬等。点头适合于肃静场合和特定场合,经常见面的人相遇时,可点头相互致意,而不必用有声语言来问候,遇见仅有一面之交者,也可相互点头致意。微笑要自然、真诚、不露牙,不出声,切忌做作和皮笑肉不笑。鞠躬常用于表达郑重的敬意或深深的感激,一般在较庄重的场合使用,鞠躬礼一般要脱帽。

递交物件,如呈送文件,要把正面、文字对着对方的方向递上去,如递送钢笔,要把笔尖向自己,使对方容易接着;至于刀子或剪刀等利器,应把刀尖向着自己。递交名片,一般应礼貌地用双手把名片的文字向着对方先递出名片,在递送或接受名片时应用双手并稍欠身,接过名片后认真看一遍。谈判时应放在桌子上排列好,对照再认,会议结束后放入公文包里。如客人先递出名片,应表示歉意,再递出自己的名片。

进入房间,要先轻轻敲门,听到应答再进。进入后,回手关门,不能大力、粗暴。如对方正在讲话,要稍等静候,不要中途插话,如有急事要打断说话,也要看准机会,并且表达歉意:"对不起,打断您的谈话……"。

3. 言语谈话

接人待物应温和有礼,音量适中,严禁大声喧哗。在公众场合不大笑,不批评别人,对上司和长辈表示尊重。交谈过程中,多尊重对方感受,多放缓语速注意措词。如无急事,不要打电话或接电话。

称呼。"姓+职务(职称)"的方式,如王书记、张局长、刘主任、赵工等,表示对对方敬意有加;"姓+职业或学衔"的方式,如李老师、张医生、王会计、孙法官、陈律师、赵教授、张博士;通用称呼的方式，直接称呼同志、先生、女士等；姓名式称呼有三种形式，称呼全名常用于严肃场合，上级对下级、年长者对年轻者、老师对学生或关系较近者；只称名适用于关系较近者；"老（小）＋姓"在公务场合也经常使用。

介绍有两种：一是自我介绍。介绍的内容包括单位名称、职位、姓名。介绍时态度要自然、友善、亲切、随和，内容要真实，同时抓住重点，言简意赅。二是介绍他人。介绍要按照"尊者居后"的顺序，先介绍位低者，后介绍位尊者，即尊者优先知情。把职位低者、男士、主人和晚到者先介绍给职位高者、女士、客人和早到者。

在来访者进入时，应在介绍时握手、倒茶，做到热情、周到。在引导出入时，应做到主人先进后出，行走时一般主人居左方，客人居右方。

（三）电话礼仪

1. 电话礼仪的基本规则

一是通话的态度。通话态度体现一个人的工作态度，通话时应表现出足够的耐心、细致、周到而热情。

通话时要注意倾听，倾听是理解的基础，善于倾听是准确判断的前提，认真倾听才能准确交流信息、沟通情感，因此静静地听，不随意打断对方讲话是最基本的电话礼仪要求，也体现对对方的尊重。

拨打电话要耐心等待对方接电话，对方没有接听时，不要急于挂断电话，至少要等铃声响过六遍，再挂断电话；如果电话一时无法拨通，要耐心等待，稍候再拨，不可心急火燎地反复追拨；如果要找的人不在，需要接听者代找或代为转告、留言，需要问候、道谢，态度要更加客气；通话突然中断时，应由发话人立即拨打，并说明原因，切不可不了了之，或等受话人打来。接听电话要及时，即使自己正忙，也要尽可能放下手中的事，如果确实不便通话，也要先接起电话，向对方致歉并做出解释，同时尽快给对方回电。使用电话时应专心致志，不宜拿着电话四处走动或边通话边做其他事情。必须注意的是，尽量不要使用免提通话。打完电话挂掉时，要轻放话筒，一般应由领导或年长者先挂电话，如果双方地位相当，由拨打电话的一方先挂电话。

二是通话的用语。电话是通过声音和语言来传递信息和情感的，因此，要遵循礼貌、规范、温和三项基本的用语原则。

用语礼貌。通话过程中应较多地使用敬语、谦语。通话开始时首先要问候对方，一句"您好"让对方备感亲切和自然，切不可一张嘴就"喂喂"个不停，或盘问对方"你是谁""你找谁""什么事"等。通话过程中应适时运用"谢谢""请""对不起"一类的礼貌用语，通话结束时的道别必不可少，说声"再见"再挂电话。

用语温和。通话时语气应温和、亲切、自然，让对方对自己心生好感，从而有助于交往进行。为确保信息准确传递，通话中应力求发音清晰、咬字准确、音量适中、语速平缓。

用语规范。电话接通后，首先要自我介绍，随后再告诉对方自己要找的通话对象；如果是受话人，也应当自报家门。公务电话切忌模棱两可，让对方以为这件事可能政策规定比较宽泛，在可办可不办之间，最好说出政策依据，让对方相信完全是依法办事。

三是通话的时间。为提高工作效率，在使用电话时，务必做到长话短说，节约通话时间。除非有重要问题须反复强调、解释，一般每次通话时长应有意识地控制在 3 分钟以内。"通话 3 分钟"原则主要由发话人把握，旨在要求通话时用语简洁，并不是刻意追求 3 分钟的精确时限。

2. 拨打电话的礼仪

一是准备充分。拨打电话前,应明确受话人的一般情况,仔细核实受话人的电话号码,谨慎拨打。如果发现自己拨错电话了,应诚恳向对方道歉,不要一声不响挂断电话;要考虑自己要说些什么,如果要谈的事情较多,最好事先列出一个条理清晰的提纲,才能使观点得以明确阐述,信息得以及时传递,分歧得以有效消除。拨打电话前除了考虑自己想要说什么,还要考虑到对方在接到电话后会有什么反应,会提出什么问题,应当如何回应。公务往来中,每一次通话都有可能是一次重要的信息传递,为避免信息的丢失或错传,应备好纸笔,以便通话中随时做好记录。

二是时间适宜。要择时通话,作为发话人应根据通话对象的具体情况选择通话时间,原则有二:一是双方约定的通话时间;二是选择对方便利的时间。尽量为受话人多考虑一些,尤其不要打扰对方休息。一般公务电话应选择在周一至周五的上班时间拨打,尽量在受话人上班10分钟以后或下班10分钟之前拨打,这样受话人可以从容应答。如确有急事不得不在休息时间拨打,务必在接通电话后向对方致歉。要控制通话时长,作为发话人应自觉地、有意识地控制通话时间在3分钟以内。

三是内容简练。作为发话人,通话时应当目的明确、力求务实,内容简明扼要;要条理清晰地预备好提纲,再根据腹稿或文字稿直截了当地通话;作为发话人在简单问候后,即开宗明义,直入主题。

3. 接听电话的礼仪

一是及时接听。一般在电话铃响两声或三声后接听是最佳时机,如因特殊原因不能及时接听电话,应在通话之初就向对方表示歉意。

二是文明应答。接听电话要做到有问必答,依问而答,不可答非所问或东拉西扯。接听电话要不分对象地一视同仁,给予对方同等的待遇。如在会晤重要客人或参加会议期间接到来电,可向对方略作说明,并再约定一个时间,届时由自己主动打电话过去。

三是做好记录。公务电话常涉及一些重要通知、重要信息等,需要及时处理、及时决策、及时采取措施,一旦因接话人没有记录而遗忘,有可能造成难以估量的损失。因此,接话人应养成记录电话的良好习惯,以免误事。

(四)会议礼仪

1. 会议筹备

会期较长的大中型会议,要在与会人员住地设报到处,并安排专人负责报到工作。报到前,负责报到的工作人员,应提前进入住地,安排好与会人员食宿,并检查。

报到时,要主动迎请与会者,告知签到事项,发放会议资料及票证。

报到结束后,及时统计人数,并将报到结果向有关领导报告。

举行正式会议时,应事先排定与会者,尤其是重要身份者的具体座次。

小型会议一般是自由择座,主持者居中,面对会议室正门,其他与会者在其两侧自左而右依次就座。

大型会议分主席台排座和群众席排座两种情况。

主席台一般设于面对会场主入口,与群众席呈对面之势。在每一成员面前的桌上均应放置双向的桌签。主席台背后悬挂会标或旗帜,会议名称悬挂在主席台上方。主席台排座规则有三:一是前排高于后排;二是中央高于两侧;三是左侧高于右侧。

公务洽谈应使用长桌或椭圆形桌子,宾主应分坐于桌子两侧。若桌子横放,则面对正门的一侧为上,坐客方;背对正门的一侧为下,坐主方。若桌子竖放,则应以进门的方向为准,客方坐右侧,主方坐左侧,各方的主谈人员应在自己一方居中而坐,其余人员则应遵循左高右低的原则分别在己方主谈者的两侧就坐。各方与会人员应尽量同时入场就座,主方人员不要在客方人员之前就座。

2. 会期进程

一是参会人员签到。为准确统计到会人员人数,可设立签到处安排与会人员签到。签到的方法有两种,第一使用签到卡,重要会议采取此种方式,与会人员在卡上签名后,在入口处把签到卡交给工作人员;第二使用签到簿,小型会议采用此种方式,与会人员在签到簿上签名并注明单位、职务等。

二是安排大会发言。高一级的领导人或主要领导人的发言,如果是开幕词或动员性、启发性的,应安排在第一个;如果是总结性、综合性的,则安排在最后;如果是讨论发言、座谈发言,应交叉发言,以使会场更活跃;发言单位的选择,应首先考虑典型性,其次再照顾单位之间的平衡;发言内容应围绕一个主题内容,不同内容安排在一起不利于集中思考和会后讨论,因而效果不好。如果内容属同类,只安排一个发言即可。

三是餐饮安排。会议期间,应为与会者提供卫生的饮水,最好便于与会者自助饮用,不提倡为其频频斟茶续水。举行较长时间的会议,还应为与会者安排会间的工作餐。

3. 会议结束

会议结束,应协助返程,为外来与会者提供一切返程的便利。若有必要,应主动为对方联络、提供交通工具,或是替对方订购、确认返程的机票、船票、车票。

(五)接待访问礼仪

1. 来访接待礼仪

一是主动迎接、态度友好。对来访者应起身上前接待,主动问好并握手相迎。对来访者态度应当友好,主动让其落座,不要隔着办公桌与人说话,这样给人一种敬而远之的感觉,不利拉近双方的距离。不能因为工作忙而冷落来访者,如有事暂不能接待应向客人说明原因,或安排他人接待,或与客人另约时间。如客人愿意等待,可安排客人在接待室或办公室落座,并向客人提供饮水和报刊。

二是认真倾听、慎重应答。应尽量让来访者把话说完,对来访者反映的问题,应作简短的记录。注意少说多听,对来访者的意见和观点不要轻易表态,要思考好后再作答复,若一时不能作答,可约定一个时间再联系,同时留下联系人姓名及联系电话。

三是及时办理、合理答复。对能够立即答复或办理的事情,应当场答复、迅速办理;对来访者无理要求或错误意见,应礼貌拒绝,不要刺激来访者,使其尴尬;如来访者要找的工作人员不在,其他工作人员应明确告诉对方该工作人员的去向及回局时间,请来访者留下电话、地址,并明确后续联系形式。

四是专注接待、委婉告别。接待来访者,应神情专注,不要一边接待一边做其他事情。要结束接待,可告诉对方要参加会议等,也可用起身、看时间等体态语告诉对方就此结束谈话,并微笑相送。

2. 公务拜访礼仪

一是事先预约。公务拜访前要事先与被访者联系,在对方同意的情况下定下具体拜访时间、地点等。拜访时间应先听取主人的意见,避开吃饭和休息时间。拜访地点一般约定在工作场所,同时说明拜访人数。一旦约定,应按时赴约,不要轻易变更,如有变更,一定要尽快通知对方。

二是围绕主题。如与接待者是第一次见面，在主动递上名片或作自我介绍后，应迅速围绕主题开门见山进行交谈，并自觉地控制谈话范围。拜访中如与对方意见相左，要善于控制自己情绪，不要争论不休。

三是适时告辞。拜访应有时间观念，拜访的目的和主旨达到后应告辞，不干扰主人其他安排。如遇他人来拜访对方，也需尽快告辞。告辞时应主动告别，不辞而别是不礼貌的，道别时要向在座的其他人都致意，请主人止步并道谢。如遇接待者不在，或此次告辞后还会有进一步的联系，应留下自己单位、姓名、电话等联系方式。

3. 公务接待礼仪

公务接待在严格遵守中央八项规定精神的基础上，应了解接待对象的基本情况，以安排合适的、符合来宾待遇的接待规格。来宾的人数、姓名、年龄、性别、职务、级别等需了解清楚，以便安排陪同和协调工作，并落实住房、就餐、车辆等。对客人来访的目的也要明白，据此安排接待日程，合理制定接待计划。

接待应按照中央、中国气象局、地方政府有关公务接待管理办法执行，坚持有利公务、务实节俭、严格标准、简化礼仪、对等接待并尊重少数民族风俗习惯的原则。

一是接待用餐。在公务接待中，确因工作需要，可安排工作餐。安排工作餐须事先按规定程序办理报批手续。工作餐应当供应家常菜，不得提供香烟和酒水，严禁超标准就餐。用餐地点一般安排在单位食堂，不得使用私人会所、高消费餐饮场所，并严格控制陪餐人数。

接待用餐按来宾顺序，桌次以餐厅的正门为基准点，以正对门厅的远方为上，居中为上；座次安排，居中为上，然后以右为上，左则次之，以此类推。主宾和主人应在最尊贵的位置。

同城公务活动严禁相互吃请。对同城公务活动确因工作时间较晚、返程距离过远或者当日需要连续工作、自行用餐有困难的，可安排盒饭、份饭或符合标准的工作简餐。陪同人员进餐费用自理。

公务接待对象如需交纳伙食费，按当地标准收取餐费，并提供伙食费收据作为交费凭证。

二是接待住宿。接待对象需安排住宿的，在符合差旅住宿费标准要求的酒店安排接待住宿。不能超标准安排接待住房，不能额外配发洗漱用品。

三是接待用车。目前大部分县级气象局在公务用车改革中，取消了公务用车，也不再有接待用车事宜。有少量县级气象局保留公务业务用车，如在公务接待中使用该车，要严格按地方公务用车管理办法进行审批，并填报相关管理表单，做好相关工作台账记录。接待对象需按照标准交纳交通费，接待单位应提供交通费收据作为凭证。

二、行政沟通

（一）概述

行政沟通是行政组织之间、行政组织与公务人员之间，以及公务人员之间，为实现共同的行政目标，用语言、文字、图片、动作等形式交换有关问题的内心感受、观念、意见、事实与信息，以期获得相互了解并产生一致行为的过程。

在县级气象局管理中，不管是内部管理，还是对外联系，沟通都是一项非常重要的工作。

行政沟通一般分为两类：一是正式沟通，一般指依据组织明文规定的原则进行的信息传递与交流，如部门单位之间的公函来往、部门单位内部的文件传达、召开会议、上下级之间的定期情况交换等。二是非正式沟通，指通过正式沟通渠道之外的信息交流和传达方式，是建立在公务人员社会关系之上、通过公务人员的社会交往实现的,如公务人员之间的日常接触、社交,非正式渠道的信息传播等。非正式沟通一方面满足了职工的需求,另一方面也补充了正式沟通系统的不足。

(二)内部沟通

注重内部沟通,实现信息共享,对于组织及其成员而言,可以产生以下几方面的积极作用。一是促进行政决策更加民主。在行政管理中,发现行政问题,确定行政目标,优化决策方案,都需要掌握丰富真实的行政信息。通过行之有效的沟通获取大量的信息情报来提升判断力,能使决策更加准确、合理、正确、科学。二是推进行政执行各环节顺利进行。在行政执行阶段,只有通过有效的行政信息沟通,才能使工作目标、工作要求、工作进程、工作方式方法等因素达成共识,才能保证执行工作的统一指挥和统一行动,才能协调好公共组织的内部与外部关系,才能使执行活动保持正确方向,避免和减少偏差,真正提高工作效率。三是增强团队的凝聚力和竞争力。组织上层、中层和基层人员由于站位不同、角度不同,导致对事物的看法认识也不尽相同。充分有效的沟通可以使管理者和下属换位思考、反向思维、化解矛盾,建立良好的人际关系和组织氛围,团队的凝聚力和竞争力也就随之增强。

根据信息流动的方向,内部沟通可分为三类。

1. 上行沟通

县级气象公务人员通过与上级积极的沟通,既能够准确了解信息,提升工作效能,又能向上级表达自己的意愿,形成积极的双向互动。

上行沟通有其基本要求和方式方法。基本要求就是要从工作出发,作风正派,坚守理性,摒弃个人恩怨和依附关系。不能出于个人目的讨好上级,应以实事求是的态度向上级客观公正地报告工作进展或个人思想状况。与上级沟通时,必须服从上级决定,不得以任何借口拒不执行。上级居于领导地位,掌握全盘情况,一般考虑问题比较周全,处理问题能够从大局出发。在与上级沟通时坚持服从原则,是一切组织通行的原则。同时服从上级应抱着对工作负责的精神,采取实事求是的态度,一旦发现上级的某些工作部署中存在着不足,应及时反映基层情况给上级,并请求上级完善指导措施。否则只讲服从原则,不讲对工作负责,就会把服从变成盲从。

上行沟通要注意三点。

一是适度沟通。与上级沟通积极性要适度,表现得消极或过分积极,都不利于与上级建立和发展良好的关系;与上级沟通频次要适度,交往频率不能过高或过低;与上级沟通的非角色交往要适度。非角色交往,指以个人角色身份与上级进行交往,即私下交往。现实生活中非角色交往,即上下级间结为朋友,对于上级掌握下情,密切上下级关系,有针对性地实施领导,都是很有必要的。但非角色交往不能过度,因为它是不能达到取代或排斥角色交往的程度的,所以在与上级沟通时,要注意非角色交往的使用。

二是灵活沟通。每个人都有自己的个性和习惯,在与上级沟通时要注意了解他的爱好、兴趣、性格和处世态度、方式等,灵活对待。作为一个善于沟通的县级气象公务人员,平时要注意从多个渠道、多个角度去观察和了解上级,寻找共同话题,增加与上级直接交往的机会。

三是主动沟通。获得上级的了解和信任,是与上级进行良好沟通的关键。主动沟通目的就是引起上级对工作的重视和支持。主动沟通有反复强调法、侧面疏通法、实绩启迪法、勇挑重担法,这几种方法都可以在实践中尝试。

2. 平行沟通

平行沟通的基本要求。一是互相尊重,只有互相尊重,才能互相信任,从而形成一种融洽的同级关系;二是真诚待人,在与同级的沟通中以诚相待,对方就能以礼相还,如果表里不一,就会失信于人,对方也会把这样的人视为异己,处处提防;三是彼此谅解,县级气象局中各个成员分工不同,看问题的角度不同,工作中的看法会存在差异,需要每个职工站在事业发展的全局,团结和谐,互相体谅,为建立一种更真诚、更亲密的关系打下基础;四是自我克制,县级气象局公务人员在与同级沟通过程中,因对某件事情的意见、态度、看法不一致而发生分歧时,可能出现争执,这种情况下,要学会控制自己,增加自制力。

平行沟通的方法。一是主动沟通,虚心学习。同级间良好感情的增进,首先在于主动沟通。要善于选择最适于交谈的时间和场合以及最容易引起对方兴趣的话题;交谈时不论对方态度如何,都要谦虚、诚恳,并贯穿始终;要善于体察对方的心理变化,当对方产生共鸣时,应因势利导迅速向广度和深度扩展,对方表现冷淡或反感时,应机智改变话题;要讲究语言艺术,尽量选择商量式、调剂式、安慰式、互酬式语言,并注意分寸。在主动与同级沟通的同时,也要虚心向同级学习,遇事主动征求同级意见,这样既尊重了同级,又能利用他们的长处来弥补自己的不足,从而提高自己的工作能力和管理水平。二是不要越俎代庖,即不插手同级的工作。县级气象局公务人员各行其权、各司其职、各负其责,是单位协调有序的前提和表现,因此每个人都有明确的分工和职权范围。不插手同级的工作是对他人的充分信任和尊重的表现。当然,不插手同级的工作不应理解为对同级的工作不闻不问,当同级遇到困难时,也不能袖手旁观看热闹,在完成本职工作后,在有能力和必要帮助他人时自然要帮助他人,但在帮助时要掌握分寸和尺度,把握好时机和方法,做到过问不揽权,支持不包办。三是多表扬同级,少张扬自己。人是具有能动思维的主体,有一定的价值目标,追求理想和信念的成功,即成就感,它包括事业感和职业感两个方面。正因人都追求成就感,都期望得到重视和赞许,因此要多肯定同级,对同级的工作多给予赞扬与支持,切忌嫉妒。与同级保持一种良好的关系,也是县级气象局中每位公务人员在工作中取得成绩,并得以发展自己的必要条件。

3. 下行沟通

下行沟通的基本要求。一是以理服人。要把自己摆在与下级同等的位置上,相互间平等地商讨、争论和批评,如果高高在上,以权压人,只能让下属口服心不服,不利于与下级的沟通协调。二是公心至上。待人处事要公平合理,不偏不倚,凡事做到公平,会使下属情绪高昂,积极进取。三是宽以待人。与下属沟通时要从关心、爱护和帮助的角度入手,不要过多指责下级的某些细枝末节。不求全责备,有利于调动下级的积极性。四是信任但不放任。信任是与下级建立良好关系的重要因素,与下级间彼此理解和信任,能取得沟通的最佳效果。五是不搞"一言堂"。要以民主的方式对待下级,让下级讲真话、讲实话,尤其要让少数人把不同意见讲出来。只有这样,才能增进团结、消除隔膜,在心理上和感情上更加接近。

下行沟通的方法。一是循循善诱,以理服人。与下级沟通时,不能以势压人,要以理服人。通过"摆事实,讲道理",让下属从中领悟其正确性,从而按照领导者的意见行事。需要注意的是劝导说理对准要害,同时说理要具体实在,如能配合具有典型意义并有借鉴价值的事例,效果会更好。二是春风化雨,以情动人。与下级沟通,不仅要以理服人,还要以情动人,情若不达,理则不通。与下级沟通中应运用怀柔的方法,以情感人,做到情理交融、理达情通。三是双管齐下,褒贬激人。与下级沟通,还需善于使用表扬与批评的方法,及时对下级的言行做出评价,发挥正确的导向作用。赞扬是一种有效的推动力量,是激励下级的最佳方式,但表扬要恰如其分,要及时,最好能当众进行以激发广大职工更大的热情。批评要讲究方法,做到既解决问题,又不挫败下属的自尊心,影响其积极性。四是声声入耳,疏导鼓励。任何组织中,都不能避免有成员对上级心生不满或有所抱怨,应对这种情绪最有效的办法,是通过一定的途径和方式,让他们表达自己的不平与不满、发表批评意见、抒发自己的心声,待其情绪稳定后,再进行说服教育。

(三)外部沟通

县级气象主管机构接受上级气象主管机构和本级人民政府的双重领导,公务人员必须加强与县级党委、政府的沟通,积极争取县级党委、政府的支持,才能更有效推进地方气象事业发展。县级气象主管机构公务人员作为公共事务的管理者、服务者,为了达成公共管理的优良目标,必须注重与社会公众、与行政相对人的沟通,以及在突发公共事件中的沟通,从而塑造县级气象局的良好形象。

1. 与党委、政府的沟通

为什么要积极主动与当地政府沟通?首先要明确现行体制。气象部门属于中央垂管部门,实行统一领导,分级管理,气象部门与地方人民政府双重领导,以气象部门领导为主的管理体制。虽然县级气象局的人、财、物不受制于地方,但很多工作的协调落实,包括健全地方机构设置、地方编制人员配置、提高福利待遇、改善工作条件、医疗保险及住房公积金缺口等很多工作的协调落实都需要依靠地方政府,都必须得到当地政府的重视、支持和关心帮助,才能得以落实。因此,只有尊重当地政府领导,多沟通协调、多请示汇报,才能得到地方政府领导的关心和帮助。其次是把握服务重心。为当地政府搞好服务,为地方经济建设做好气象服务,这是县级气象局的重心和中心,是县级气象局履行地方政府工作职能的重要内容。要搞好气象服务,就必须结合本地的实际,按照"需要牵引、服务引领"的思路认真谋划当地的气象事业发展,了解掌握当地领导在想什么、做什么。只有积极与地方政府沟通协调,了解和掌握情况,做到心中有数,科学安排,才能做好气象保障,真正做到气象服务为地方特色经济发展提供有力支撑。最后要明确工作性质。随着经济社会的不断发展和人们的生活水平的提高,气象与人们的生活密不可分,而县级气象局本身又担负着气象防灾减灾、气候资源保护、履行气象社会管理职能等工作,这些工作既牵涉到千家万户,又与当地政府的工作密切相关,如得不到当地政府和广大群众的理解、支持和配合,仅靠县级气象局孤身作战,就会事倍功半。因此,积极主动把工作重心放在发展环境的营造上,与地方政府搞好沟通协调,争取得到当地政府和广大群众的理解和支持,是推进气象事业健康长远发展的根本前提。

沟通的方法。一是吃透上情,把握气象业务服务发展的新方向、新重点。要清楚上级气象主管机构的重大决策部署以及专项重点工作计划,全面吃透政策、吃透相关法律法规和文件精神,把握工作原则,明确工作重点,清楚了解对县级气象局的重点要求、工作发展方向。二是弄清政情,把握当地政府重视的特色气象服务着力点。多年来的实践证明,县级气象局与地方政府沟通做得好不好,关键是看其气象服务工作做得好不好。要紧紧围绕经济建设、防灾减灾这个中心,努力为地方政府、地方经济建设、地方各部门和广大群众做好服务。除做好常规的汛期气象服务、农业气象服务以及人工影响天气等常规服务外,还要及时了解、密切关注当地政府在乡村振兴、生态文明方面做哪些事情,哪些需要提供气象服务的项目。要积极主动向政府分管领导多汇报,了解当地有哪些需要提供气象服务的项目在发展,并提前介入、超前准备、统筹计划、科学安排、积极工作、主动服务,真正地让气象服务无处不有。三是掌握行情,推进部门协同发展,提高专业气象服务水平。做好县级气象服务,必须深入了解当地气候背景、气候变化,并深入与相关政府部门合作,才能做出针对性和专业性强的气象服务产品,提高气象服务的社会影响力。四是创造沟通机会,争取政府的有力支持。不要因为工作太忙,而把开会、汇报当作包袱,而应把它当作是沟通的一次机会。充分利用各种会议、单独汇报,以及县领导、乡镇、部门领导来单位调研、检查、考察、办事等机会,认真准备、详细汇报、耐心解释、热情接待,积极主动与县级党委、政府领导以及相关部门进行沟通,宣传部门政策,陈述工作中的问题和难点,从而获得理解和支持。五是注重宣传推介,营造良好社会发展氛围。气象宣传做得好不好,很大程度上影响着气象工作的开展。做好气象宣传,目的是要让人们更多地了解气象,使气象科技资源和气象科技成果在人们的生产、生活中发挥出更大的作用,提高人们预防气象灾害的能力。同时通过气象宣传,让人们真正了解气象在人们生产、生活中的重要性,为搞好气象工作打下良好的社会基础。

2. 与社会公众的沟通

沟通的基本要求。一是建立信息公开机制,加强与公众的沟通。建立信息公开机制,这样做的过程和结果都会使公众更加充分了解气象部门的运作和功能,从而与公众形成良性的沟通,在这个基础上,公众与部门间的互信能得到加强,增强部门的公信力。二是建立强有力的权责机制,加强对社会需求的回应。建立权责对应,灵敏高效的信息收集与反馈机制,能够对社会公众通过媒体、信访以及群体行为等反映的问题、需求和建议等信息及时了解、分析和处理。三是建立气象部门、企业与民间组织的合作机制。单纯依靠气象部门是难以满足社会公众的多样化气象服务需求的,需要气象部门、市场和社会领域的各种主体相互间的合作,这不仅能实现政府部门职能转变,还能激发公众参与的积极性和主动性,从而通过有效整合社会力量,在公共危机的处理和公共事务的管理中增加公众与部门间的互信,也增加公众对气象工作的理解。

沟通的方法。新闻发布会(记者招待会)。新闻发布会是为发布重大新闻而举办的,是与公众传递和沟通信息的手段。运用这种形式具有以下的优点:一是正规隆重,形式正规,内容精心安排;二是双向互动,沟通活跃;三是集中发布,新闻传播面广,迅速扩散到公众。

对话。对话是与公众沟通的重要方法。一是构建一个平台,以便公众直接咨询或提出诉求和建议;二是组建一个办事网络,及时为公众咨询答疑,妥善解决公众反映的问题,办理相关事项;三是建立工作规范和考核制度,使与公众的对话能落到实处。

公众接待。旨在收集关于县级气象局工作的意见、批评或建议。建立灵活多样的公众接待形式,有利于实现县级气象局与社会公众的有效沟通。

民意测验。民意测验是了解公众舆论趋向的一种社会调查,通过这种方式,征询公众对气象工作的意见、观点或想法,并以此进行分析和推论,再向公众公布调查结果,以期说明和解释问题的趋势或倾向,引起社会公众的关注和重视,借此造成舆论并形成影响。

3. 与行政相对人的沟通

行政相对人是行政法学中的一个基本概念,指的是在行政法律关系中与行政主体相对应,处于被管理和被支配地位的机关、组织或个人。是行政法律关系的主体之一。公务人员和行政相对人处于两个相对立的地位,因此作为县级气象行政管理工作中公务人员要协调好和行政相对人的关系,需要具备较强的和行政相对人沟通的能力,其执行公务的行为才能赢得理解与支持。

沟通的基本要求。一是学会倾听。大多数人在工作沟通中,往往急于表明自己的观点,并且反复强调,试图以此对别人施加影响,达到某种沟通的目的。但事实上有效的沟通不仅是说,也包括听,学会倾听是要你先明白对方的意图,在听明白对方陈述后,你才会明白你要表达的内容,才可以帮助你们建立良好的合作关系。二是学会反馈。沟通是一种双向互动,反馈是沟通中重要的部分,其作用有两重性,一方面是接受者对所理解的确认或检验,另一方面也是帮助表达者调整沟通的重要依据,可让其更准确地传递信息。反馈不是被动反应,而是对沟通过程的主动参与。反馈时尽量避免与具体情景无关的、打断别人谈话和思路的、不着边际的反馈,否则会破坏沟通的气氛。三是增强自信。沟通中一旦自己因为信心不足产生犹豫和迟疑,没有给予对方及时而准确的反馈,便可能产生误解。因此在提高有效反馈的基本途径中真诚和自信是必不可少的前提条件。

沟通的方法。一是先跟后带。先跟后带是指即使自己的观点和对方的观点是相对的,在沟通中也应该先让对方感觉到自己是认可、理解他的,然后再通过语言和内容的诱导抛出自己的观点。二是努力实现建设性沟通。所谓建设性沟通是指在不损害和改变人际关系的前提下进行确切的、诚实的沟通。它具有三个特征:一是实现信息的准确传递,二是人际关系不受损害,三是要解决问题。这需要掌握一些沟通原则和技能。实现建设性沟通,首先要解决好沟通目标,争取实现双赢;其次要正确定位,沟通中的定位包括问题导向、责任导向、事实导向等;三是把握沟通的艺术,说者要引起对方兴趣而听者也要及时反馈,双方在信息交换的基础上了解彼此的需要和意图,才能找到最佳平衡点;四是采取灵活的沟通策略,这需用在沟通前根据沟通客体、沟通内容、沟通情境做好准备工作,包括信息准备、事先提出解决问题草案、先咨询后建议等,这样沟通可做到循序渐进、有的放矢。

思考题

(1)简述接打电话的礼仪规范。

(2)会议组织前应该做好哪些准备工作?

(3)会议期间的基本工作程序是怎样的?

(4)对于县级气象局公务人员而言,掌握必要的政务礼仪与沟通技巧,应从哪些方面着手自我提高?

第七节　气象保密与档案管理

内容提要

本节介绍了保密工作的意义,计算机与网络保密,县级气象局保密工作内容与要求。阐述了档案的定义、分类,档案管理工作的内容、任务和原则以及县级气象档案管理工作流程、工作制度、相关档案法规,并简要介绍了县级气象档案编目方法。

一、保密工作

(一)保密工作基本知识

1.保密工作的对象

保密工作的对象就是"秘密",在现代意义上,根据涉及内容的不同,秘密可分为国家秘密、工作秘密、商业秘密和个人隐私。

国家秘密是指关系国家安全和利益,依照法定程序确定,在一定时间内只限一定范围内的人员知悉的事项。

工作秘密是指各机关、单位在公务活动和内部管理中产生的、在一定范围内不宜对外公开,一旦泄露会直接干扰机关、单位正常工作秩序,影响正常行使管理职能的事项和信息。

商业秘密是指不为公众所知悉、能为权利人带来经济利益、具有实用性并经权利人采取保密措施的技术信息和经营信息。

个人隐私是指公民个人生活中不愿为他人知悉或公开的信息,如个人的日记、相册、通信、交往范围、家庭关系、生活习惯、身体缺陷、病患情况等,都属于个人隐私的范围。

2. 保密工作的内容

保密工作是围绕秘密信息的保护而开展的专门性工作。一般意义上讲,保密工作是指围绕保护国家秘密而进行的有组织的专门活动,具体而言,就是为维护国家安全和利益,将国家秘密控制在一定范围和时间内,防止泄露或被非法利用,由国家专门机构组织实施的活动。

从工作目的看,保密工作包括预防和打击窃密、泄密。

从工作过程看,保密工作涵盖秘密产生到消亡的全过程。内容上是从定密到解密的过程,形式上是从制作、传递、存储、使用到销毁的过程。

从工作方式看,保密工作包括宣传教育、法制建设、指导管理、技术防护、监督检查。

从工作领域看,保密工作包括内部管理和外部管理。内部管理是指机关、单位对内部产生和流转的国家秘密进行的管理;外部管理是指机关、单位对非公有制企业和中介组织进入涉密领域、从事涉密服务的管理。

3. 国家秘密的密级与保密期限

国家秘密的密级分为绝密、机密、秘密三级。绝密级国家秘密是最重要的国家秘密,泄露会使国家安全和利益遭受特别严重的损害;机密级国家秘密是重要的国家秘密,泄露会使国家安全和利益遭受严重的损害;秘密级国家秘密是一般的国家秘密,泄露会使国家安全和利益遭受损害。

保密期限是指根据国家秘密事项的性质和特点,按照维护国家安全和利益的需要,对国家秘密事项做出的保密时间限度。保密期限通常有三种具体表现方式:保密时间段、解密时间、解密条件。国家秘密的保密期限,除另有规定外,绝密级不超过 30 年,机密级不超过 20 年,秘密级不超过 10 年。

中央国家机关、省级机关及其授权的机关、单位可以确定绝密级、机密级和秘密级国家秘密;设区的市、自治州一级的机关及其授权的机关、单位可以确定机密级和秘密级国家秘密。

(二)保密管理

1. 概述

保密管理,是指对涉密载体、涉密人员、涉密场所、涉密会议、涉密事项等进行管理的活动,既包括保密行政管理部门的依法管理行政行为,也包括机关、单位内部的日常保密管理,是保密工作的重要组成部分。

保密管理的基本要求有以下四条。

一是党管保密。党对保密工作的直接领导是通过党的方针政策和党管保密的专门组织——保密委员会实现的,由各级党委的保密委员会向同级党委负责,上级保密委员会要加强对下级保密委员会工作的指导和监督。

二是依法行政。保密依法行政,是指各级保密行政管理部门及其工作人员,为维护国家安全和利益,依据保密法律、法规、规章和规范性文件所进行的行政行为。依法管理国家秘密是执政党依法执政的重要内容,也是各级政府依法行政的基本要求。

三是保放结合。保放结合是指在开展保密工作时,要正确处理保密与公开的关系,做到保核心、保重点。"保守国家秘密的工作,实行积极防范、突出重点、依法行政的方针,既确保国家秘密的安全,又便利信息资源合理利用。法律、行政法规规定公开的事项,应当依法公开。"(《中华人民共和国保守国家秘密法》,以下简称《保密法》第四条)

四是综合防范。综合防范是指运用多种手段,积极主动地把工作做到前头,"防患于未然",尽一切努力消除泄密隐患,堵塞泄密漏洞,防止泄密事件的发生。如加强保密宣传教育,建立健全保密法规和规章制度,加强技术防范,加强日常保密管理和保密监督检查等。

2. 保密工作责任制

《保密法》明确规定,机关、单位应当实行保密工作责任制,健全保密管理制度,完善保密防护措施,开展保密宣传教育,加强保密检查。保密工作责任制主要包括保密工作领导责任制、定密责任制、保密要害部门负责人及工作人员责任制、涉密信息系统管理和维护人员责任制等。

为加强保密工作组织领导,明确相关人员保密工作职责,确保保密工作落到实处,《中华人民共和国保守国家秘密法实施条例》对保密工作责任制内容进行了细化。

一是规定领导干部工作责任制,明确机关、单位负责人,即机关、单位党政主要负责人对本机关、本单位的保密工作负责,要担负起全面领导责任。

二是规定工作人员岗位责任制,明确工作人员对本岗位的保密工作负责。对县级气象局来说,一般是文秘人员兼职保密岗位,做好涉密文件的保管工作。

三是规定将保密工作责任制履行情况纳入年度考评和考核内容。《中国共产党纪律处分条例》《中共中央保密委员会关于党政领导干部保密工作责任的规定》明确规定,对不认真履行保密工作领导责任制、疏于保密管理或在保密工作方面失职的领导干部实行责任追究制。

3. 涉密人员管理

《保密法》第三十五条规定,涉密人员是指在涉密岗位工作的人员。

涉密岗位,是指日常工作中产生、经管或者经常接触、知悉国家秘密事项的岗位。对县级气象局来说,主要指接触秘密文件的人,一般包括局领导和文秘人员。

涉密人员管理一般有以下事项:一是上岗管理,包括任前审查,上岗培训,上岗保密承诺等;二是在岗管理,包括在岗教育培训、出境、从业限制,重大事项报告,在岗监督等;三是离岗、离职管理,包括涉密载体清退,签订保密承诺书,脱密期管理等。

4. 涉密载体管理

涉密载体,是指以文字、数据、符号、图形、图像、声音等方式记载国家秘密信息的纸介质、光介质、电磁介质等各类物品。根据介质的不同,可以将涉密载体分为纸介质涉密载体、光介质涉密载体、电磁介质涉密载体。

涉密载体的管理包括涉密载体的制作、复制、收发、传递、使用、保存、维修、销毁等,《保密法》对每个环节均有严格规定和要求。

(三)计算机与网络保密管理

1. 计算机保密管理

为了加强机关、单位工作计算机的保密管理,国家正在推行计算机国产化工作。要求在单位使用国产计算机,装载国产化的办公软件。

目前,要求国家机关和事业单位将工作计算机划分为涉密计算机和非涉密计算机。由于部分县级党委、政府将气象预警服务纳入了当地综合管理信息系统,也为当地县级气象局接入了涉密工作计算机系统,从而使县级气象局承担了涉密计算机的管理任务。

涉密计算机是指用于采集、处理、存储和传输涉密信息的计算机,包括台式计算机、便携式计算机及网络终端计算机。

涉密计算机在启用前,应进行保密技术检测。涉密计算机中数据加密设备和加密措施,必须是经国家密码管理局批准的加密设备和加密措施,应按照所存储、处理信息的最高密级标注密级标志,并登记在册。

涉密计算机所在场所要采取相关的电磁泄漏发射防护措施,应严格按照国家保密规定和标准设置口令,不得擅自卸载、修改涉密计算机安全保密防护软件和设备。

涉密计算机因故障需请外来人员进行调试、维修、维护时,应当由有关人员全程监督,严禁维修人员读取和复制涉密信息。确需送外维修,应拆除硬盘等具有信息存储功能的部件。

涉密计算机应当专机专用,不得处理与工作无关的事务,软硬件和保密设施的更新、升级、报废等,必须进行保密技术处理。

机关单位应严格非涉密计算机管理,禁止使用非涉密计算机存储、处理、传输涉密信息。要明确涉密计算机与非涉密计算机之间的信息交换机制,采取安全保密技术防护措施,消除泄密隐患。

2. 网络保密管理

涉密网络是指传输、处理、存储涉及国家秘密的计算机网络系统。涉密网络使用保密管理要求是:与互联网及其他公共信息网络实行物理隔离;统一采购、登记、标识、配备信息设备,并明确使用管理责任人;依据岗位职责严格设定用户权限,按照最高密级防护和最小授权管理的原则,控制国家秘密信息的知悉范围;严格规范文件打印、存储介质使用等行为,严格控制信息输出;加强对用户操作记录的综合分析,及时发现违规或异常行为,并采取相应处置措施;将互联网及其他公共信息网络上的数据复制到涉密网络,应采取病毒查杀、单向导入等防护措施;指定在编人员担任系统管理员、安全保密管理员、安全审计员,分别负责系统运行维护、安全保密管理和安全审计工作;涉密网络建设和运行采用外包服务的,应当选择具有相应涉密信息系统集成资格的单位,签订保密协议,严格保密管理措施。

非涉密网络,是指互联网、固定电话网、移动通信网、广播电视网等公共信息网络和办公内网。涉密网络必须与互联网等公共信息网络实行物理隔离。对于非涉密网络,要坚持源头控制原则,确保"上非涉密网络的信息不涉密"和"涉密信息不上非涉密网络"。非涉密网络在使用中应符合以下要求:建立互联网接入审批和登记制度,严格控制互联网接入口数量和接入终端数量;建立健全信息发布保密审查制度,指定机构和人员负责拟发布信息的保密审查,并建立审查记录档案;指定机构和人员负责本机关、本单位网络的信息发布、留言评论、博客信息的保密管理,发现涉及国家秘密的信息,应立即删除,并向同级保密行政管理部门报告;严禁通过互联网等公共信息网络办理涉密业务或者存储、处理、传递国家秘密信息。

保密检查是指保密管理部门和机关、单位,依据党和国家保密工作方针政策、工作部署、保密法律法规和规章制度相关要求,按照特定的工作程序,采用一定方法和手段,组织调查了解机关、单位和人员履行保密职责和义务情况,检验查看有关行为规范是否符合保密规定,有关设施设备和周边环境是否符合保密标准要求,督促落实保密法律法规和制度要求的活动。

根据检查主体的不同,保密检查分为单位自查和上级抽查。单位自查是指根据上级安排部署或本单位工作计划进行的检查。机关、单位应当定期对本机关、本单位保密工作情况进行自查,及时发现问题,杜绝泄密隐患。上级抽查是指所在地党委机要和保密局、上一级气象主管机构对本地气象部门保密工作情况进行现场抽查,上级检查单位一般会现场反馈整改要求,并对整改情况加强督办。

（四）气象部门保密工作

1. 气象部门保密工作内容

《保密法》规定,国家机关和涉及国家秘密的单位管理本机关和本单位的保密工作,中央国家机关在其职权范围内,管理或者指导本系统的保密工作。中国气象局是国务院直属事业单位,依据法律授权依法依规开展保密工作。一方面是依照法律规定和国家保密行政主管部门要求,对气象行业及领域的国家秘密进行管理,另一方面是对部门各单位和人员执行保密法律法规、履行保密义务进行管理和监督。

中国气象局在国家保密局指导下确定气象工作国家秘密。气象工作国家秘密具体范围由中国气象局和国家保密局共同印发的《气象工作国家秘密范围的规定》(气发〔2013〕20号)及其附件《气象工作国家秘密目录》进行了明确,包括以下12项。

一是重要军事行动和重大国防工程气象保障方案以及专门为其制作的气象数据产品和预报产品;二是在军事禁区内探测获得的气象资料和开展气象科学试验、研究取得的成果;三是重大气象科学研究与技术开发成果中具有独创性并可能影响到国家安全和经济利益的关键技术、软件和材料;四是气象卫星的无线电遥控编码、密码、密钥及附载波频率;五是接收气象卫星资料和产品特殊用户的密码、密钥;六是涉及我国气象部门涉外谈判底线的关键资料和数据;七是我国气象科学技术关键领域的发展战略;八是影响国家安全和经济利益的尖端气象科学试验所获得的各种重要原始数据和成果;九是气象部门涉外工作中内部掌握的方针、政策、措施;十是黑碳气溶胶观测资料;十一是海岸带综合调查气象资料。

该范围并非一成不变,应根据形势变化和保密工作要求及时进行调整。例如黑碳气溶胶观测资料就在2018年进行了解密。

中国气象局具有绝密级、机密级和秘密级国家秘密的法定定密权,省(自治区、直辖市)气象局具有机密级和秘密级国家秘密的法定定密权。地市级、县级气象局不具有定密权,对所产生的国家秘密事项应当先行采取保密措施,并立即报请有定密权的上级气象部门确定。各单位执行上级单位或者办理其他单位已定密事项所产生的国家秘密事项,根据所执行或者办理的国家秘密事项确定密级、保密期限和知悉范围,不受有无相应定密权的限制。

2. 气象部门保密工作规章

中国气象局在职权范围内,为执行保密法律法规,加强气象部门保密工作,根据部门实际情况制定了一系列的保密规定,同时也要求各级气象部门建立完善保密工作相关制度。

中国气象局制定的保密工作规章主要有:《气象工作国家秘密范围的规定》《气象部门定密管理暂行规定》《气象部门涉密人员保密承诺制度》《气象部门计算机信息系统保密管理规定(试行)》等。

3. 县级气象局保密工作要求

一是加强对保密工作的组织领导,成立保密工作领导小组或指定人员专门负责保密工作,建立完善以领导干部保密工作责任制为主的保密工作责任体系。

二是加强保密宣传教育,组织干部职工学习党和国家有关保密工作的文件,学习《保密法》等法律法规,开展普及保密知识教育等。

三是健全完善保密制度。根据《保密法》及其他保密法规、规章和上级主管部门的规章制度,结合本单位实际,有针对性地制定具体的可操作性强的保密制度,以及具体的保密措施。

四是加强保密要害部位和涉密人员管理,明确保密要害部位,对保密要害部位采取保密措施,确保达到保密技术要求。明确涉密岗位人员,对涉密岗位人员开展教育培训,签订保密承诺书。

五是加强涉密文件管理。涉密文件收取、传阅应严格履行登记手续,严格按照发文单位明确的知悉范围进行传阅。配备保密柜用于涉密文件的保管,不得随意放置或携带涉密文件外出,在规定时间内及时退还。涉密文件不得复制(复印、扫描、拍照等)、摘抄或引用。来文单位要求办理并给予回复的涉密文件,必须遵照"密来密复"的原则处理。

六是加强工作计算机和网络保密管理。对内网计算机和互联网计算机进行物理隔离,按照"谁使用,谁负责"的原则,建立健全内网计算机和互联网计算机使用责任台账,建立工作计算机保密自查自评制度,维护硬盘信息安全,严禁在非涉密计算机及网络上存储涉密信息。涉密计算机及网络管理必须严格遵守保密法律法规相关规定。

七是建立健全信息发布保密审查制度。通过互联网门户网站、政务微博、微信公众号、互联网政务邮箱发布网络信息,应严格信息发布保密审查,建立健全审查流程,明确审批领导和发布执行人,确保"涉密信息不上网、上网信息不涉密"。

八是加强气象资料保密管理。严格按照《气象法》《气象工作国家秘密范围的规定》和《气象资料共享管理办法》等法律、法规和规范性文件规定,加强气象资料的管理。国外用户、中外合作项目需要气象资料,须按《涉外提供和使用气象资料审查管理规定》有关规定办理审批手续。

九是加强保密监督检查。对保密工作进行有效的监督管理,定期或不定期进行保密检查,及时消除泄密隐患,对已发生的泄密案件及时向主管部门和同级保密部门报告,及时处理并采取补救措施。

二、气象档案管理

(一)一般档案知识

1.档案的定义和作用

档案是国家机构,社会组织或个人在社会活动中直接形成的有价值的各种形式的历史记录。从档案的作用和性质看,可归纳为凭证作用和参考借鉴作用两大类。档案对政治、经济、科技等实际活动产生直接的依据、凭证、参考和借鉴作用。从社会生活空间联系和时间延续的角度,又可将档案的作用划分为横向信息交流和纵向的承前启后两大方面。

2.档案的种类

从档案的内容和载体上来划分,档案分为文书档案、科技档案、专门档案和特殊载体档案四大类。

文书档案是反映党群、行政管理等活动的档案。它记录了一个单位所从事的各类管理活动,如党群管理、财务管理、人事管理、业务管理等。

科技档案是指在科技、生产活动中由科技文件材料转化而成的档案。如图纸、设计任务书、科研报告等。产品档案、基建档案、工程档案、设备档案、科研档案都属于科技档案的范畴。

专门档案是指在从事专业性较强的工作活动中形成的档案。如会计档案、职工档案和企业法人登记档案等。

特殊载体档案是除纸质档案以外的其他载体形式的档案,包括声像档案、实物档案等。

3. 档案管理概述

档案管理是一项管理性工作。具体表现为档案管理存在于一切行政机关、事业单位中,是其工作的组成部分,是专门管理档案的科学性、技术性的工作。档案管理是一项服务性工作,通过提供有价值的历史记录来为各项工作服务。档案管理是一项政治性工作。它具有机要性质,有些档案涉及到国家秘密,有一定的保密要求。

档案要集中统一管理,每个单位都应把履行职能活动中直接形成的、应当归档的各种门类、载体的文件材料,收集、归档整理后,定期向综合档案室移交,实行本单位档案的集中统一管理。档案如果仅留存在本部门使用,或存放在经办人手里,因保管条件有限,容易造成损坏、散失和遗失,不利于档案信息资源的有效利用和共享,更不利于维护单位档案的完整与安全。

4. "全宗"和"立档单位"概念

全宗指一个国家机构、社会组织以及个人形成的具有有机联系的文件整体,而构成档案全宗的国家机构、社会组织或个人则称为立档单位。

对于一个地方的国家档案馆来说,为了区分各立档单位和便于日常管理、查询,一般会根据相关规则对移交档案进馆的立档单位分配一个代码编号,这就是全宗号。

(二)气象档案管理

1. 气象档案管理定义

气象档案管理就是用科学的原则和方法对包括气象记录档案、气象科技档案和建设档案在内的气象档案实体和档案信息进行管理以及为气象事业发展或当地经济社会需求等服务的工作。气象档案管理是气象管理和业务工作的组成部分,是维护气象部门历史真实面貌的重要保障。

气象档案管理的对象主要分为机关档案和气象业务档案。机关档案种类主要包括文书档案、科技档案、专门档案和特殊载体档案。其中文书档案数量相对较多,主要是日常文件资料等,科技档案主要是基建档案、设备档案等;专门档案主要是会计档案、法人登记档案等。特殊载体档案主要是照片、视频等声像档案和荣誉证书、荣誉奖牌等实物档案。气象业务档案主要包括中国气象局规定范围内具有永久保存价值的气象档案及国内外有关气象资料等。

气象档案的主要业务工作包括档案的收集、整理、鉴定、保管、统计、检索、编研和开发利用等八个环节。前六个环节通常称为基础工作,后两个环节为编研利用工作。

2. 国家级及省地级气象档案管理现状

经过六十多年的发展和建设,全国建立了国、省两级气象档案管理体制;制定了一整套适合各类载体档案管理的规范和标准,基本实现了气象档案管理的规范化、标准化;逐步形成了完整的档案管理业务流程,构建了从传统纸质档案管理转变为电子档案主导地位的管理模式。在机关档案管理方面,中国气象局印发了《全国气象部门机关档案管理规定》(气发〔2020〕110号);在气象业务档案管理方面,先后制定了《气象记录档案管理规定》《气象工作档案归档管理规定》等一系列气象业务档案管理制度,对我国气象部门做好机关档案管理和气象业务档案管理各项工作提出了指导性意见和明确要求。

气象部门机关档案工作实行统一领导,分级管理的管理体制。机关档案业务受上级气象档案主管机构和同级地方档案行政管理部门的指导、监督和检查。全国气象部门各级机关办公室为机关档案管理机构,归口管理机关档案工作。国家级和省地级气象机构均建立了机关档案室,配备专职或兼职机关档案干部或者指定专(兼)职干部负责收集、整理本单位形成的机关档案,并向上级机关档案室归档移交。

除日常机关工作产生的档案外,气象部门还存在特有的气象业务档案,如原始气象记录报表等。中国气象局建设了气象档案馆,是中国气象局所属的部门档案馆,对外又称国家气象中心气候应用室。该馆集中统一管理国内外具有永久保存价值的气象档案,与各省级气象档案馆和地、县气象台、站形成三级气象科技档案的管理体系。其主要任务除负责国内外气象记录档案、资料的收集、保管、统计加工、整编出版、气候分析、评价和提供利用外,还负责管理中国气象局统一组织的重大科研项目的档案,对省级气象档案馆进行业务指导。部分省(自治区、直辖市)也单独设立了本地气象档案馆,负责本地气象业务档案的管理工作,如北京市气象档案馆、上海市气象档案馆、江苏省气象档案馆等。大多数地市级气象局建立了档案室,用于存放本地机关档案和临时性存放气象业务档案,气象业务档案如观测报表等由省级气象档案机构负责存放管理。

(三)县级气象局档案管理

按照部分省份对档案工作目标管理的要求,县级气象局档案管理主要分为组织管理、硬件建设、基础业务、档案信息化和开发利用五个部分。

对于县级气象局来说,档案管理中的组织管理、硬件建设、基础业务、档案信息化和开发利用都必不可少,尤其是档案基础业务中的收集、整理、鉴定、保管、统计、检索、编研和开发利用等环节需要熟悉档案管理知识的工作人员完成,但由于工作人员往往不是专职或专业档案管理人员,且日常档案管理工作的重点在于档案分类、收集归档等环节,因此,档案管理工作也可以向档案服务企业购买服务的方式进行,但日常档案管理需要单位内部人员依法依规完成。

1. 组织管理

县级气象局应确立统一领导、统一管理、分级负责、统一制度和统一标准(规范)的管理机制。建立一个单位档案工作的组织体系是开展档案工作的组织保障,通过建立档案工作的领导关系,理顺档案工作脉络。

一是档案工作体系。档案工作体系由本单位档案工作的分管领导、办公室文秘兼任档案工作专员组成。档案工作需要建立以机关综合档案室为中心的档案工作管理网络,由兼职档案工作人员从事档案工作的组织、规划、检查以及档案法律法规的学习、宣传、贯彻,同时配备其他业务人员协助做好单位的文件材料的收集、整理、归档工作。

由于目前各地都开展了政府购买服务方式规范档案整理业务规范发展,县级气象局可安排兼职档案工作人员与当地政府档案管理部门联系,以购买服务的方式委托市场专业公司完成本单位的档案整理工作,有利于解决本单位专业人员不足的问题。

二是档案工作机构(档案室)。县级气象局一般配备 1 名及以上专(兼)职档案员,并保持档案人员的相对稳定,承担档案管理的职能。

三是制度建设。县级气象局应制定以下档案工作制度:档案综合管理实施办法、档案鉴定销毁制度、档案统计制度、档案利用制度、档案保密制度、档案移交和接受制度、档案工作人员岗位责任制等,并制定以下档案工作本单位标准(规范):档案综合管理分类方案、文件材料归档范围和档案保管期限表、电子文件归档与管理规范等。同时还需制定档案安全管理突发事件应急预案。

2. 硬件建设

档案保管工作就是将本单位的全部档案按照归档制度的要求集中到档案室,县级气象局应按规范建设档案室。

一是档案用房。档案的保管有赖于一定的物质条件,如库房条件、装具条件、温湿度监测调节设备、灭火除尘设备、档案修复设备以及照明采光设备等。有条件的还要求做到档案库房与阅览室、档案人员办公室分开设立,以确保档案库房的相对独立和档案的绝对安全。档案库房不宜选定在底层或顶层,以防高温和潮湿;不宜靠近车库、油库、食堂、厕所、楼梯口以及会议室等不利于档案安全保管的地方;库房一般坐南朝北,尽量避免西晒墙;通风窗的朝向要考虑季节风向,便于通风,办公室作档案库房时必须进行适当改造。防护结构要注意保温、隔热、防潮和防水,门窗应保温、隔热,并有密封装置,还应考虑到安装密集架所具备超重承受能力。档案库房应满足今后 10 年以上档案保管的需要。

二是设施设备。档案库房应配备符合要求且能正常使用的消防报警、安全监控系统,灭火器材在有效使用期内。库房配备铁门、铁窗及防紫外线、防有害生物的设施以及满足档案工作需要的空调机、除湿机、温湿度记录仪外,还应根据档案工作需要配备刻录机、扫描仪、复印机等设备。同时加强库房温湿度调控,做好记录,绘制综合分析的曲线图,力争使库房温湿度达到或接近库内温度 14～24 ℃,相对湿度 45％～60％的范围。应按照从左到右从上到下的原则对档案架、档案资料进行科学的排列编号,并编制好档案存放示意图和指引卡,便于查找,档案的接受、移出及查阅必须严格履行登记手续。定期对库房及档案保管状况进行检查,并做好记录。

三是档案装具。档案库房内应安装符合标准的档案密集架或档案柜架。档案整理和保管装具(卷、盒、夹)应符合标准。

3. 档案基础业务

一是档案的分类与收集。县级气象局档案分类主要包括文书档案、科技档案、专门档案、特殊载体档案和气象业务档案。

文书档案主要包括党群类和行政类的文件、材料等;科技档案主要包括基建档案、设备档案、科研档案;专门档案主要包括会计档案、人员档案(多存放于地市级气象局);特殊载体档案主要包括声像档案、实物档案、电子档案;气象业务档案主要包括气象观测资料等。

档案收集就是按照国家有关规定,通过接收、征集等方式把档案集中起来保管的一项业务工作。县级气象局文件材料的收集归档是本单位档案的主要来源,也是本单位收集工作的经常性任务。凡是本单位工作活动直接形成的具有保存价值的各种文件材料都应当收集归档。一般包括本单位形成的档案和外来档案。本单位形成的档案主要有各类会议材料、印发的正式文件(包括签发稿、印制稿、修改稿等)、工作计划、总结、方案、调研报告、规章制度、统计报表、合同协议书、会计核算材料、气象业务服务材料、基建资料以及非纸质需归档的材料等。外来档案主要有上级单位下发的文件、领导重要指示、讲话、照片,同级单位和非隶属上级单位以及下级单位凡有查考利用价值的文件材料、工作总结、计划、统计报表、财务预决算等文件材料。对于收到的普发性文件,凡内容不具体针对本单位、又不需要执行的,可不归档。科技档案中基建档案的归档主要包括立项和征地批件、红线图、拆迁、补偿协议书、规划、施工等建设图纸以及施工许可证、竣工资料等。科研档案的归档主要包括任务书、计划、课题论证文件、可能涉及的合同协议、研究中的方案、数据、报告以及研究完成后的成果报告(论文、专著)、意见书、专利或获奖文件等。会计档案的归档范围为会计凭证、会计账簿、财务报告以及其他应当保存的会计核算专业材料。采用计算机进行会计核算的应将打印出的纸质文件与电子文件一并归档。

二是档案整理。档案整理工作就是按照一定的原则和方法,将处于零乱的和需要进一步条理化的档案文件材料,进行分类、组合、排列和编目,形成有机体系的过程。近年来核心的档案整理制度就是"三合一"制度。"三合一"制度就是将案卷类目与本单位文件材料分类方案、归档范围、保管期限表结合制定的一个统一的表格式指导文件,其名称为"文件材料分类方案、归档范围、保管期限表",简称"三合一"制度,并以此作为档案立卷时分类、归卷、划分保管期限的依据。

三是立卷。立卷是将拟归档的零散文件材料按其一定的联系和形成规律组成案卷装入档案盒的过程,包括组合案卷、卷内文件排列与编号、填卷内文件目录与备考表、案卷封面编目等。

四是档案鉴定。档案鉴定,即对档案价值的鉴别、判定工作,其具体工作内容是制定档案价值的有关标准以及各种类型的保管期限表(即上述"三合一"制度内容之一);具体判定档案材料的价值,然后依据档案保管期限表的标准来划分和确定不同保存价值的档案的保管期限;挑出没有保存价值和保管期满的档案,按规定进行销毁或作相应的处理。

五是档案统计与销毁。县级气象局应按档案行政管理部门和上级业务主管部门要求上报档案业务统计表,建立本机关档案收进移出、鉴定销毁、利用和数字化等情况的统计台账。对失去保存价值的档案,由鉴定小组编制书面鉴定报告和档案销毁清册,经机关分管领导审批后,指定 2 人监销。档案销毁清册永久保存。县级气象局销毁会计档案应报请地市级气象部门或当地财务和审计部门派人监销。保管到期但涉及未结清债权债务和其他未了事项的原始凭证不得销毁。

六是档案移交。档案移交是指县级气象档案室按照有关规定,定期向当地政府档案馆送交需要永久或定期保存的档案。单位撤销或合并时,其全部档案应按上级主管机关要求向上级机关档案馆或地方政府档案馆移交。

4. 档案信息化管理

县级气象局应考虑档案工作需求,调剂配备档案工作计算机,安装使用符合国家档案局管理要求的相关管理软件,为实现文档一体化管理创造条件。其中,兼职档案工作人员应熟练掌握档案管理软件操作技能。

县级气象局档案室收藏的全部档案应建立文件级电子目录数据库,主要业务档案应建立专题数据库,文书和主要业务档案应建立全文数据库。文书档案数据库的结构及数据质量应符合当地有关规定的要求。

电子档案(文件)数据应进行安全备份。

5. 档案的开发利用

县级气象局档案工作人员应组织编制文书档案归档文件目录,科技、会计、声像、电子、实物、专业档案案卷目录。

机关保管的档案应积极为本机关和上级机关提供利用服务。工作人员利用档案或将档案借出档案室,须经办公室负责人批准。对外提供利用档案,须经机关分管领导批准。利用档案应填写利用档案登记表,并及时反馈利用效果。机关档案管理部门应定期编印档案利用效益汇编,向同级档案行政管理部门报送。

县级气象局应根据工作需要,编制组织沿革、大事记、专题汇集、主要业务工作基础数字汇编等资料。日常业务服务工作中离不开气象业务档案的利用,如查询历史气象资料、统计撰写气候评价等等,都是档案利用的具体过程。同时,气象业务档案的利用,对于县级气象局开展宣传科普、推进研究型业务也都具有重要的意义。

思考题

(1)如何做好县级气象局保密工作?

(2)档案管理的流程分哪几个步骤?

(3)档案室和档案库房有什么要求?

(4)档案管理需要制订哪些制度?

第二章　人事管理

我国的人事管理又称干部人事管理,人事管理的主要对象是干部。干部是指具有国家正式编制、享受国家特定待遇、从事各种公共事务的工作人员,包括:(1)政党机关干部,即政党(包括中国共产党和各民主党派)各级机关的领导人员和工作人员;(2)国家机关干部,即国家机关(包括各级立法、行政、监察和司法机关)的领导人员和工作人员;(3)军队干部,即军队中担任排级以上职务的现役军人;(4)群团组织干部,即社会政治团体和群众组织的领导人员和工作人员;(5)国有企事业单位中从事管理工作的人员;(6)专业技术干部,即各类专业技术人员;(7)其他干部。

人事管理是指国家人事管理机构对国家工作人员的职位、选任、培训、考核、奖惩、工资及福利待遇等方面通过一系列的规范、制度和措施所实施的管理,即国家专门管理机构对国家工作人员有关人与事的管理。

人事管理包括党政领导干部选拔任用、公务员管理、事业单位人事管理、专业技术人才队伍建设与管理、人员招聘、干部调配、军转安置、人才流动管理、机构编制管理、工资福利保险、干部人事档案管理、干部人事信访及争议处理等各个方面。

气象人事管理涵盖人事管理的各个方面,结合县级气象局实际,县级气象局人事管理重点介绍公务员管理、事业单位人事管理、干部队伍建设和人才培养与管理。

第一节　公务员管理

内容提要

本节主要包括概述、公务员职务管理、公务员工资管理、公务员考核四个方面的内容,介绍了公务员法及配套法规和县级气象局的参公管理,重点阐述了公务员职务、职级与级别,公务员职务职级任免与升降。

一、概述

(一)公务员的概念

1. 定义

公务员全称为国家公务员,《中华人民共和国公务员法》(以下简称《公务员法》)第二条规定,公务员是指依法履行公职、纳入国家行政编制、由国家财政负担工资福利的工作人员。此外,由法律、法规授权的具有公共事务管理职能的事业单位中除工勤人员以外的工作人员,经批准可以参照《公务员法》管理,参照《公务员法》管理的事业单位工作人员简称"参公人员"。

2. 分类

按照不同的标准,可对公务员进行不同的分类。

一是按职位性质、特点和管理需要划分,可分为综合管理类、专业技术类和行政执法类。

综合管理类公务员,是指在机关中履行规划、咨询、决策、组织、指挥、协调、监督等综合管理以及内部管理职责的公务员;专业技术类公务员,是指在机关中承担专业技术职责、为实施公共管理提供直接技术支持和保障的公务员;行政执法类公务员,是指在工商、税务、质检、环保等履行社会管理与市场监管职能的行政执法部门的基层单位公务员。

二是按职位类别和职责划分,可分为领导职务、职级序列。公务员领导职务,是指在各级各类机关中,具有组织、管理、决策、指挥职能的公务员。具体包括国家级正副职、省部级正副职、厅局级正副职、县处级正副职、乡科级正副职。职级序列公务员,是指在各级各类机关中,不具有组织、管理、决策、指挥职能的公务员,层次在厅局级以下设置。综合管理类公务员职级分为四等十二级:一级巡视员、二级巡视员,一级调研员、二级调研员、三级调研员、四级调研员,一级主任科员、二级主任科员、三级主任科员、四级主任科员,一级科员、二级科员。

三是按任用方式划分,领导职务可分为选任制、委任制、聘任制,公务员职级实行委任制和聘任制。

选任制公务员,是指根据选举的方式而产生的公务员,如各级人民政府的组成人员是由各级人大及常委会选举产生的。

委任制公务员,是指由任免机关在其任免权限范围内,直接确定并委派某人担任一定职务而产生的公务员,我国非政府组成人员主要是委任制的公务员。

聘任制公务员,是指机关根据工作需要,经省级以上公务员主管部门批准,对不涉及国家秘密的专业性较强职位和辅助性职位,按照平等自愿、协商一致的原则以合同的方式聘用而产生的公务员。

(二)公务员法及配套法规

2006年1月1日《公务员法》施行,2018年新《公务员法》颁布实施后,制(修)定出台了《公务员职务与职级并行规定》(中办发〔2019〕21号)、《新录用公务员任职定级规定》(中组发〔2019〕10号)、《公务员录用规定》《公务员调任规定》《公务员培训规定》《公务员平时考核办法(试行)》(中组发〔2019〕21号),以及中央组织部2020年12月28日发布的公务员转任、回避、考核、奖励、辞去公职、辞退规定。

(三)县级气象局参公管理

1. 县级气象局参公进展

2013年,全国气象部门按照中国气象局全面推进县级气象局综合改革的总体部署,精心组织、稳步推进,县级气象局综合改革取得重大进展。

一是县级管理机构与业务机构分设。县级气象局分别设置了管理机构和业务机构,内设管理机构一般2~3个,个别县级气象局只设置了1个管理机构。所有管理机构均明确了岗位职责,重点强化了社会管理职能。

二是加强了县级气象局党的领导。相当一部分县级气象局获批成立了党组。

三是争取地方机构及编制。通过积极努力、主动沟通,全国县级气象局在争取地方机构、编制方面有较大突破,总体呈现良好态势。

四是气象工作纳入政府管理取得显著进展。在县级实行公务员制度以后,基层气象工作纳入地方政府安全管理体系、绩效考核、应急考核和公共服务体系取得显著进展。县级气象局将气象工作纳入当地政府安全管理体系、政府绩效考核、应急考核、政府公共服务体系。各级气象部门还积极将气象工作、气象探测环境保护纳入政府规划、写入政府文件,将气象防灾减灾、气象科普宣传、公共气象服务分别纳入到当地党委、政府组织的干部培训、全民科学素质行动计划纲要及公共服务体系中,气象工作正逐步融入党委、地方政府工作的多方面。

2. 县级气象局参公后的变化

县级气象局参公后,随着国家重大政策的调整,县级气象局和公务员工作也相应发生了重大变化。县级气象局公务员全部参照《公务员法》管理,比较明显的变化体现在以下方面。

一是落实了县级气象局公务员工资高定政策。以湖北为例,根据省委省政府和中国气象局文件精神,对到县以下机关事业单位工作的高校毕业生,新录用为公务员的,试用期工资直接按试用期满后工资确定,试用期满考核合格的级别工资,在未列入艰苦边远地区的高定一档,在三类及以下艰苦边远地区的高定两档。

二是实行县级气象局公务员统一招录。县级气象局公务员由所在省级气象局按照中国气象局和地方党委公务员局的部署要求组织招录。通过国家公务员考试笔试和面试、体检、考察等途径进行招录。新录用公务员任职定级,按照《新录用公务员任职定级规定》执行。

三是实行了公务员交流调任制度。气象事业单位符合调任公务员条件的人员,依照相应的程序,可以调入县级气象局担任领导职务或者四级调研员以上职级。

四是实行了公务员职务职级晋升。县级气象局公务员晋升领导职务,由对拟晋升职务有管理权限的上级组织人事部门或上级党组,一般是所属的地市级气象局党组,按照《公务员法》《党政领导干部选拔任用工作条例》《气象部门干部选拔任用工作规定》有关规定实施。同时,县级气象局公务员晋升职级,按照《公务员职务与职级并行规定》实施,为县级气象公务员安心基层工作解决了后顾之忧。

二、公务员职务管理

(一)公务员职务、职级与级别

新修订的《公务员法》以法律形式明确了国家实行公务员职位类别与职级并行制度。

1. 领导职务

领导职务层次设为国家级正职、国家级副职、省部级正职、省部级副职、厅局级正职、厅局级副职、县处级正职、县处级副职、乡科级正职、乡科级副职 10 个级别。

2. 公务员职级

职级在厅局级以下设置。综合管理类公务员职级序列分为:一级巡视员、二级巡视员、一级调研员、二级调研员、三级调研员、四级调研员、一级主任科员、二级主任科员、三级主任科员、四级主任科员、一级科员、二级科员。综合管理类以外其他职位类别公务员的职级序列,由国家另行规定。

根据工作需要和领导职务与职级的对应关系,公务员担任的领导职务和职级可以互相转任、兼任;符合规定资格条件的,可以晋升领导职务或者职级。

3. 公务员级别

公务员的领导职务、职级应当对应相应的级别。公务员领导职务、职级与级别的对应关系,由国家规定。公务员的级别根据所任领导职务、职级及其德才表现、工作实绩和资历确定。公务员在同一领导职务、职级上,可以按照国家规定晋升级别。公务员的领导职务、职级与级别是确定公务员工资以及其他待遇的依据。

(二)公务员职务职级任免

公务员职务任免是公务员任职与免职的统称。从广义上讲,职务任免包括由于各种原因导致公务员职务产生、变更或取消的全部行为过程；从狭义上讲，职务任免仅指办理职务任免手续的过程。

1. 公务员任职

公务员的任职是指有任免权的机关依据有关法律规定和任职条件，通过法定程序和手段，选任、委任或聘任公务员担任某一职务的人事管理活动。公务员任职包括对新录用公务员的任用，也包括对在职公务员在部门内或跨部门、跨系统的任用。

一是任职方式。公务员主要的任职方式有选任制、委任制、聘任制三种。其中，领导职务实行选任制、委任制和聘任制，公务员职级实行委任制和聘任制。

选任制是指通过民主选举和表决的办法来确定任用对象的一种任用方式。选任制公务员主要是在国家权力机关、行政机关，以及监察、审判和检察机关中由各级人大及其常委会会议选举可决定任命的人员，以及党的机关、政协机关、民主党派机关中按章程选举产生的公务员。按照有关法律、章程等完成选举后，选举结果生效，由相关机关发布公报、公告，向社会宣布，当选者即担任职务。

委任制又称任命制，是指有任免权的机关按照管理权限，根据法定条件和程序，直接委派公务员担任一定职务的任职方式。公务员队伍中，除了部分机关领导成员之外，绝大多数公务员的职务实行委任制，包括各级党委、国家权力机关等对公务员的提名、任命，也包括政府各部门的领导机关对本单位各级行政负责人和普通公务员的任命。委任制公务员试用期满考核合格，职务、职级发生变化，以及其他情形需要提任职务、职级的，应当按照管理权限和规定的程序进行。

聘任制是指有任免权的机关与拟聘人员按照平等自愿、协商一致的原则，通过签订聘任合同、明确双方的权利、义务而任命的公务员。其特点是合同管理、平等协商。聘任职位分为专业类职位和辅助类职位。聘任公务员可以参照公务员考试录用的程序进行公开招聘，也可以从符合条件的人员中直接选聘。

二是任职程序。公务员任职的程序是指任命公务员职务过程中的具体操作规程。选任制的任职程序按照相关选举办法进行。委任制的任职程序，《公务员职务任免与职务升降规定（试行）》中有明确规定，其程序为：按照有关规定提出拟任职人选；根据职位要求对拟任人选进行考察或了解；按照干部管理权限集体讨论决定；按规定履行任职手续。2019年新修订的《党政领导干部选拔任用工作条例》规定，任职程序为分析研判和动议、民主推荐、考察、讨论决定、任职五个环节。聘任制的任职程序分两种情况：一是公开招聘公务员的任职程序与公务员考试录用的基本相同，只是最后在报经上级公务员管理部门同意后60日内，要与被招聘的公务员签订聘任合同；二是选聘公务员的任职程序，首先要向公务员主管部门申报选聘计划，其次是组成考评小组按规定程序对应聘人员进行考试考核，确定拟聘人选，最后报公务员主管部门审批。

三是任职限制。公务员任职限制是指对公务员任职进行的约束和控制。根据《公务员法》，对公务员任职限制包括两个方面：公务员任职必须在规定的编制限额和职数内进行，并有相应的职位空缺；公务员因工作需要在机关外兼职的，应当经过有关机关批准，并不得领取兼职报酬。

2. 公务员免职

公务员的免职是指有任免权的机关依据有关法律规定和任职条件，通过法定程序和手段，免去公务员担任的某一职务的人事管理活动。免职包括程序性免职和单纯性免职两种。程序性免职是指在任用公务员担任某一新职务的同时，免去其原来的职务；单纯性免职是指因退休、退职，或是因为健康欠佳、能力不足等原因不能坚持正常工作等进行的免职。

一是免职情形。选任制公务员的免职有两种情形：任期届满不再连任或者任期内辞职、被罢免、被撤职的，其所任职务即终止。委任制公务员的免职情形，在《公务员职务任免与职务升降规定（试行）》中有明确规定。第十四条规定了应予免职的七种情形：晋升职务后需要免去原来职务的；降低职务的；转任的；辞职或者调出机关的；非组织选派，离职学习期限超过一年的；退休的；其他原因需要免职。第十五条规定了职务自行免除的四种情形：受到刑事处罚或者劳动教养的；受到撤职以上处分的；被辞退的；法律、法规及有关章程有其他规定的。

二是免职程序。选任制公务员的免职分两种情况：任期届满的职务自行免除，不需要具体的免职形式；任期内辞职、被罢免、被撤职的，其权限和免职程序，宪法、法律和有关章程都有具体规定，必须按照有关规定办理免职手续。委任制公务员的免职程序，《公务员职务任免与职务升降规定（试行）》规定：由所在单位或上级机关提出拟免职的建议；任免机关人事部门或有管理权的党委组织部门负责对免职事由进行审核；按照管理权限，由任免机关领导集体讨论，如决定免职的，由任免机关依法免职，发布免职通知，并通知到本人。

（三）公务员职务职级升降

1. 职务晋升

公务员职务晋升，是指公务员管理机关按照有关法律、法规的规定，根据工作需要和公务员的德才表现与工作业绩，提高公务员职务与级别的人事管理活动。职务晋升意味着公务员所处的地位上升，职权加重和责任范围扩大，同时工资福利等方面待遇也相应提高。

一是晋升条件。公务员晋升必须坚持"信念坚定、为民服务、勤政务实、敢于担当、清正廉洁"的好干部标准，符合《党政领导干部选拔任用工作条例》的基本条件，具体而言包括理论素养和政治定力、理想信念、思想方法和工作方法、责任意识与履职能力、作风、组织原则等六个方面。这是从德才素质和能力方面对公务员晋升提出的基本要求。

二是晋升资格。公务员的晋升必须在工龄、经历、任职年限、文化程度、接受培训、健康状况和有关法律章程规定的资格等方面符合要求。

在学历方面要求，晋升职务一般应当具有大学专科以上文化程度，其中厅局级以上领导干部一般应当具有大学本科以上文化程度。

在任职经历方面有以下要求：晋升县处级领导职务的，应当具有五年以上工作经历和两年以上基层工作经历；晋升县处以上领导职务的，一般应当具有在下一级两个以上职位任职的经历；晋升乡科级以上领导职务，由副职晋升正职的，应当在副职岗位工作两年以上，由下级正职晋升上级副职的，应当在下级正职岗位工作三年以上。

此外，公务员晋升还要考虑以下几个因素：在规定任职资格年限内的年度考核结果均为称职以上等次；应当经过党校、行政学院、干部学院培训，培训时间达到干部教育培训的有关要求；具有正常履行职责的身体条件；符合有关法律规定的资格条件，晋升党的领导职务的，应当符合《中国共产党章程》规定的党龄要求。

三是晋升程序。《公务员法》规定，公务员晋升领导职务的程序分为五步：分析研判和动议、民主推荐、确定考察对象并组织考察、讨论决定、履行任职手续。

2. 职务降低

公务员职务降低，是指公务员管理机关按照有关法律法规的规定，对由于各种原因不能胜任现任职务的公务员，依照一定程序，改任较低职务的人事管理活动。职务降低，公务员所处的地位下降,以及职权和责任范围缩小,一般来说工资福利等方面待遇也相应降低。

公务员的职务、职级实行能上能下。对不适应或者不胜任现任职务、职级的,应当进行调整。公务员在年度考核中被确定为不称职的,按照规定程序降低一个职务或者职级层次任职。

公务员降职,由所在单位根据降职条件,提出降职建议;对降职事由进行审核并听取拟降职人的意见;按照干部管理权限集体讨论决定;按照规定办理降职手续。

公务员本人对降职决定不服的,可以在接到降职决定之日起30天内向原决定机关申请复核,或者向同级公务员主管理部门申诉。公务员降职每次只降低一级职务,并同时降低职务工资。

3. 职级确定与升降

职级确定与升降,是指公务员管理机关按照有关法律法规的规定,根据工作需要和公务员的德才表现与工作业绩,确定和升降职级的人事管理活动。

公务员的职级依据其德才表现、工作实绩和资历确定。在实施公务员职务与职级并行以前的非领导职务公务员首次确定职级按照有关规定套转。新录用公务员按照有关规定确定一级主任科员以下及相当层次的职级。

职级晋升。公务员晋升职级应当在职级职数内逐级晋升,且必须具备以下基本条件:政治素质好,拥护中国共产党的领导和社会主义制度;具备职位要求的工作能力和专业知识,忠于职守,勤勉尽责,勇于担当,工作实绩较好;群众公认度较高;符合拟晋升职级所要求的任职年限和资历;作风品行好,遵纪守法,自觉践行社会主义核心价值观,清正廉洁。同时,还必须具备以下基本资格:晋升一级科员,应当任二级科员2年以上;晋升四级主任科员,应当任一级科员2年以上;晋升三级主任科员,应当任乡科级副职或者四级主任科员2年以上;晋升二级主任科员,应当任三级主任科员2年以上;晋升一级主任科员,应当任乡科级正职或者二级主任科员2年以上;晋升四级调研员,应当任一级主任科员2年以上;晋升三级调研员,应当任县处级副职或者四级调研员2年以上;晋升二级调研员,应当任三级调研员2年以上;晋升一级调研员,应当任县处级正职或者二级调研员3年以上;晋升二级巡视员,应当任一级调研员4年以上;晋升一级巡视员,应当任局级副职或者二级巡视员4年以上。

职级晋升程序包括提出工作方案、民主推荐或民主测评、考察、公示、审批五个环节,并按照简便易行的原则进行纪实。

职级降低。公务员职级实行能上能下,对不能胜任职位职责要求的、年度考核被确定为不称职等次的、受到降职处理或者撤职处分的,以及法律法规和党内法规规定的其他情形等,应当按照规定降低职级。

三、公务员工资管理

国家实行公务员工资调查制度,定期进行公务员和企业相当人员工资水平的调查比较,并将工资调查比较结果作为调整公务员工资水平的依据。

(一)工资构成

一是基本工资。2006年工资制度改革后,公务员基本工资构成为职务工资和级别工资;2019年公务员职务与职级并行制度实施后,增加了职级工资。职务工资,主要体现公务员的工作职责大小。一个职务或职级对应一个工资标准。领导职务和职级对应不同的工资标准。公务员按照所任职务或职级执行相应的职务职级工资标准,职务职级并行的公务员按照所任职级执行相应的职级工资标准。二是级别工资,主要体现公务员的工作实绩和资历。公务员的级别为 27 个,每一职务层次对应若干级别,每一级别设若干工资档次。公务员根据所任职务、德才表现、工资实绩和资历确定级别和级别工资档次,执行相应的级别工资标准。

(二)津贴补贴

公务员按照国家规定享受福利待遇。国家根据经济社会发展水平提高公务员的福利待遇。公务员执行国家规定的工时制度,按照国家规定享受休假。公务员在法定工作日之外加班的,应当给予相应的补休,不能补休的按照国家规定给予补助。工资性津贴补贴是机关事业单位工作人员工资收入中的重要组成部分。津贴补贴项目包括国家和县级以上地方政府统一规定的津贴补贴、工作性津贴、生活性补贴、改革性补贴、奖励性补贴。

(三)工资套改

2006 年 7 月 1 日起,根据国家有关文件规定对工资进行套改,包括套改职务工资和级别工资。一是套改职务工资,按现任职务根据《公务员职务工资标准表》套改职务工资;二是套改级别工资,依据现任职务、任职年限、工作年限三个基本条件。现任职务指按干部管理权限由任免机关正式任命的、截至 2006 年 6 月 30 日所担任的职务,任职年限指从正式任命现任职务当年起按年头计算到 2006 年止,套改年限指实际工作年限与大专以上不计算工龄的在校学习时间合并计算的年限。其中工作年限是指从本人工作当年起根据实际工作时间按年度累加至 2006 年的年限。

(四)工资调整

一是晋升职务职级调整工资。公务员晋升职务职级后,执行新任职务职级的工资标准,并按规定晋升级别和增加级别工资。其中原级别低于新任职务职级对应最低级别的,晋升到新任职务职级的最低级别。原级别在新任职务职级对应级别以内的,晋升一个级别,级别工资就近就高套入晋升后的职务职级对应的级别工资标准。

二是按年度考核结果晋升工资。公务员年度考核称职及以上的,一般每五年可在所任职务对应的级别内晋升一个级别,一般每两年可在所任级别对应的工资标准内晋升一个工资档次。其中晋升级别,从 2006 年起,公务员年度考核累计五年称职及以上的,从次年 1 月 1 日起在所任职务对应级别内晋升一个级别,级别工资就近就高套入晋升后级别的工资标准。公务员套改确定级别后,自 2007 年 1 月 1 日至 2010 年 12 月 31 日,凡年度考核确定为称职以上,并达到《公务员级别工资套改表》规定的任职年限或者套改年限所对应的级别的,可从到达规定年限当年的 1 月 1 日起晋升一个级别,级别工资就近高套入晋升后级别的工资标准。

公务员的级别达到所任职务最高级别、年度考核结果累计五年为称职及以上的,不再晋升级别,而在本人级别工资标准内晋升一个工资档次。

公务员年度考核结果累计 5 年为称职及以上或按套改表规定晋升级别后,下一次按年度考核结果晋升级别的考核年限从晋升级别的当年起重新计算。

公务员年度考核被确定为不称职或基本称职、以及不进行考核或参加年度考核不定等次的,考核年度不计算为晋升级别的考核年限,并相应推迟晋升级别。

三是晋升级别工资档次。从 2006 年起,公务员年度考核累计两年称职及以上的,从次年 1 月 1 日起,在所任级别对应工资标准内晋升一个工资档次(简称"正常晋档")。下一次正常晋档的考核年限从工资档次晋升的当年起重新计算。

公务员晋升级别相应增加级别工资的,如增资额不超过下一个级别的一个工资档差,正常晋档的考核年限从上一次正常晋档的当年起计算;如增资额超过下一级别的一个工资档差,正常晋档的考核年限从级别晋升的当年起重新计算。晋升两个及以上级别的,逐级计算增资额是否超过下一个级别的一个工资档差。

公务员年度考核被确定为不称职或基本称职、以及不进行考核或参加年度考核不定等次的,考核年度不计算为正常晋档的考核年限,并相应推迟正常晋档。

晋升级别和正常晋档在同一时间的,先晋升级别,再晋升级别工资档次。

四是调整工资标准。国家建立工资调查制度,定期对公务员和企业相当人员的工资水平进行调查比较,调查比较的结果作为调整公务员工资水平的依据。国家根据工资调查比较的结果,结合国家经济发展情况,适时调整机关工作人员基本工资标准。

四、公务员考核

按 2020 年 12 月 28 日中共中央组织部发布的《公务员考核规定》,公务员考核分为平时考核、专项考核和定期考核。定期考核以平时考核为基础。

平时考核是对公务员日常工作和一贯表现所进行的经常性考核,一般按照个人小结、审核评鉴、结果反馈等程序进行。专项考核是对公务员完成重要专项工作,承担急难险重任务和关键时刻的政治表现、担当精神、作用发挥、实际成效等情况所进行的针对性考核,可以按照了解核实、综合研判、结果反馈等程序进行,或者结合推进专项工作灵活安排。定期考核采取年度考核的方式,是对公务员一个自然年度内总体表现所进行的综合性考核,在每年年末或者翌年年初进行。

(一)考核内容

公务员的考核,以公务员的职位职责和所承担的工作任务为基本依据,全面考核德、能、勤、绩、廉,重点考核政治素质和工作实绩。德指政治素质和道德品行;能指适应新时代要求履职尽责的政治能力、工作能力和专业素养;勤指精神状态和工作作风;绩指坚持以人民为中心,依法依规履行职位职责、承担急难险重任务等情况;廉指遵守廉洁从政规定,落实中央八项规定及其实施细则精神等情况。

(二)考核标准

年度考核的结果分为优秀、称职、基本称职和不称职四个等次。

确定为优秀等次须具备下列条件:思想政治素质高;精通业务,工作能力强;责任心强,勤勉尽责,工作作风好;圆满完成年度工作任务,工作实绩突出;清正廉洁。

确定为称职等次须具备下列条件:思想政治素质较高;熟悉业务,工作能力较强;责任心强,工作积极,工作作风较好;能够完成本职工作;廉洁自律。

具有下列情形之一的,应当确定为基本称职等次:思想政治素质一般;履行职责的工作能力较弱;责任心一般,工作消极,或者工作作风方面存在明显不足;能基本完成本职工作,但完成工作的数量不足、质量和效率不高,或者在工作中有较大失误;能基本做到廉洁自律,但某些方面存在不足。

具有下列情形之一的,应当确定为不称职等次:思想政治素质较差;业务素质和工作能力不能适应工作要求;责任心缺失,工作不担当、不作为,或者工作作风差;不能完成工作任务,或者在工作中因严重失误、失职造成重大损失或者恶劣社会影响;存在不廉洁问题,且情形较为严重。

公务员年度考核优秀等次人数,一般掌握在本机关应参加年度考核的公务员总人数的

20%以内,经同级公务员主管部门审核同意,可以掌握在 25%以内。

(三)考核程序

公务员考核按照管理规定的权限、标准和程序进行,由机关公务员管理部门组织实施。机关在年度考核时可以设立考核委员会。考核委员会由本机关领导成员、组织(人事)部门、纪检监察机关及其他有关部门人员和公务员代表组成。

年度考核按下列程序进行:(1)总结述职。被考核公务员按照职位职责、年度目标任务和有关要求进行总结,并在一定范围内述职。(2)民主测评。对担任机关内设机构领导职务的公务员,在一定范围内进行民主测评。根据需要,可以对其他公务员进行民主测评。(3)了解核实。采取个别谈话、实地调研、服务对象评议等方式了解核实公务员有关情况。根据需要,听取纪检监察机关意见。(4)审核评鉴。主管领导对公务员表现以及有关情况进行综合分析,有针对性地写出评语,提出考核等次建议和改进提高的要求。(5)确定等次。由本机关负责人或者授权的考核委员会确定考核等次。对优秀等次公务员在本机关范围内公示,公示时间不少于 5 个工作日;考核结果以书面形式通知被考核公务员,由公务员本人签署意见。

公务员对年度考核确定为不称职等次不服的,可以按照有关规定申请复核和申诉。各机关应当将公务员年度考核登记表存入公务员本人干部人事档案,同时将本机关公务员年度考核情况报送同级公务员主管部门。

(四)考核结果的使用

公务员年度考核的结果作为调整公务员职位、职务、职级、级别、工资以及公务员奖励、培训、辞退的依据。

公务员年度考核确定为优秀等次的,按照下列规定办理:(1)当年给予嘉奖,在本机关范围内通报表扬;晋升上一职级所要求的任职年限缩短半年。(2)连续三年确定为优秀等次的,记三等功;晋升职务职级时,在同等条件下优先考虑。

公务员年度考核被确定为称职以上等次的,按照下列规定办理:(1)累计两年确定为称职以上等次的,在所定级别对应工资标准内晋升一个工资档次。(2)累计五年确定为称职以上等次的,在所任职务职级对应级别范围内晋升一个级别。(3)本考核年度计算为晋升职务职级的任职年限,同时符合规定的其他任职资格条件的,具有晋升职务职级的资格。(4)享受年度考核奖金。

公务员年度考核被确定为基本称职等次的,按照下列规定办理:(1)对其诫勉谈话,责令作出书面检查,限期改进。(2)本考核年度不计算为按年度考核结果晋升级别和级别工资档次的考核年限。(3)本考核年度不计算为晋升职务职级的任职年限;下一年内不得晋升职务职级。(4)不享受年度考核奖金。(5)连续两年确定为基本称职等次的,予以组织调整或者组织处理。

公务员年度考核被确定为不称职等次的,按照下列规定办理:(1)本考核年度不计算为晋升职务职级的任职年限;降低一个职务或者职级层次任职。(2)本考核年度不计算为按年度考核结果晋升级别和级别工资档次的考核年限。(3)不享受年度考核奖金。(4)连续两年确定为不称职等次的,予以辞退。

参加年度考核不确定等次的,按照下列规定办理:(1)本考核年度不计算为按年度考核结果晋升级别和级别工资档次的考核年限。(2)不享受年度考核奖金。(3)本考核年度不计算为晋升职务职级的任职年限;连续两年不确定等次的,视情况调整工作岗位。

公务员主管部门和公务员所在机关应根据考核情况,有针对性地对公务员进行教育培训,帮助公务员改进提高。

其他有关考核问题。新录用的公务员在试用期内参加年度考核,只写评语,不确定等次,作为任职、定级的依据。调任或转任的公务员,由其调任或者转任的现工作单位进行考核并确定等次。其调任或者转任前的有关情况,由原单位提供。援派或者挂职锻炼的公务员,在援派或者挂职锻炼期间,一般由当年工作半年以上的地方或者单位进行考核,以适当方式听取派出单位或者接收单位的意见。单位派出学习培训、参加专项工作的公务员,由派出单位进行考核,主要根据学习培训、专项工作表现确定等次。其学习培训、专项工作表现的相关情况,由所在学习培训和专项工作单位提供。

病、事假累计超过考核年度半年的公务员,参加考核,不确定等次。

公务员涉嫌违法违纪被立案审查调查尚未结案的,参加年度考核,不写评语、不确定等次,结案后,不给予处分或者给予警告处分的,按照规定补定等次。

受处分公务员的年度考核,按下列规定办理:(1)受警告处分的当年,参加年度考核,不得确定为优秀等次;(2)受记过处分的当年,受记大过、降级、撤职处分的当年及第二年,参加年度考核,只写评语,不定等次。

对无正当理由不参加年度考核的公务员,经教育后仍然拒绝参加的,直接确定其考核结果为不称职等次。

思考题

(1)县级气象局参公后有什么变化?

(2)公务员的职务和职级有什么区别和联系?

(3)公务员的考核有哪些内容?

第二节 气象事业单位人事管理

内容提要

本节主要包括事业单位人事管理概述、岗位管理、职称评聘、工资福利四个方面的内容,介绍了事业单位人事管理条例、领导人员管理和公开招聘人员的暂行规定,分析了县级气象局的岗位管理和编外人员管理,重点阐述了气象部门专业技术职称系列、职称评定与评审和职称聘任及有关工资福利。

一、事业单位人事管理概述

我国事业单位是指由政府利用国有资产设立的,从事教育、科技、文化、卫生等活动的具有公益性特征的社会服务组织。事业单位接受党和政府领导,表现形式为组织或机构的法人实体,是保障国家政治、经济、文化生活正常进行的社会服务支持系统。

(一)事业单位人事管理条例

《事业单位人事管理条例》(国务院令第652号)(以下简称《条例》)于2014年7月1日起施行,全文共十章44条。《条例》适应事业单位改革发展的新形势新要求,将岗位设置、公开招聘、竞聘上岗、聘用合同、考核培训、奖励处分、工资福利、社会保险、人事争议处理,以及法律责任作为基本内容,确立了事业单位人事管理的基本制度,是我国首次对事业单位人事管理专门立法。

（二）事业单位领导人员管理暂行规定

《事业单位领导人员管理暂行规定》于 2015 年 5 月 28 日印发实施,明确了对事业单位领导人员的任职条件和资格、选拔任用、任期和任期目标责任、考核评价、职业发展和激励保障、监督约束、退出等的管理。2018 年 7 月,中国气象局党组印发《气象部门事业单位领导人员管理实施办法》(中气党发〔2018〕60 号),进一步明确了气象部门提任管理八级以上岗位领导人员的任职资格和基本条件、选拔任用程序及管理等。

（三）事业单位公开招聘人员暂行规定

《事业单位公开招聘人员暂行规定》(人事部令第 6 号)于 2006 年 1 月 1 日起施行,明确事业单位新进人员除国家政策性安置、按干部人事管理权限由上级任命及涉密岗位等确需使用其他方法选拔任用人员外,都要实行公开招聘。对事业单位公开招聘范围、条件及程序,招聘计划、信息发布与资格审查,考试与考核,聘用,纪律与监督作出了明确规定。《关于进一步规范事业单位公开招聘工作的通知》(人社部发〔2010〕92 号)要求事业单位公开招聘进一步坚持公开、突出分类、严肃纪律,并要求各地各部门加快完善政策措施。

二、岗位管理

（一）气象事业单位岗位管理

2006 年,原人事部印发了事业单位岗位设置管理试行办法和实施意见,事业单位岗位设置管理工作全面启动。中国气象局作为第一批试点单位于 2006 年启动岗位设置管理工作,全面展开从身份管理向岗位管理的改革工作。2007 年 2 月完成方案制定,并向原人事部报送实施意见。2007 年 6 月,原人事部批复了中国气象局上报的实施意见,并原则同意该实施意见。根据原人事部的批复,中国气象局在 2007 年 6 月底印发了《气象部门事业单位岗位设置管理实施意见(试行)》(气发〔2007〕212 号)。

气象事业单位正式在册的管理人员(职员)、专业技术人员和工勤技能人员,都纳入岗位设置管理。

1. 岗位类别和等级

气象事业单位岗位分为管理岗位、专业技术岗位和工勤技能岗位三种类别。

一是管理岗位。事业单位现行的厅级正职、厅级副职、处级正职、处级副职、科级正职、科级副职、科员、办事员依次分别对应管理岗位三到十级职员。其中,中国气象局直属事业单位管理岗位的最高等级设为三级职员,省(自治区、直辖市)气象局、计划单列市气象局所属事业单位最高等级设为五级职员。

二是专业技术岗位,分为 13 个等级,包括高级岗位、中级岗位和初级岗位。高级岗位分 7 个等级,即由高到低设置为一至七级,其中正高级岗位包括一至四级,副高级岗位包括五至七级;中级岗位分 3 个等级,即由高到低设置为八至十级;初级岗位分 3 个等级,即由高到低设置为十一至十三级,其中十三级是办事员级岗位。

三是工勤技能岗位,包括技术工岗位和普通工岗位,其中技术工岗位分为 5 个等级,即一至五级。普通工岗位不分等级。事业单位中的高级技师、技师、高级工、中级工、初级工,依次分别对应一至五级岗位。

2. 岗位基本任职条件

一是管理岗位。一般应具有中专以上文化程度,其中八级以上管理岗位,一般应具有大学

专科以上文化程度,六级以上管理岗位,一般应具有大学本科以上文化程度。各等级管理岗位的任职年限还必须具备下列基本条件:

三级、五级职员岗位,须分别在四级、六级职员岗位上工作两年以上;四级、六级职员岗位,须分别在五级、七级职员岗位上工作三年以上;七级、八级职员岗位,须分别在八级、九级职员岗位上工作三年以上。其他条件按照国家和事业单位主管部门有关规定执行。

新录用的管理岗位人员,试用期满考核合格后,博士研究生毕业的定为七级职员,硕士研究生毕业的定为八级职员,大学本科毕业的定为九级职员。

二是专业技术岗位。专业技术高级、中级、初级岗位内部不同等级岗位的条件,还应体现任职年限、职责任务、工作业绩、专业技术水平等差别。其中任职年限规定如下:

专业技术十二级、十一级岗位,需在下一级技术岗位上工作两年以上;九级、八级岗位,需在下一级技术岗位上工作两年以上;六级、五级岗位,需在下一级技术岗位上工作三年以上;三级、二级岗位,需在下一级技术岗位上工作四年以上。其他条件由各级事业单位主管部门和事业单位具体设定。

新录用的专业技术岗位工作人员,见习(实习)期满,经考核认定获得专业技术职务任职资格后,按规定的程序聘用(博士生聘为专业技术十级岗位,硕士生聘为专业技术十一级岗位,本科生聘为专业技术十二级岗位)。

三是工勤技能岗位,基本任职条件为:一级、二级岗位,须在本工种下一级岗位工作满 5 年,并分别通过高级技师、技师技术等级考评;三级、四级岗位,须在本工种下一级岗位工作满 5 年,并分别通过高级工、中级工技术等级考核。

学徒(培训生)学习期满和工人见习、试用期满,通过初级工技术等级考核后,可确定为五级工勤技能岗位。

3. 岗位设置程序

事业单位设置岗位按照以下程序进行。

一是制定岗位设置方案,填写岗位设置方案表和岗位设置审核表;二是按程序报岗位设置管理主管部门核准;三是在核准的岗位总量、结构比例和最高等级限额内,制定岗位设置实施方案,编制岗位说明书;四是广泛听取职工对岗位设置实施方案的意见;五是岗位设置实施方案由单位负责人员集体讨论通过;六是组织实施;七是拟聘人员经省级气象局人事处审核备案同意后,各单位下发聘用文件,签订岗位聘用合同书。

(二)气象事业单位编外人员管理

气象部门的编外用工,是指不占中央编办核定的全国气象事业编制及地方编制主管部门正式批准的地方气象事业编制的用工形式。编外用工人员(简称"编外人员")是指从社会招聘的,并按照《劳动合同法》规定签订劳动合同、与用人单位形成合法劳动关系的人员。编外人员不包括离退休返聘、企业提前退休且买断工龄的双重劳动关系人员以及非全日制的人影炮点人员。为了加强对编外用工工作的管理,中国气象局 2009 年出台了《气象部门编制外劳动用工管理办法》,主要内容如下。

1. 管理要求

按照谁用工、谁管理、谁负责的原则,编外人员由用人单位进行日常管理。管理的主要依据是各用人单位根据《劳动合同法》等法律法规制定的编外用工管理办法。管理的主要内容为:根据编外用工的工作性质、岗位要求等进行考核,包括日常考核、年度考核和聘期满考核等;对编外人员进行培训;按规定开展编外人员的职称评聘;依法建立编外人员名册,纳入本单位的职工总数和工资总额管理;建立编外人员的人事档案和劳动合同档案;鼓励编外人员参加本单位党团组织及工会的活动。

2.管理规范

在劳动合同管理方面,用人单位根据《劳动合同法》和当地劳动部门制定的劳动合同范本,结合本单位实际对合同进行补充完善,明确用人单位与劳动者的权利、责任、义务,根据编外用工的岗位性质签订相应的劳动合同。

劳动合同必须约定劳动报酬,劳动报酬不得低于当地最低工资标准。用人单位必须按合同约定的标准及时给编外人员发放劳动报酬,依法为编外人员缴纳各项社会保险,保障编外人员的合法权益。

3.气象编外人员工资管理

气象编外人员的工资,由用人单位根据本单位的工作性质、经营特点和经济效益,与劳动者协商确定。编外人员的工资结构由基础工资、绩效工资、年终奖励组成,并在劳动合同中予以约定。编外人员的工资不得低于当地最低工资标准。用人单位必须按合同约定的标准及时给编外人员发放劳动报酬,依法为编外人员缴纳各项社会保险,保障编外人员的合法权益。

三、职称评聘

1986年1月,经党中央、国务院批准,改革职称评定工作,实行专业技术职务聘任制度。1986年2月,国务院下发了《关于实行专业技术职务聘任制度的规定》。按照这一要求,气象部门在试点的基础上展开了专业技术职务的评聘工作。

1996年,中国气象局与原人事部联合印发了《气象工程中、高级技术资格评审条件(试行)》(人发〔1996〕33号),将气象工程分为天气气候、大气探测、大气物理化学、应用气象4个专业,对评审条件进行了量化。2001年,制定印发了《气象电子专业中、高级技术资格评审条件(试行)》。2008年初,制定了《享受教授、研究员同等有关待遇的气象高级工程师任职资格评审条件(试行)》和《气象研究员任职资格评审条件(试行)》,使专业技术职称的评审工作更加规范,评审条件更加符合工作实际,并注重业绩和贡献。

党的十八大以来,中国气象局通过加强职称制度改革,完善职称评审机制,坚持品德、能力、业绩评价导向,充分发挥各用人单位的主体责任,统筹用好岗位指标,有目标、有重点地加强各级人才队伍建设,气象专业人才技术职称结构不断优化。2017年,《中国气象局职称评定管理办法(试行)》(气发〔2017〕63号)印发施行,2019年,修订印发《中国气象局职称评审管理办法》(气发〔2019〕89号)、《气象专业工程系列职称评审条件》《气象专业研究系列职称评审条件》(气人函〔2019〕305号),进一步健全规范了气象部门职称评审管理制度。对职称评审管理权限、职称评审委员会、职称申报条件、评审程序、评审组织、专业职称认定、委托评审与转系列评审等作出了明确规定。

(一)气象部门专业技术职称系列

气象专业职称分两个系列,即气象工程系列和气象研究系列。其中气象工程系列分为正高级工程师(正高级)、高级工程师(副高级)、工程师(中级)、助理工程师和技术员(初级)四个层级;气象研究系列分为研究员(正高级)、副研究员(副高级)、助理研究员(中级)、研究实习员(初级)四个层级。气象系列职称评审原则上不分专业类别。其他专业(或系列)职称评审委托有关部门或单位开展。

（二）气象技术职称评定与评审

气象职称是气象专业技术人员学术水平和专业能力的主要标志,其评定结果是专业技术人员岗位聘任的重要依据。气象部门的职称评定有两种形式,即认定和评审。

1. 职称认定

职称认定是指符合规定条件的人员不需经过评审竞争环节,直接确定为相应职称的行为。认定气象专业职称的情形:一是具备博士学位的,可认定气象专业工程师或助理研究员职称;二是具备硕士学位的,可认定气象专业助理工程师或研究实习员职称;三是具备大学本科学历或学士学位,1年见习期满并经考核合格的,可认定气象专业助理工程师或研究实习员职称;四是具备第二学士学位的,可认定气象专业助理工程师职称;五是具备大学专科或中等职业学校学历,1年见习期满并经考核合格的,可认定气象专业技术员职称。以上均在首聘专业技术岗位时认定。

国家规定的必须经过考试才能取得职称资格的,不属于认定范围。

2. 职称评审

职称评审是指符合规定条件的人员经过个人申报、资格审查、单位推荐、评委会评审、资格确认等环节,确定相应职称的行为。

职称申报需符合《中国气象局职称评审管理办法》(气发〔2019〕89号)和《中国气象局人事司关于印发〈气象专业工程系列职称评审条件〉〈气象专业研究系列职称评审条件〉的通知》(气人函〔2019〕305号),以及各省、自治区、直辖市气象局的有关副高级以下职称评审条件。

学历资历条件。气象正高级职称:一般应具备大学本科及以上学历或学士以上学位,取得副高级职称后从事相关专业技术工作满5年。

副高级职称。高级工程师应具备以下条件之一:博士学位,取得中级职称后,从事气象相关业务技术工作满2年;硕士学位,或第二学士学位,或大学本科学历,或学士学位,取得中级职称后,从事气象相关业务技术工作满5年。副研究员应具备以下条件之一:博士学位,取得助理研究员职称后,从事气象相关专业技术工作满2年;或者取得助理研究员职称后,从事气象相关专业技术工作满5年。

中级职称。工程师应具备以下条件之一:博士学位;硕士学位或第二学士学位,取得助理工程师职称后,从事气象相关业务技术工作满2年;大学本科学历,或学士学位,或大学专科学历,取得助理工程师职称后,从事气象相关业务技术工作满4年。助理研究员应具备以下条件之一:博士学位;硕士学位,取得研究实习员职称后,从事气象相关专业技术工作满2年;取得研究实习员职称后,从事气象相关专业技术工作满4年。

初级职称。助理工程师应具备以下条件之一:硕士学位或第二学士学位;或者大学本科学历或学士学位,1年见习期满,经考核合格;或者大学专科学历,取得技术员职称后,从事气象相关业务技术工作满2年;或者中等职业学校毕业学历,取得技术员职称后,从事气象相关业务技术工作满4年。研究实习员应具备以下条件之一:硕士学位;或者大学本科学历或学士学位,1年见习期满,经考核合格。技术员应具备以下条件之一:大学本科学历或学士学位;或大学专科、中等职业学校毕业学历,1年见习期满,经考核合格。

其他条件:在气象关键核心领域取得重大突破,解决业务服务重大问题;或在气象事业发展中作出突出贡献、取得显著业绩的,可以直接申报高一层级职称评审。长期在艰苦边远地区气象台站和县级气象局工作且业绩突出的,可破格申报职称评审(原则上学历、资历不能同时破格;一般情况下,学历破格只能降低一个学历层次,资历破格只能提前1年)。援派期为3年的援藏援疆援青人员,援派期满后可提前1年申报高一层级职称评审。引进的海外高层次人才和急需紧缺人才,可合理放宽资历、年限等条件限制,直接申报气象专业高级职称评审。

其他有关要求:在党纪处分期内,或在记过以上处分期间的人员,以及近3年在科研诚信方面有不良信誉记录的人员,不得申报职称评审。

高技能人才参加气象专业工程系列职称评审应具备以下条件:符合工程系列职称评审条件;具有高级工以上职业资格或职业技能等级,在现工作岗位上近3年年度考核合格;技工院校中级工班、高级工班、预备技师(技师)班毕业,可分别按相当于中等职业学校毕业、大学专科、大学本科学历申报评审相应专业职称;获得高级工职业资格或职业技能等级后从事技术技能工作满2年,可申报评审助理工程师;获得技师职业资格或职业技能等级后从事技术技能工作满3年,可申报评审工程师;获得高级技师职业资格或职业技能等级后从事技术技能工作满4年,可申报评审高级工程师。

评审程序:成立评委会。按照权限分级建立职称评审专家库,每年从评审专家库中遴选专家组成评审委员会(以下简称评委会),承担当年职称评审工作,评委名单不对外公布。高级职称评委会的评审专家不少于25人,中级职称评委会的评审专家不少于15人。组织评审。职称评审工作程序一般包括评审信息发布、个人申报、资格审查、单位推荐、评委会评审、资格确认等。

召开职称评审会时,出席会议的专家人数不得少于职称评委会人数的三分之二。因故未出席评审会或中途离会、未参加审议过程的评审专家不得投票,任何评审专家不得委托他人投票或补充投票。

(三)气象部门专业技术职称聘任

取得气象专业技术职称资格的人员,按照岗位设置管理有关规定进行聘任。正高级职称资格的人员,可聘任专业技术二、三、四级岗位;高级工程师或副研究员,可聘任五、六、七级岗位;工程师或助理研究员,可聘任八、九、十级岗位;助理工程师或研究实习员,可聘任十一、十二级岗位;技术员可聘任十三级岗位。

四、工资福利

(一)事业单位人员工资

1. 工资构成

事业单位实行岗位绩效工资制度,由基本工资(岗位工资、薪级工资)、绩效工资和津贴补贴组成。

一是基本工资。2006年工资制度改革后,事业单位工作人员基本工资构成为岗位工资和薪级工资。

岗位工资主要体现工作人员所聘岗位的职责和要求。事业单位岗位分为专业技术岗位、管理岗位和工勤技能岗位。专业技术岗位设置13个等级。管理岗位设置10个等级。工勤技能岗位分为技术工岗位和普通工岗位,技术工岗位设置5个等级,普通工岗位不分等级。不同等级的岗位对应不同的工资标准。工作人员按所聘岗位执行相应的岗位工资标准。

薪级工资主要体现工作人员的工作表现和资历。专业技术人员和管理人员设置65个薪级,工勤人员设置40个薪级,每个薪级对应一个工资标准。对不同岗位规定不同的起点薪级。根据工作表现、资历和所聘岗位等因素确定薪级,执行相应的薪级工资标准。

二是绩效工资，主要体现工作人员的实绩和贡献。国家对事业单位绩效工资分配进行总量控制和政策指导，事业单位在核定的绩效工资总量内，按照规范的程序和要求，自主分配。

实施绩效工资与清理规范津贴补贴相结合，对清理后的津贴补贴进行归并，作为规范后的津贴补贴纳入绩效工资。

按现行政策规定，绩效工资总量由相当于单位工作人员上年度12月份基本工资额度的年终一次性奖金和规范后的津贴补贴构成。

首次核定绩效工资总量时，根据合理调控事业单位收入水平差距的需要，人力资源和社会保障部、财政部确定事业单位年度绩效工资总量低线和高线，并核定绩效工资总量。

事业单位绩效工资分配实行总量控制，发放绩效工资不得突破核定的总量。绩效工资分基础性绩效工资和奖励性绩效工资两部分。基础性绩效工资主要体现地区经济发展水平、物价水平、岗位职责等因素，一般按月发放。奖励性绩效工资主要体现工作量和实际贡献等因素，采取灵活多样的分配方式和办法，根据绩效考核结果发放。奖励性绩效工资占绩效工资的比例由事业单位根据实际情况确定。事业单位根据实际可以在基础性和奖励性绩效工资中分别设立多个津贴补贴或奖金项目。基础性绩效工资和奖励性绩效工资的项目和标准由事业单位自主确定。

三是津贴补贴。实施绩效工资后，事业单位符合规定和标准范围的国家统一的津贴补贴和改革性补贴不纳入绩效工资。按照国家有关政策规定，国家统一的津贴补贴包括：特殊岗位津贴补贴、艰苦边远地区津贴、1993年工改保留补贴等。改革性补贴项目包括住房公积金、住房补贴、物业服务补贴等。

2. 工资调整

一是薪级工资调整。从2006年起，工作人员年度考核结果为合格及以上的，次年1月起增加一级薪级工资。

工作人员年度考核结果被确定为不合格或基本合格，以及不进行考核或参加年度考核不定等次的，不能增加薪级工资。

二是岗位工资调整。工作人员岗位变动后，从变动的下月起执行新聘岗位的工资标准。岗位工资按新聘岗位确定，薪级工资按以下办法确定：由较低等级岗位聘用到较高等级岗位的，原薪级工资低于新聘岗位起点薪级的，执行新聘岗位起点薪级工资，第二年不再正常晋升薪级工资；原薪级工资达到新聘岗位起点薪级工资，薪级工资不变。

由较高等级岗位调整到较低等级岗位的，薪级工资不变。

在不同类别岗位之间变动的，薪级工资按新聘岗位比照本单位同等条件人员重新确定。（同等条件是指同岗位、同任职年限、同套改年限、同学历）

三是基本工资标准调整。国家根据经济发展、财政状况、企业相当人员工资水平和物价变动等因素，适时调整事业单位工作人员的基本工资标准。

(二)机关事业单位福利

机关事业单位福利制度主要是指国家和单位为保障和解决机关事业单位工作人员工作、生活以及家庭中的基本需要和特殊困难，在工资和保险之外，以补贴、实物和服务等方式，对工作人员给予经济帮助和生活照顾的制度。福利制度具有保障性、辅助性、实物性、多样性的特点。现行的福利制度主要包括福利费、休假制度、抚恤制度三个方面。

1. 福利费

职工福利费是指用于增进职工物质利益，帮助职工及其家属解决某些特殊困难和兴办集体福利事业所支付的费用。

目前福利费政策仍按照《国务院关于国家机关工作人员福利费掌管使用暂行规定的通知》(1957年5月22日国务院议字第19号)有关规定执行。福利费的使用范围包括:解决工作人员的家属生活费困难;家属患病医药费困难;家属死亡埋葬费困难;其他特殊困难;补助集体福利事业费用。

2. 休假制度

休假制度是指为保障职工享有休息权而实行的定期休假的制度。现行休假制度包括的内容有:公休假日、法定节日、探亲假、年休假以及由于职业特点或其他特殊需要而规定的休假。

一是法定节假日制度。2007年12月14日国务院令第513号《全国年节及纪念日放假办法》规定全体公民放假的节日共11天:元旦1天(1月1日)、春节3天(农历除夕、正月初一、初二)、清明节1天(清明当日)、劳动节1天(5月1日)、端午节1天(农历端午当日)、中秋节1天(农历中秋当日)、国庆节3天(10月1日、2日、3日)。部分公民放假的节日及纪念日:妇女节(3月8日),妇女放假半天;青年节(5月4日),14周岁以上的青年放假半天(15～34岁为青年);儿童节(6月1日),不满14周岁的少年儿童放假1天;建军节(8月1日),现役军人放假半天;少数民族习惯的节日,由各少数民族聚居地区的地方人民政府,按照该民族习惯,规定放假日期。

公民的假日,如果适逢星期六、星期日,应当在工作日补假。部分公民放假的假日,如果适逢星期六、星期日,则不补假。

二是探亲假制度。探亲假是指与父母或配偶分居两地的职工,享有的与父母或配偶团聚的假期。《国务院关于职工探亲待遇的规定》(国发〔1981〕36号)指出:凡在国家机关、人民团体和全民所有制企业,事业单位工作满一年的固定职工,与配偶不住在一起,又不能在公休假日团聚的,可以享受本规定探望配偶的待遇;与父亲、母亲都不住在一起,又不能在公休假日团聚的,可以享受探望父母待遇。

"不能在公休假日团聚"是指不能利用公休假日在家居住一夜和休息半个白天。职工与父亲或与母亲一方能够在公休假日团聚的,不能享受本规定探望父母的待遇。新婚后与配偶分居两地的从第二年即可开始享受探亲假。此外,学徒、见习生、实习生在学习、见习、实习期间不能享受探亲假。

探亲假期分为以下几种:探望配偶,每年给予一方探亲假一次,30天;未婚员工探望父母,每年给假一次,20天,也可根据实际情况,2年给假一次,45天;已婚员工探望父母,每4年给假一次,20天。探亲假期是指职工与配偶、父母团聚的时间,另外,根据实际需要给予路程假。上述假期均包括公休假日和法定节日在内。凡实行休假制度的职工(例如学校的教职工),应该在休假期间探亲;如果休假期较短,可由本单位适当安排,补足其探亲假的天数。

三是年休假制度。年休假是国家根据劳动者工作年限和劳动繁重紧张程度每年给予的一定时间的带薪连续休假。机关、团体、企业、事业单位、民办非企业单位、有雇工的个体工商户等单位的职工连续工作1年以上的,享受带薪年休假。

从2008年2月15日起实施的《机关事业单位工作人员带薪年休假实施办法》规定:机关、事业单位工作人员工作年限满1年以上的均可享受带薪年休假,职工累计工作已满1年不满10年的,年休假5天;已满10年不满20年的,年休假10天;已满20年的,年休假15天。国家法定休假日、休息日不计入年休假的假期。国家规定的探亲假、婚丧假、产假的假期不计入年休假的假期。

机关事业单位应根据工作人员应休未休的年休假天数,对其支付年休假工资报酬。年休假工资报酬的支付标准是:每应休未休1天,按照本人应休年休假当年日工资收入的300%支付,其中包含工作人员正常工作期间的工资收入。工作人员应休年休假当年日工资收入的计算办法是:本人全年工资收入除以全年计薪天数(261天)。机关工作人员的全年工资收入,为本人全年应发的基本工资、国家规定的津贴补贴、年终一次性奖金之和;事业单位工作人员的全年工资收入,为本人全年应发的基本工资、国家规定的津贴补贴、绩效工资之和。其中,国家规定的津贴补贴不含根据住房、用车等制度改革向工作人员直接发放的货币补贴。

四是病假制度。病假是指劳动者本人因患病或非因工负伤,需要停止工作医疗时,单位应该根据劳动者本人实际参加工作年限和在本单位工作年限,给予一定的医疗假期。机关事业单位工作人员病假期间,可以继续享受所在单位的生活福利待遇。超过六个月的长期病假期间,不计算连续工龄。

事业单位工作人员病假期间工资待遇为:两个月内,发给原工资。超过两个月不满六个月的,从第三个月起,工作年限不满10年的,发给本人基本工资的90%;工作年限满10年的,基本工资全额计发。长期病假(超过六个月的)从第七个月起,工作年限不满10年的,发给本人基本工资的70%;工作年限10年及以上的,发给本人基本工资的80%。

获得省部级以上劳模表彰的人员可提高病假期间待遇,其中获全国劳动模范、先进工作者仍保持荣誉的病假期间工资可提高10%,获省部级劳动模范、先进工作者仍保持荣誉的病假期间工资可提高5%。

五是事假制度。事假国家没有统一规定,由各省制定。湖北省1998年对事假作了统一规定:公务员在国家规定的法定假期外,确因特殊情况需要占用本人工作时间办理私事的,可以请事假。一年内累计不得超过15天,其中工作年限满一年不满五年的,假期不得超过7天;工作年限满五年的,假期不得超过15天。在规定的假期期间原工资照发,超过规定假期的,扣发基本工资(按每月21.75天除月基本工资的日工资进行扣发)。事业单位工作人员事假参照上述规定执行。

六是其他假期制度。婚假是指劳动者本人结婚依法享受的假期。国家规定婚假3天,婚假期间工资照发;丧假指劳动者的直系亲属(和自己有直接血缘关系或婚姻关系的人,如配偶、父母、子女)死亡时,单位酌情给予职工1~3天的丧假。如果职工死亡的直系亲属在外地,需要职工本人去外地料理丧事的,根据路程远近,另给予职工路程假。职工在休丧假和路程假期间,工资照常发放;产假是指在职妇女产期前后的休假待遇。依据2012年4月18日国务院常务会议审议并原则通过的《女职工劳动保护特别规定(草案)》,女职工生育享受的产假由90天延长至98天。各省份另有规定的从其规定。

3. 职工死亡抚恤制度

机关事业单位工作人员和离退休人员死亡后的待遇包括:一次性抚恤金、丧葬费、死亡遗属生活困难补助等三项。

一次性抚恤金是指国家发给牺牲或病故人员家属的抚恤费。抚恤金标准按照国家有关文件规定执行。

(三)社会保险

社会保险是国家通过立法的形式,由社会集中建立基金,以使劳动者在年老、患病、工伤、失业、生育等丧失劳动能力的情况下能够获得国家和社会补偿和帮助的一种社会保障制度。

简而言之,社会保险是国家给劳动者的一种基本保障。社会保险具有法定性、保障性、互济性、福利性、社会性,是"广覆盖、保基本"的、不以盈利为目的,包括养老保险、医疗保险、工伤保险、失业保险、生育保险五项。

1. 养老保险

我国的养老保险以 1951 年 2 月 26 日政务院颁布的《中华人民共和国劳动保险条例》为起点,其发展可概括为四个阶段:1951—1965 年为制度创建阶段。以政务院颁布的《中华人民共和国劳动保险条例》为标志,着手建立全国统一的养老保险制度,并逐步趋向正规化和制度化。

1966—1976 年社会保险基金统筹调剂制度停止,相关负担全部由各企业自理,社会保险变成了企业保险,正常的退休制度中断。

1977—1992 年为制度恢复和调整阶段。恢复了正常的退休制度,调整了养老待遇计算办法,部分地区实行了退休费统筹制度。

1993 年至今是制度实施创新改革阶段。创建了适应中国国情、具有中国特色的社会统筹与个人账户相结合的养老保险模式,改变了计算养老金办法,建立了基本养老金增长机制,实施了基本养老金社会化发放,最终基本建成我国多层次养老保险体系。

2015 年 1 月 3 日,国务院印发《关于机关事业单位工作人员养老保险制度改革的决定》,从 2014 年 10 月 1 日起对机关事业单位工作人员养老保险制度进行改革。

一是机关事业单位养老改革的实施范围。按照公务员法管理的单位,参照公务员法管理的机关(单位),实施事业单位分类改革后确定为行政类、公益一类、公益二类的事业单位。中央京外单位参加各省(区、市)机关事业单位养老保险的,按照各省(区、市)改革意见执行。

人员实施范围是参保单位的编制内工作人员。编制外工作人员应依法参加企业职工基本养老保险。对于编制管理不规范的单位,要先按照有关规定进行清理规范,待明确工作人员身份后再纳入相应的养老保险制度。

二是机关事业单位和个人共同缴费机制。基本养老保险费由单位和个人共同负担。单位缴纳基本养老保险费(以下简称单位缴费)的比例为本单位工资总额的 20%,2019 年 5 月起调整为 16%,本单位工资总额按参加机关事业单位养老保险工作人员的个人缴纳基本养老保险费工资基数之和执行。

个人缴纳基本养老保险费(以下简称个人缴费)的比例为本人工资的 8%,由单位代扣。个人工资超过当地上年度在岗职工平均工资 300% 的部分,不计入个人缴费工资基数;低于当地上年度在岗职工平均工资 60% 的,按当地在岗职工平均工资的 60% 计算个人缴费工资基数。

机关工作人员的缴费基数包含基本工资、国家统一规定的津贴补贴、规范后的津贴补贴、年终一次性奖金以及省级人民政府规定的其他项目。事业单位工作人员的缴费基数包括基本工资、国家统一规定的津补贴、绩效工资、省级人民政府规定的其他项目。

三是机关事业单位职工基本养老保险个人账户。按个人工资 8% 的数额建立基本养老保险个人账户,全部由个人缴费形成。个人账户储存额只用于工作人员养老,不得提前支取,每年按照国家统一公布的记账利率计算利息,免征利息税。参保人员死亡的,个人账户余额可以依法继承。

四是机关事业单位职工基本养老金计发办法。2014 年 10 月 1 日及以后参加工作、个人缴费年限累计满 15 年的人员,退休后按月发给基本养老金。基本养老金由基础养老金和个人账户养老金组成。退休时的基础养老金月标准以所在地市上年度在岗职工月平均工资和本人指数化月平均缴费工资的平均值为基数,缴费每满1年发给1%。个人账户养老金月标准为个人账户储存额除以计发月数,计发月数根据本人退休时城镇人口平均预期寿命、本人退休年龄、利息等因素确定。

2014年9月30日前参加工作、2014年10月1日及以后退休且缴费年限(含视同缴费年限,下同)累计满15年的人员,在发给基础养老金和个人账户养老金的基础上,再依据视同缴费年限长短发给过渡性养老金。

2014年10月1日后达到退休年龄但个人缴费年限累计不满15年的人员,其基本养老保险关系处理和基本养老金计发比照《实施〈中华人民共和国社会保险法〉若干规定》(人力资源社会保障部令第13号)和各省(区、市)有关规定执行。

2014年9月30日前已经退休的人员,继续按照国家和各省(区、市)规定的原待遇标准发放基本养老金,同时执行基本养老金调整办法。

机关事业单位离休人员仍按照国家统一规定发给离休费,并调整相关待遇。

五是规范机关事业职工待遇统筹项目。机关事业单位退休人员待遇严格遵守国家和各省(区、市)相关政策规定,符合政策规定的退休待遇中,属于统筹内项目的,从机关事业单位基本养老保险基金列支,由社会保险经办机构实行社会化发放;属于统筹外项目的,资金从原渠道列支,由单位发放。

六是机关事业职工新老制度衔接。改革机关事业单位养老保险制度,既需要建立新制度,同时又要考虑实际情况。为实现新老制度的顺利衔接,需要采取老人老办法、中人中办法、新人新办法的过渡措施。即已经退休的人员,仍按原来的标准和办法支付基本养老金;新参加工作的人员,实行新制度,建立新机制;对改革前参加工作、改革后退休的人员,在发给基础养老金和个人账户养老金的基础上,可加发一定的过渡性养老金,保证其待遇基本不降低。年龄、资历接近的无论是在机关还是事业单位(甚至包括企业),待遇应当差不多;年龄、资历悬殊的尽管都在机关、或是都在事业单位,也不应享受一样的待遇。

七是调整部分工作人员退休时加发退休费的政策。机关事业单位养老保险改革后,获得省部级以上劳模、有重大贡献的高级专家等荣誉称号的工作人员,在职时给予一次性奖励,退休时不再提高基本退休费计发比例,奖励所需资金不得从养老保险基金中列支。改革前已获得此类荣誉称号的工作人员,退休时给予一次性退休补贴并支付给本人,资金从原渠道列支。符合原有加发退休费情况的其他人员,按照上述办法处理。

八是建立基本养老金正常调整机制。根据国家调整基本养老金统一部署,结合经济发展水平、职工工资增长、物价变动等因素,统筹安排机关事业单位和企业退休人员的基本养老金调整,逐步建立兼顾各类人员的养老保险待遇正常调整机制,分享经济社会发展成果,保障退休人员基本生活。

九是建立职业年金制度。职业年金是机关事业单位职工在依法参加国家基本养老保险的基础上,费用由单位或单位和个人缴纳而建立的补充性养老保险。单位按本单位工资总额的8%缴费,个人按本人工资的4%缴费。单位和个人缴费基数与基本养老保险缴费基数一致。工作人员退休后,按月领取职业年金待遇。职业年金的具体办法由人力资源和社会保障部、财政部制定。

2. 基本医疗保险

基本医疗保险是为补偿劳动者因疾病风险造成的经济损失而建立的一项社会保险制度。通过用人单位和个人缴费,建立医疗保险基金,参保人员患病就诊发生医疗费用后,由医疗保险经办机构给予一定的经济补偿,以避免或减轻劳动者因患病、治疗等带来的经济风险。

我国建立了城镇职工基本医疗保险制度、新型农村合作医疗制度和城镇居民基本医疗保险制度。其中,城镇职工基本医疗保险由用人单位和职工按照国家规定共同缴纳,建立医疗保险基金,参保人员患病就诊发生医疗费用后,由医疗保险经办机构给予一定的经济补偿,以避免或减轻劳动者因患病、治疗等所带来的经济风险。新型农村合作医疗和城镇居民基本医疗保险实行个人缴费和政府补贴相结合,待遇标准按照国家规定执行。

3. 工伤保险

工伤保险是指劳动者在工作中或规定的特殊情况下,遭受意外伤害或患职业病导致暂时或永久丧失劳动能力以及死亡时,劳动者或其遗属从国家和社会获得物质帮助的一种社会保险制度。这种补偿既包括医疗、康复所需费用,也包括保障基本生活的费用。

工伤保险的认定:职工在发生工伤后,经治疗伤情相对稳定后存在残疾、影响劳动能力的,应当依法进行劳动功能障碍程度和生活自理障碍程度的等级鉴定,及劳动能力鉴定。其中劳动功能障碍分为十个伤残等级,最重的为一级,最轻的为十级。生活自理障碍分为三个等级:生活完全不能自理、生活大部分不能自理和生活部分不能自理。工伤职工应依照劳动能力鉴定部门出具的伤残鉴定,享受不同等级的工伤待遇。

根据国务院颁布的《工伤保险条例》中针对工伤保险费缴纳规定,用人单位缴纳工伤保险费的数额应为本单位职工工资总额乘以单位缴费费率之积,职工个人不缴纳。

4. 失业保险

失业保险是指国家通过立法强制实行的,由社会集中建立基金,对因失业而暂时中断生活来源的劳动者提供物质帮助的制度。

失业保险待遇主要涉及以下几个方面:一是按月领取的失业保险金,即失业保险经办机构按照规定支付给符合条件的失业人员的基本生活费用;二是领取失业保险金期间的医疗补助金,即支付给失业人员领取失业保险金期间发生的医疗费用的补助;三是失业人员在领取失业保险金期间死亡的丧葬补助金和供养其配偶直系亲属的抚恤金;四是失业人员在领取失业保险金期间接收职业培训、职业介绍的补贴,补贴的办法和标准由省、自治区、直辖市人民政府规定。

失业保险累计缴费时间满 1 年不满 5 年的,最长可领取 12 个月的失业保险金;累计缴费时间满 5 年不满 10 年的,领取失业保险金的期限为 18 个月;累计缴费时间满 10 年以上的,领取失业保险金的期限为 24 个月。

根据《失业保险条例》(国务院令第 258 号)对失业保险费缴纳的规定,城镇企业事业单位应按照本单位工资总额的 1‰~1.5‰缴纳失业保险费。单位职工按照本人工资的 1.5‰缴纳失业保险费。城镇企业事业单位招用的农民合同制工人本人不缴纳失业保险费。

5. 生育保险

生育保险是国家通过立法,在职业妇女因生育而暂时中断劳动时由国家和社会及时给予生活保障和物质帮助的一项社会保险制度。

生育保险待遇主要包括两项。一是生育津贴,用于保障女职工产假期间的基本生活需要;二是生育医疗待遇,用于保障女职工怀孕、分娩期间以及职工实施节育手术时的基本医疗保健需要。

职工个人不缴纳生育保险费,参保单位按照其工资总额的一定比例而缴纳。

思考题

(1)事业单位实行岗位绩效工资制度,由哪几个方面组成?

(2)气象部门专业技术职称聘任有多少个岗位?

(3)社会保险有哪五种? 请说出具体名称。

第三节 气象干部队伍建设

内容提要

本节主要包括气象干部队伍建设概述和县级气象局领导干部队伍建设,介绍了领导干部职数,分析了领导干部选拔任用的条件,重点阐述了年轻干部的培养和管理。

一、概述

管理人才队伍建设是气象人才队伍建设的重要组成部分。在气象事业发展和实施气象现代化的过程中,气象管理人才发挥了重要的统领或参谋、组织协调作用。

领导干部是气象现代化的领导者和组织者,在气象事业的初创时期,各级领导班子发挥了不可磨灭的历史作用。改革开放后,为了适应气象现代化的要求,改革了传统的干部任命制度,按照干部的"四化"方针和德才兼备的原则选配领导干部,领导班子建设取得了显著成绩。

1953 年 8 月,气象建制由军队转移到地方。这一时期各级领导干部以工农干部为主体。1970 年中央气象局与总参气象局合并,当时科级以上干部绝大多数由军队干部担任。省、自治区、直辖市气象局的各级领导干部,则由各地各级革命委员会管理。1973 年总参气象局与中央气象局分开。20 世纪 70 年代,气象部门领导班子普遍缺乏专业知识,年龄也偏大,与气象现代化建设的需求很不适应。1983 年,各地气象部门按照《国务院办公厅转发国家气象局关于全国气象部门机构改革方案报告的通知》(国办发〔1983〕22 号)提出的"机构改革的重点是调整配备好领导班子"的精神,重点开展省(自治区、直辖市)、地区(处)级气象局领导班子的选配工作。全国 29 个省(自治区、直辖市)气象局和 3 所直属院校新组建了领导班子。各省(自治区、直辖市)气象局县处级和科局级领导班子普遍年轻化,一大批气象专业人才走上领导岗位。领导干部队伍年龄、专业知识结构在这一时期的跨越式变化,为以后全面推进气象现代化和气象事业的发展打下了基础。

为进一步推进领导班子专业化、年轻化,中国气象局党组于 1995 年印发了《中国气象局党组关于贯彻落实〈中共中央关于抓紧培养选拔优秀年轻干部的通知〉的意见》(中气党发〔1995〕22 号),加快了各级领导班子建设,培养选拔了一批优秀年轻干部进入司、处和科级领导班子。

2001 年,中国气象局印发了《中国气象局党组关于进一步做好全国气象部门培养选拔优秀年轻干部工作的实施意见》,并多次召开干部工作会议。经过调整,气象部门的各级领导干部基本上完成了新老交替,知识结构、专业结构和年龄结构都有了明显改善,整体素质有了显著提高,特别是高知识层次、"双肩挑"干部明显增加,领导干部队伍建设工作取得新的成绩。党的十八大以来,全国各级气象部门坚持德才兼备、以德为先,事业为上,公道正派,做好干部选任工作,进一步强化领导班子建设,优化干部队伍结构。严格执行党的干部人事制度,加强了对气象部门各级领导班子和干部队伍分析研判,改进考察方式,及时调整和补充各级气象部门领导班子,并注意用好非领导职数,2019 年在中国气象局机关和省地市县各级气象局实行职级并行。进一步完善了干部交流制度,对部分领导干部进行了跨部门、跨地区、跨单位等多种形式的交流,加大了干部挂职锻炼力度,注意把锻炼干部和促进挂职单位工作密切结合。制定培养选拔优秀年轻干部实施意见,实施年轻干部"三个一百"培养锻炼计划,采取上挂下派、交流任职、扶贫、援疆援藏等方式锻炼年轻干部。加强司局级、处局级和科局级年轻干部使用。进一步完善了干部监督机制,加强了对领导班子和领导干部的监督。

二、县级气象局领导干部队伍建设

县级气象局领导干部是指由地市级气象局任用的副科级以上领导干部,包括局长、副局长和气象台台长。县级气象局领导干部是气象部门最基层的领导干部,是推进气象事业发展最基层的领导力量。

中国气象局和省地级气象局都非常重视加强县级气象局领导班子建设,特别是在 2013 年县级气象局进行综合改革以后,县级气象局进一步规范了领导班子建设。2015 年,气象部门执行《中共中央办公厅、国务院办公厅印发〈关于县以下机关建立公务员职务与职级并行制度的意见〉的通知》(中办发〔2015〕4 号),有效解决了县级气象局局长和副局级干部的升职待遇,充分调动了县级气象局领导干部的积极性和工作热情。2019 年,《公务员职务与职级并行规定》施行后,县级气象局可设二级调研员,进一步拓宽了县级气象局领导干部晋升空间。

(一)领导干部职数

县级气象局一般设局长 1 名、副局长 2 名。除直辖市、副省级市所属区县级气象局领导级别为处级外,其他县级气象局领导级别均为科级。

县级气象局每个直属事业单位设领导职数 1 名。按照中国气象局关于县级气象局改革的有关精神,正科级县级气象局直属事业单位设副科级领导职数 1 名。

(二)领导干部选拔任用

县级气象局领导干部选拔任用按照《党政领导干部选拔任用工作条例》《中华人民共和国公务员法》《气象部门干部选拔任用工作规定》《气象部门事业单位领导人员管理实施办法》执行。公务员晋升领导职务,任职年限按照《气象部门公务员职务与职级并行制度实施办法》执行。

(三)年轻干部培养和管理

一是注重县级气象局优秀年轻干部发现和遴选。将各类优秀人才充实到气象干部队伍,加强进人源头管理,改进公务员招录工作,注意挑选有管理潜质的优秀大学毕业生,及时将有管理潜力的人才作为后备干部进行培养。

二是重视县级气象局年轻干部教育培训。教育引导年轻干部自觉用习近平新时代中国特色社会主义思想武装头脑,强化政治纪律和政治规矩教育,教育引导年轻干部正确认识自己,摆正位置,踏实工作,自觉奉献,做到个人发展服从气象工作需要和组织决定。加强专业知识、专业能力培训,注重专业作风、专业精神培养,勇于实践,逐步提高学习本领、政治领导本领、改革创新本领等八项本领。

三是建立县级气象局优秀年轻干部跟踪管理和常态化联系机制。强化日常跟踪了解,地市级气象局党组班子成员要主动加强调研和指导,积极帮助分析解决问题。建立定期座谈会制度和交心谈心制度,开展经常性的走访谈心活动,及时了解优秀年轻干部思想动态和工作状态,对苗头性倾向性问题,早提醒、早纠正,防止小毛病演变成大问题。对县级气象局优秀年轻干部人选实行组织掌握、分类管理。

　　四是强化多岗位锻炼和关键岗位历练培养。加大选送县级气象局优秀年轻干部到上级机关挂职锻炼力度,选派县级气象局优秀年轻干部参加扶贫、援藏援疆或到艰苦困难地区和关键岗位历练,积极推荐县级气象局优秀年轻干部到地方党委、政府和有关部门挂职任职,提升宏观思维和综合协调管理能力。

　　五是坚持严管与厚爱相结合。按照从严管理的要求,对县级气象局年轻干部的"选、育、管、用"实现全过程、全方位监督管理。充分发挥纪检监察、巡察审计、信访等作用,始终把年轻干部置于管理监督之中。健全年度考核、专项考核、任职考察与平时了解相结合的跟踪考核机制。统筹用好职级职数,鼓励干部扎根县级气象局工作。营造有利于县级气象局年轻干部成长的良好环境,给县级气象局干部特别是工作在艰苦边远地区和业务一线的干部更多理解和支持,主动排忧解难,在政策、待遇等方面给予倾斜,做到政治上多爱护、思想上多交流、工作上多支持、生活上多关心,让县级气象局干部工作上有干头,事业上有奔头。

思考题

(1)县级气象局领导干部有哪些职数?

(2)请你谈谈年轻干部的培养和管理。

(3)结合自身成长实际,你认为人才成长有哪些主要规律?

第四节　气象人才培养与管理

内容提要

　　本节分析了全国气象部门人才队伍的发展变化,介绍了气象部门人才队伍建设的总体目标和建设要求,重点阐述了县级气象局人才队伍建设措施。

一、概述

　　新中国成立之初,人才队伍不足是制约气象事业发展的最突出的问题之一。在当时条件下,气象部门主要采取短期培训专业人员的办法,培养训练了大量初、中级气象技术人员,使气象人才队伍到上世纪 60 年代初明显好转,但总体上仍不乐观。到 1979 年底,全国气象职工队伍增至 53000 多人,大专文化程度以上人员仅占总人数的 13.2%,中专或高中文化程度人员占 86.5%。

　　针对人才队伍不适应气象现代化发展要求的矛盾,改革开放以后,气象部门根据中央政策一方面引进、召回一大批优秀专业技术人才,一方面加强大中专气象学历教育,使全国气象人才队伍状况逐步改善。到 1999 年,气象人才队伍总量基本稳定,队伍素质有了明显提高,全国气象部门具有本科以上学历人数比例达 19.2%,比改革开放初期的 1983 年高出 10.1 个百分点。

　　进入 21 世纪以来,气象现代化对气象人才队伍建设提出更高要求。中国气象局全面实施"人才强局"战略,出台了《中共中国气象局党组关于进一步加强党管人才工作的意见》《中国气象局关于加强气象人才体系建设的意见》和《气象部门人才发展规划(2013—2020 年)》,制定实施"323"人才工程、"特聘专家计划""科技业务骨干计划"等一系列配套政策措施,大力实施国家人才工程和中国气象局"双百计划"等气象人才工程,着力加强高层次人才、骨干人才、青年人才队伍建设,人才队伍整体素质明显提高,知识结构、专业结构、岗位结构、区域结构得到逐步改善。经过近 20 年的努力,人才工作取得了成效显著,气象职工队伍总量得到有效控制,知识层次进一步提升;队伍专业结构进一步改善,事业发展所急需的相关学科人才有了明显增加;西部气象部门和基层台站人才队伍建设步伐加快,人才区域分布不平衡问题得到一定程度缓解;气象人事制度改革稳步推进,气象事业单位实行了定编、定岗管理,使队伍规模的控制步入了规范化管理的轨道,有利于人才成长的环境基本形成。

截至 2018 年底,全国气象部门在职员工共 7.2 万余人,其中编制内人员 5.7 万余人,编外聘用 1.4 万余人,劳务派遣 1600 余人。全国气象部门国家编制在职人员近 5.2 万人,其中参公人员接近 1.5 万人,事业单位人员 3.7 万余人。

截至 2018 年底,气象部门国家编制在职人才队伍研究生占 16.9%、本科占 66.9%,本科以上学历人数占比较 2016 年提高了 6.2 个百分点,较 2010 年提高了 30.1 个百分点,在职国家编制人才队伍的学历水平持续稳步提高。大气科学专业占 49.9%;地球科学其他专业占6.6%;信息技术专业占 19.8%;其他专业占 23.7%。气象在职人才队伍专业结构不断优化,大气科学专业人才占比稳定上升。正高级职称占队伍总量的 2.2%;副高级职称占 19.4%;中级占 45.2%。

2019 年,为了深入贯彻中央关于深化人才发展体制机制改革、激发人才创新活力的一系列文件精神,中国气象局印发了《中国气象局党组关于激励气象科技人才创新发展的若干措施》《新时代气象高层次科技创新人才计划实施办法》,进一步完善气象人才发现培养评价激励机制和气象科技创新人才激励机制,规划实施新时代气象高层次科技创新人才计划(简称气象"十百千"人才计划),2020 年进行了首次评选。

二、气象部门人才分布

截至 2019 年底,气象部门国家编制人才队伍中,国家级、省级、市级和县级气象部门人才资源分别占全国气象人才队伍总量的 5.8%、23.9%、32.7% 和 37.6%,县级人才达 1.9 万余人。

气象部门各层级在职人才资源学历结构中,研究生占本级人才队伍比例随国家、省、市、县四级逐级降低,分别占 67.1%、33.3%、8.6% 和 3.7%;地市级人才队伍中本科生比例最高,占76%。与 2010 年相比,国家级人才队伍研究生比例增长最多,达 20.1%,县级气象部门人才队伍本科生比例增长最多,达 34.2%。从近 10 年不同层级本科以上学历人员变化情况分析,国家级气象部门本科以上学历人员从 2009 年的 72.4% 增长到 2018 年 93.4%,提升了 21.0个百分点;省级从 63.3% 增加到 89.4%,提升了 26.1 个百分点;地市级从 52.1% 增加到84.2%,提升了 32.1 个百分点;县市级从 33.2% 增加到 72.6%,提升了 39.4 个百分点。数据统计表明,近 10 年来本科以上学历人员变化,县市级气象部门增幅最高,其次为地市级,地市和县市级年均增幅超过了 3%。

各层级气象部门在职人才队伍中,市级和县级气象部门人才队伍的大气科学类专业人员所占比例较高,分别达到 50.0% 和 53.9%。与 2010 年相比,各层级气象部门队伍中大气科学类专业人员所占比例都有所增加,增幅 10% 左右。

三、县级气象局人才队伍建设措施

一是合理调配县级气象事业编制资源。进一步梳理县级气象业务职责,优化业务布局,根据业务分工、行政区划特点等核定县级气象事业编制,确保县级气象事业单位事业编制与气象事业发展需求相适应。

二是加大县级气象人才引进力度。超前谋划毕业生招聘工作,艰苦边远地区应提前关注本地生源、本地高校学生,建立专人定期联系机制。加大基层台站气象及相关学科本科以上学历人才的引进力度,积极探索定向委培的培养方式,为艰苦台站引进大学毕业生。建立健全大学毕业生下基层锻炼制度,有条件的地方积极探索市县级人才一体化建设机制。

三是提升县级气象人才队伍综合素质。设立并持续实施县级气象人才工程,对县级人才培养使用进行系统设计和规划。加强教育培训,包括思想政治教育和业务技术培训,对县级人才有针对性开展分层分类培训,确保各层次各类人才都有机会参加培训更新知识结构,教育引导年轻人员敬业奉献。加强岗位练兵,立足岗位锻炼提升县级人才的业务技能。建立科研业务项目平台,设立针对县级人才的科研业务项目,并强化指导督查,提升县级人才的科研业务能力。建立导师制,为县级大学毕业生指定至少一名高级专业技术人员作为指导老师,进行一对一指导。加强访问进修或短期交流,充分应用上级单位资源培养锻炼县级人才。畅通流动渠道,县级人才可择优选聘到地市级工作,激励县级人才干出成绩。同时应结合县级气象局实际,有针对性地设立一些业务、服务所需要的小课题、小项目,以任务为载体,构建基层台站人员不断提高专业技术能力的平台。

四是规范使用不同编制身份人员。严格执行部门和地方关于工资福利有关政策规定,积极争取有利于统一管理、稳定和谐发展的政策,加强相关政策文件宣传解释,畅通气象编制、地方编制人员交流渠道。规范编制外劳动用工行为,实行计划管理、过程管理、规范用人标准、程序,工资待遇严格按照合同约定执行,采取多种途径提高编外人员的综合素质。在一些基层台站,地方编制人员和编外劳动用工已经成为促进气象事业快速发展的一支重要力量,对壮大基层人才队伍,优化队伍结构发挥了一定作用。特别是编外用工,既要加强管理,加强对编制外用工的计划控制,严格人员招聘程序,严格进人标准,严格用人规范管理,又要重视把编外用工作为人才来进行培养和使用,要将编制外用工人员的收入待遇、职称评审、推先评优、合同管理、缴纳保险、疗养休假等纳入县级气象局人才队伍建设统筹规划,实行统一的规范管理。

五是构建县级气象人才终身教育制度。县级气象部门应编制培训经费预算,且专款专用,不宜用临时性办法解决经常性培训经费问题,每5年每人平均培训时间累计不少于3个月。县市气象台站可根据单位工作需要建立新技能奖励制度,对通过部门培训、社会培训、个人自学增加工作技能人员,经过个人申报和单位测试认可,可以给予年度新技能奖,或者相关报酬。建立基层台站科技骨干在岗带培人才制度,强化在岗培训措施,对县级气象局高级技术人才下达培训职工的目标任务,并列为继续受聘的考核内容,对于带培人才突出的应给予奖励和增加相应的劳动报酬。制定实施"基层台站人员专业技术知识更新计划",重点围绕基层台站专业技术人员知识更新和岗位转型开展轮训。以培训基层台站每一岗位所需要的上岗技能为抓手,要求每一职工应获取2至3个岗位的技能,对掌握技能较多的复合型人才应予以重用和奖励。上级气象部门在重新核定基层台站编制时,应把职工参与培训的学习时间纳入劳动时间统计,以适当增加台站人员编制。

六是改善县级气象人才工作生活和人文环境。贯彻落实中国气象局关于加强基层人才队伍建设的意见以及各地各单位关于基层人才队伍建设有关举措,落实工资待遇、生活补贴、过渡性住房、职称评定等方面的优惠政策;加强对新进人员技术指导,并适当安排工作任务,帮助快速融入新的集体,提升归属感和成就感;加强人文关怀,经常性开展交心谈心,了解思想状况并帮助解决工作生活中的问题和困难;主动了解人才的职业心愿,帮助做好职业规划,帮助正确处理好岗位与职业心愿的关系;进一步改善台站面貌,营造整洁美观的工作环境,提升干部职工幸福感和荣誉感,上级气象部门对基层台站组织开展以上活动可以纳入年度目标管理,并在经费上给予一定支持;在稳定人才方面对条件艰苦和职工收入较低的气象台站在待遇上应给予倾斜,使引进人才稳得住、留得下。

思考题

(1)气象人才发展规划为气象部门职工提供了哪些平台和机遇?应该如何利用这些条件促进人才快速成长?

(2)你所在单位人才成长环境如何?应该采取哪些措施,进一步加强和改进人才的发现、培养、选拔使用工作?

(3)当前气象远程培训工作存在哪些具体问题?请结合实际谈谈应如何加强和改进气象远程培训工作、提高远程培训效果?

第三章　财务管理

县级气象局是气象部门最基层的管理单位,县级气象财务管理是县级气象局重点管理内容之一,其管理能力和水平直接影响到县级气象局工作运行,也会影响到整个气象部门的财务预算执行情况。因此,加强县级气象局领导和财务人员的培训,提高财务管理能力和水平尤其重要。

县级气象局财务管理主要包括以下几个方面。

一是预算编制。县级气象局根据上级部门的布置,做好预算编制,并根据上级部门的要求对每项内容进行完善。收入预算结合近几年实际取得的收入考虑增收减收因素测算。支出预算分为基本支出预算和项目支出预算。基本支出采取定额测算,定额项目包括人员经费和日常公用经费两个部分。人员经费以人作为测算对象测算确定,实行定员定额管理。日常公用经费以人或实物作为测算对象按不同类型的单位分级核定。项目支出预算编制以项目库为基础。预算编制要结合本单位发展计划、职责和任务测算,机构、编制、人员、资产等基础数据资料要按实际情况填报;要综合考虑中央财政投入、地方财政投入、科技服务收入和结余资金等各项资金的使用,避免重复预算。

二是收入管理。气象部门的收入来源有三块:中央财政投入、地方财政投入、气象科技服务收入以及其他收入(县级气象局这项收入已经越来越少)。各项收入全部纳入单位预算,统一核算,统一管理。取得的各项收入,应当及时入账,并按照财务管理的要求,分项如实填报。

三是支出管理。遵守国家和部门各项支出管理制度,各项支出由单位财务部门按照批准的预算和有关规定审核办理。一般性支出应当严格执行国家规定的开支范围及开支标准,保证人员经费和单位正常运转必需的开支,用于职工待遇方面的支出,不得超出国家规定的范围和标准。专项支出应当按照批准的项目和用途使用,并按照规定向主管预算单位或者财政部门报送专项支出情况表和文字报告,接受有关部门的检查、监督。

四是结余管理。结余资金包括基本支出结余和项目支出结余,对结余资金的管理需遵守结余管理办法。对结余资金中的基本支出结余和项目支出结余应分别进行统计、核算,并与单位会计账表相关数据核对一致。

五是银行账户管理。按照财政国库管理的基本发展要求,各预算单位实行国库集中支付管理。县级气象局可开立零余额存款账户、基本存款账户、党费及工会经费专用存款账户。银行账户的开立、变更、撤销实行审批或备案管理。预算单位根据财政核准授权支付的项目和核定计划,在零余额账户中支付和提现。核算中心则对所发生的经济事项进行会计核算,即做账。银行存款的收支和结存情况分散在各预算单位的零余额账户和基本存款账户上,各预算单位对本单位的资金使用情况应做好备查账户登记,以便及时了解和掌握资金使用方面的信息。

六是资产管理。资产包括流动资产、固定资产、无形资产和对外投资等。年度预算编制前,审核资产存量,提出下一年度拟购置资产的品目、数量,测算经费额度,报主管部门审核;用其他资金购置规定限额以上资产的,报主管部门审批。对实物资产进行定期清查,做到账账、账卡、账实相符。处置国有资产,应当严格履行审批手续,未经批准不得自行处置。占有、使用的房屋建筑物、土地和车辆的处置,货币性资产损失的核销,以及单位价值或者批量价值在规定限额以上的资产的处置,经主管部门审核后报同级财政部门审批;规定限额以下的资产的处置报主管部门审批。

七是认真搞好财务分析。结合本单位财务管理工作实际和特点,扎实认真做好财务分析工作。通过财务人员提供的书面报告,及时了解本单位的财务状况,如财务收支基本情况、资产的分布和变动情况、主要经费收支指标情况和增长比例。结合预算的执行情况按月进行分析,特别是对一些大额开支和临时性开支要重点予以分析,通过财务分析及时发现问题,找出症结所在,进一步采取有效措施加强财务管理。

第一节　财务报销

内容提要

本节阐述了县级气象局常规费用的定义、构成条件、制度标准及流程,诠释了费用报销过程中的一些要点、难点,以期达到释疑解惑、规范财务报销行为、杜绝违规违纪事件发生的目的。

一、财务报销标准及手续

近年来,随着国家财政管理体制改革进一步深入,国家财经法律法规政策体系也不断完善,为适应新形势需要的财经管理政策和报销管理要求陆续出台,对行政事业单位的财务管理要求越来越高,财务制度的执行标准也越来越规范。

(一)差旅费

1. 定义

差旅费是指工作人员临时到常驻地以外地区执行公务所发生的城市间交通费、住宿费、伙食补助费和市内交通费。

2. 标准

根据《中央和国家机关差旅费管理办法》(财行〔2013〕531 号)和《气象部门差旅费管理办法》(气发〔2019〕116 号)文件精神,差旅费报销标准如下。

一是城市间交通费。出差人员应当按规定等级乘坐交通工具。未按规定等级乘坐交通工具的,超支部分由个人自理。乘坐飞机的,民航发展基金、燃油附加费可以凭据报销,乘坐飞机、火车、轮船等交通工具的,每人次可以购买交通意外保险一份。所在单位统一购买交通意外保险的,不再重复购买。城市间交通费按乘坐交通工具的等级凭据报销,订票费、经批准发生的签转或退票费、交通意外保险费凭据报销。

二是住宿费。中央和国家机关工作人员到各省会城市、直辖市、计划单列市出差,执行财政部制定的住宿费上限标准,到各省、自治区、直辖市、计划单列市所辖市县出差,执行地方财政部门制定的住宿费标准,不要求出差人员必须入住定点饭店。

三是伙食补助费。伙食补助费按出差自然天数计算(出差天数以出差审批单批准的天数为准),按规定标准包干使用,西藏、青海和新疆 120 元/天,其他省市 100 元/天。

出差人员需接待单位协助安排用餐的,应当提前告知控制标准,并向伙食提供方交纳伙食费。在单位内部食堂用餐,有对外收费标准的,按对外收费标准交纳;没有对外收费标准的,早餐按照日伙食补助费标准的 20% 交纳,午餐、晚餐各按照日伙食补助费标准的 40% 交纳。

外出参加会议、培训,举办单位统一安排食宿的,食宿费由会议、培训举办单位按规定统一开支,不报销伙食补助费,往返会议培训地点的伙食补助费按照规定报销。其中,伙食补助费按往返各 1 天计发,当天往返的按 1 天计发。参加培训人员承担住宿费或伙食费的,培训期间的住宿费按规定报销,30 天以内的培训伙食补助费按规定标准报销,超过 30 天的培训,超过天数按规定标准的 70% 报销,往返培训地点的伙食补助费按照规定报销。

四是市内交通费。市内交通费按出差自然天数计算,按每人每天 80 元标准包干使用。接待单位协助提供交通工具并有收费标准的,出差人员按标准交纳,最高不超过日市内交通费标准;没有收费标准的,每人每半天按照日市内交通费标准的 50% 交纳。自带交通工具的不能报销市内交通费。

外出参加会议、培训,会议培训期间不报销市内交通费,往返会议培训地点的市内交通费按照规定报销。其中,市内交通费按往返各 1 天计发,当天往返的按 1 天计发。

往返机场的专线客车和机场快轨费用不能报销。

3. 特殊情况下的差旅费报销

因公临时赴香港、澳门、台湾地区的差旅费,适用《因公临时出国经费管理办法》。

临时聘请其他部门专家或人员开展咨询、评审、调研、试验等工作发生差旅事项,报销时应附邀请函,从事咨询、评审的专家或人员按规定标准报销住宿费和城市间交通费,从事调研、试验的专家或人员按规定标准报销差旅费。

实际发生住宿而无住宿费发票的,差旅费用不予报销。但以下几种情形例外:参加会议、培训举办单位统一安排食宿的,提供会议通知或培训通知,城市间交通费和路途中的伙食补助费、市内交通费准予报销;当天往返未发生住宿的或乘坐夕发朝至城际列车没有住宿费发票的,可以报销当天或路程期间的城市间交通费、伙食补助费和市内交通费;赴异地交流任职、挂职(含借调)和援派(扶贫)的工作人员到原工作地点出差的,无住宿费发票可以按规定标准报销城市间交通费、伙食补助费和市内交通费。所需费用由接收单位负责报销(扶贫人员差旅费可由派出单位负责报销);到边远地区出差(不含野外观测实验等科研活动)无法取得住宿费发票的,由出差人员说明情况并经所在部门领导批准,可以报销城市间交通费、伙食补助费和市内交通费。工作人员开展野外观测实验等科研活动,实际缴纳费用但无法取得住宿费发票的,出差人需提前明确住宿的人数、天数及预计发生的金额(必须在住宿费限额内),经所在部门领导审批后,在报销时按照收款收据金额报销住宿费、城市间交通费、伙食补助费和市内交通费。

领导批准,工作人员出差期间回家省亲办事的(在审批单上注明省亲办事时间),城市间交通费按不高于从出差目的地返回单位按规定乘坐相应交通工具的票价予以报销,超出部分由个人自理;伙食补助费和市内交通费按从出差目的地返回单位的天数(扣除回家省亲办事的天数)和规定标准予以报销。

到所在城市远城区参加会议、培训的,不报销住宿费、伙食补助费和市内交通费;到远城区开展其他公务活动且实际发生住宿、伙食、交通等费用的,可在差旅费管理办法规定的标准内凭票报销。

4. 报销要求及手续

出差必须按规定报经单位有关领导批准,从严控制出差人数和天数;严格差旅费预算管理,控制差旅费支出规模。

报销人员需要在中国气象局计财业务系统中填写"差旅费报销单",并附出差审批单、机票(政府采购机票查验单)、车票、住宿费、订票费、退票费、改签费及保险费等发票、专家邀请函、会议或培训通知等凭证附件。

(二)会议费

1. 定义

会议费是气象部门各级行政事业单位就讨论或解决某个或某些议题所发生的相关费用,包括会议住宿费、伙食费、会议室租金、交通费、文件印刷费、医药费等。

气象部门会议一般为二至四类。二类会议是指中国气象局召开的,要求各内设机构、各直属单位和省、自治区、直辖市、计划单列市级气象局负责人参加的会议,每年不超过1次;三类会议包括全国性业务工作会议、各省(自治区、直辖市)气象工作会议等;四类会议是指除上述会议以外的其他业务性会议,包括小型研讨会、座谈会、评审会等。县级气象局只能召开四类会议。

2. 标准

一是会议计划。实行分类计划管理、分级层层审批制度。各二级预算单位于2月底前,将本单位及下属预算单位上年度会议计划和执行情况汇总后报中国气象局;中国气象局于3月底前,将本级和下属预算单位上年度会议计划和执行情况汇总后报财政部,同时抄送国管局。会议计划一经批准,原则上不得调整。临时增加的会议,按上述程序申请调整会议计划,原则上不增加年度预算。

二是会议规模。二类会议参会人员不得超过300人,其中,工作人员控制在会议代表人数的15%以内;不请省、自治区、直辖市和中央部门主要负责人、分管负责人出席;三类会议参会人员不得超过150人,其中,工作人员控制在会议代表人数的10%以内;四类会议参会人员视内容而定,一般不得超过50人。二、三、四类会议会期均不得超过2天;传达、布置类会议会期不得超过1天。会议报到和离开时间,二、三类会议合计不得超过2天,四类会议合计不得超过1天。

三是会议地点。充分运用电视电话、网络视频等现代信息技术手段,降低会议成本,提高会议效率。传达、布置类会议优先采取电视电话、网络视频会议方式召开。不能采用电视电话、网络视频召开的会议实行定点管理。会议应到定点会议场所召开,按照协议价格结算费用。未纳入定点范围,价格低于会议综合定额标准的单位内部会议室、礼堂、宾馆、招待所、培训中心,可优先作为本单位或本系统会议场所。无外地代表且会议规模能够在单位内部会议室安排的会议,原则上在单位内部会议室召开,不安排住宿。

四是会议费综合定额标准。根据《中央和国家机关会议费管理办法》(财行〔2016〕214号)和《气象部门会议费管理办法》(气发〔2018〕126号)文件精神,气象部门现行会议费综合定额标准如下。

会议费综合定额标准　　　　　　　　　　　　　　单位:元/(人·天)

会议类别	住宿费	伙食费	其他费用	合 计
一类会议	500	150	110	760
二类会议	400	150	100	650
三、四类会议	340	130	80	550

综合定额标准是会议费开支的上限,各单位应在综合定额标准以内结算报销,各项费用之间可以调剂使用。

3. 特殊情况下的报销要求

根据《关于进一步完善中央财政科研项目资金管理等政策的若干意见》(中办发〔2016〕50号)相关规定,气象部门一院八所因教学、科研需要举办的业务性会议(如学术会议、研讨会、评审会、座谈会、答辩会等),会议次数、天数、人数以及会议费开支范围、标准等,按照实事求是、精简高效、厉行节约的原则由一院八所制定相关规定。会议代表参加会议所发生的城市间交通费,原则上按差旅费管理规定由所在单位报销;因工作需要,邀请国内外专家、学者和有关人员参加会议,对确需负担的城市间交通费、国际旅费,可由主办单位在会议费中报销。

4. 报销要求及手续

会议费应纳入部门预算,并单独列示,预算应细化到具体会议项目,执行中不得突破。一类会议费在部门预算专项经费中列支,二、三、四类会议费原则上在各单位部门预算公用经费中列支。

支付会议费,要严格按照国库集中支付制度和公务卡管理制度的有关规定执行,以银行转账或公务卡方式结算,禁止以现金方式结算。具备条件的,会议费由单位财务部门直接结算。

会议费由会议召开单位承担,不得向参会人员收取,不得以任何方式向下属机构、企事业单位转嫁或摊派。会议结束后要及时办理报销手续。会议费报销时应当提供会议审批文件、会议经费预算、会议通知、实际参会人员签到表、会议费结算表、定点会议场所等会议服务单位提供的费用原始明细单据、电子结算单等凭证。财务部门要严格按规定审核会议费开支,对未列入年度会议计划和未报批,以及超范围、超标准开支的经费不予报销。

(三)培训费

1. 定义

培训费是指开展培训直接发生的各项费用支出,包括师资费、住宿费、伙食费、培训场地费、培训资料费、交通费以及其他费用。

师资费是指聘请师资授课发生的费用,包括授课老师讲课费、住宿费、伙食费、城市间交通费等;住宿费是指参训人员及工作人员培训期间发生的租住房间的费用;伙食费是指参训人员及工作人员培训期间发生的用餐费用;培训场地费是指用于培训的会议室或教室租金;培训资料费是指培训期间必要的资料及办公用品费;交通费是指用于培训所需的人员接送以及与培训有关的考察、调研等发生的交通支出;其他费用是指现场教学费、设备租赁费、文体活动费、医药费等与培训有关的其他支出。参训人员参加培训往返及异地教学发生的城市间交通费,按照中央和国家机关差旅费有关规定回单位报销。

2. 标准

培训实行中央和地方分级管理,举办培训,原则上不得下延至市、县及以下。开展培训,应当在开支范围和标准内优先选择党校、行政学院、干部学院以及组织人事部门认可的其他培训机构承办。组织培训的工作人员控制在参训人员数量的 10% 以内,最多不超过 10 人。邀请境外师资讲课,须严格按照有关外事管理规定,履行审批手续。境内师资能够满足培训需要的,不得邀请境外师资。

培训费实行分类综合定额管理。一类培训是指参训人员主要为省部级及相应人员的培训项目;二类培训是指参训人员主要为司局级人员的培训项目;三类培训是指参训人员主要为处级及以下人员的培训项目;以其他人员为主的培训项目参照上述标准分类执行。

根据《中央和国家机关培训费管理办法》(财行〔2016〕540号)和《气象部门培训费管理办法》(气发〔2014〕33号)文件精神,除师资费外,培训费实行分类综合定额标准,分项核定、总额控制,各项费用之间可以调剂使用。综合定额标准如下。

培训费标准　　　　　　　　单位:元/(人·天)

培训类别	住宿费	伙食费	场地、资料、交通费	其他费用	合计
一类培训	500	150	80	30	760
二类培训	400	150	70	30	650
三类培训	340	130	50	30	550

30天以内的培训按照综合定额标准控制;超过30天的培训,超过天数按照综合定额标准的70%控制。报到和离开时间分别不得超过1天。

师资费在综合定额标准外单独核算。讲课费(税后)执行以下标准:副高级技术职称专业人员每学时最高不超过500元;正高级技术职称专业人员每学时最高不超过1000元;院士、全国知名专家每学时一般不超过1500元。讲课费按实际发生的学时计算,每半天最多按4学时计算;其他人员讲课费参照上述标准执行;同时为多班次一并授课的,不重复计算讲课费;授课老师的城市间交通费按照中央和国家机关差旅费有关规定和标准执行,住宿费、伙食费按照本办法标准执行,原则上由培训举办单位承担;需要从异地(含境外)邀请授课老师,路途时间较长的,经单位主要负责人书面批准,讲课费可以适当增加。

3. 报销要求及手续

严格按照规定审核培训费开支,对未履行审批备案程序的培训,以及超范围、超标准开支的费用不予报销;培训费的资金支付应当执行国库集中支付和公务卡管理有关制度规定。

综合定额范围内的,应当提供培训计划审批文件、培训通知、实际参训人员签到表以及培训机构出具的收款票据、费用明细等凭证;师资费范围内的,应当提供讲课费签收单或合同,异地授课的城市间交通费、住宿费、伙食费按照差旅费报销办法提供相关凭据;执行中经单位主要负责人批准临时增加的培训项目,还应提供单位主要负责人审批材料。

(四)公务接待费

1. 定义

国内公务,是指出席会议、考察调研、执行任务、学习交流、检查指导、请示汇报工作等公务活动。公务接待应当坚持有利公务、务实节俭、严格标准、简化礼仪、高效透明、尊重少数民族风俗习惯的原则。本处主要阐述气象部门国内公务接待费的相关规定。

2. 标准

根据《党政机关国内公务接待管理规定》文件精神,公务接待标准如下:

接待对象应当按照规定标准自行用餐。确因工作需要,接待单位可以安排工作餐一次,并严格控制陪餐人数。接待对象在10人以内的,陪餐人数不得超过3人;超过10人的,不得超过接待对象人数的三分之一。

就餐标准。省部级领导,就餐标准为150元/人;厅局级领导,就餐标准为120元/人;县处级及以下工作人员,就餐标准为80元/人。

住宿标准。必须在定点饭店或者气象部门宾馆或招待所就近安排接待住宿。住宿用房以标准间为主,接待省部级干部可以安排普通套间。不得超标准安排接待住房,不得额外配发洗漱用品。

用车标准原则上集中乘车,合理安排车型,严格控制用车数量。

3. 报销要求及手续

加强公务外出计划管理,科学安排和严格控制外出的时间、内容、路线、频率、人员数量;接待要根据规定的接待范围,严格接待审批控制,对能够合并的公务接待统筹安排。无公函的公务活动和来访人员一律不予接待。

加强公务接待经费的预算管理,合理限定接待费预算总额,并全部纳入预算管理,单独列示。

报销公务接待费,应按付款方式填制经费报销单,并附派出单位公函、公务接待审批单、财务票据和接待清单(俗称"四件套")。接待清单包括接待对象的单位、姓名、职务和公务活动项目、时间、场所、费用等内容。

(五)劳务费

1. 定义

劳务费指支付给单位和个人的劳务费用,如临时聘用人员、钟点工工资、咨询费、论证费、评审费、稿费、翻译费等。具体分为咨询费、论证费、评审费和其他劳务费。其他劳务费主要包括课题研究费、稿费、讲(授)课费、资料整理(收集)费、出版发行审稿费、出题费、监考费、面试费、改(阅)卷费等。

2. 标准

气象部门安排的业务经费需要开支专家咨询费的,按《气象部门业务经费管理办法(试行)》第七条规定的标准(见下表)执行。

表《气象部门业务经费管理办法(试行)》

	会议咨询		通讯咨询
	1~2 天	3 天及以上	
高级专业技术职称人员	500~800 元/天	300~400 元/天	60~100 元/(人·次)
其他专业技术人员	300~500 元/天	200~300 元/天	40~80 元/(人·次)

要进行评审、评估的项目,参加评审的专家,其咨询费用开支标准,按照专家咨询费标准执行。

在各类专项工作中,需要开支专家咨询费的,参照项目评审专家咨询费标准执行。

3. 报销要求及手续

各单位必须对劳务费发生的真实性负责,并合理确定各项劳务费的报销标准,使每一项财务报销行为做到有法可依。

报销人员必须在气象部门计财业务系统中填制"经费(或劳务费)报销单",办理好各项签字和审批手续。

报销单后面必须附上《劳务(咨询、评审)费报销明细表》原件、专家咨询评审费的邀请函等。《劳务(咨询、评审)费报销明细表》要列明姓名、工作单位、身份证号、税前金额、扣税、税后金额并经领取劳务费人员签字确认;涉及专家咨询费、评审费的,应注明专家职务或职称。

(六)工会经费

1. 定义

工会经费指用于为职工服务和工会活动的经费。工会经费的来源包括：工会会员缴纳的会费、建立工会组织的单位按每月全部职工工资总额的 2％ 向工会拨缴的经费或上级工会委托税务机关代收工会经费后按规定比例转拨基层工会的经费、上级工会补助的款项、单位行政按照有关规定给予工会组织的补助款项、工会所属的企事业单位上缴的收入、其他收入。

2. 标准

根据《中华全国总工会办公厅关于加强基层工会经费收支管理的通知》(总工办发〔2014〕23 号)文件精神,工会经费主要的列支范围及标准如下:

一是职工教育方面。用于工会开展职工教育、技术、技能所需的教材、资料,优秀学员奖励等。基层工会组织在对优秀学员(包括自学)奖励时,应以精神鼓励为主、物质激励为辅。具体执行的标准,由省级工会根据本地区、本行业和本系统实际情况制定。

二是文体活动方面。用于工会开展职工业余文艺活动、节日联欢、美术、书法及摄影等各类活动,各类活动所需设备,文艺汇演及体育比赛及奖励,会员观看电影、开展春游秋游等集体活动。当会费不足时,基层工会可以用工会经费予以适当弥补。工会组织的会员春游秋游,应严格控制在单位所在城市,并做到当日往返。基层工会开展的各类文体活动按规定开支伙食补助费、夜餐费。基层工会组织可以以现金或实物形式对因参与活动而误餐的工会干部和工会会员给予补助。发放的标准参照当地工作餐的标准,并符合中央和本地区、本行业和本系统厉行节约反对浪费的相关规定。

三是职工集体福利方面。主要用于工会组织逢年过节向全体会员发放少量的节日慰问品,会员个人及家庭发生困难情况的补助,会员本人过生日的慰问。其中"逢年过节"的年节是指国家规定的法定节日;"节日慰问品"原则上为符合中国传统节日习惯的用品和职工群众必需的一些生活用品等。关于"少量"的标准,由省级工会根据当地的实际情况来确定。基层工会组织用工会经费给予工会会员过生日的慰问,可以向会员送生日蛋糕等,也可向会员发放指定蛋糕店的蛋糕券。

3. 报销要求及手续

基层工会的各项收入要根据《中华人民共和国工会法》和《中国工会章程》的规定,依法获取。基层工会要依法取得社会团体法人资格,单独开设银行账户,实行工会经费独立核算。

加强工会经费预算编制的管理,各项开支实行工会委员会集体领导下的主席负责制,重大开支集体研究决定。

各项开支报销手续可参照行政经费中相关差旅费、劳务费、培训费、会议费、福利费等报销手续;开展文体活动,要有经费预算、活动通知、实施方案及参加人员名单;文体比赛要有比赛秩序册、比赛结果或获奖通报文件;发放奖品、纪念品、劳务费及补贴要有签领单;组织慰问活动要制定细则、统一标准、完善手续;组织活动确需用餐的,需提供就餐人员名单、发票及原始明细单据。

(七)公务卡使用规定

1. 定义

公务卡是指预算单位工作人员持有的、主要用于日常公务支出和财务报销的银联标准信用卡(银行贷记卡)。推行公务卡制度,是为进一步深化国库集中支付制度改革,规范中央预算单位财政授权支付业务,减少现金支付结算,提高支付透明度,加强财政监督,方便中央预算单位用款。

2. 使用条件

下列情况可暂不使用公务卡结算:在县级以下(不包括县级)地区发生的公务支出;在县级及县级以上地区不具备刷卡条件的场所发生的单笔消费在 200 元以下的公务支出;按规定支付给个人的支出;签证费、快递费、过桥过路费、出租车费用等。除以上情形外其他凡是中央预算单位公务卡强制结算目录规定的公务支出项目,应按规定使用公务卡结算,原则上不再使用现金结算;原使用转账方式结算的,可继续使用转账方式。

3. 使用规定

根据《中央预算单位公务卡管理暂行办法》(财库〔2007〕63 号)和《关于实施中央预算单位公务卡强制结算目录的通知(财库〔2011〕160 号)》文件精神,气象部门于 2008 年开始逐步分期分批推进公务卡制度改革,并从 2012 年 7 月开始正式执行。所有实行公务卡制度改革的中央预算单位,都应严格执行中央预算单位公务卡强制结算目录。

实行公务卡制度后,中央预算单位原有报销审批程序不变。报销人凭发票、公务卡消费凭条(持卡人存根联)等单据按本单位报销程序审批报销。持卡人因网上消费无法取得 POS 消费凭条或消费凭条丢失时,对于已出账单的支出,可依据持卡人提供的对账单交易明细进行报账;对于未出账单的支出,可依据持卡人提供载有公务卡卡号(或持卡人姓名)、消费日期和消费金额等要素的纸质交易明细进行报账。

(八)国有资产报销手续及要求

涉及固定资产或无形资产报销的,报销人员必须在本单位资产管理员处办理登记入库手续后,才能到财务核算中心办理报销事宜。

报销人必须在中国气象局计财业务系统中填制"经费报销单",并附固定资产或无形资产入账票据及明细清单(并加盖开票方发票专用章)、资产入库单等凭证。对属于政府采购目录内商品,应附政府采购电子验收单。

二、财务报销流程

近年来,县级气象局根据各单位的实际情况,主要按照"县账市管"模式即各县级气象局会计业务核算交由上一级(市级气象局)财务核算中心代理的财务监管方式,或县级气象局自行核算模式进行日常财务报销核算工作。

目前中国气象局逐步推进的计财业务系统已经逐步完善并趋于统一,省、市、县各级都是使用统一的报销平台,即依托于计财业务系统的财务报销系统,本节所描述的财务报销流程起于经办人发起,止于出纳支付步骤,所以均适用于下面内容所述的财务报销流程,具体内容如下。

(一)财务报销流程图

报销人从取得原始凭证并经单位确认需要报销开始,按下图所示财务报销流程办理报销手续。

(二)财务业务办理流程

首先应鉴别发票真伪,如拨打 12366 税务热线或登陆税务局网站查询,并在背面注明"发票已查验"字样。检查发票的要素信息、凭证的名称,填制凭证的日期、凭证单位名称或者填制

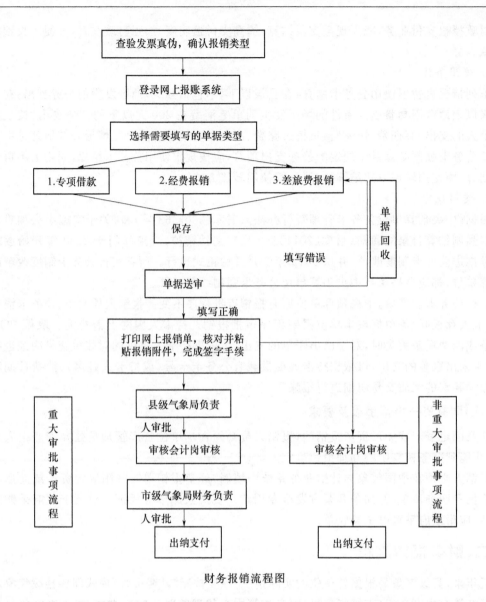

财务报销流程图

人姓名、经办人员的签名或者盖章,接受凭证单位名称,经济业务内容、数量、单价和金额。原始凭证不得涂改、挖补。

登录气象部门财务核算业务系统,输入经办人的登录名和密码,点击"登录"按钮进入网上报账系统。

登录系统后,在界面的左侧根据业务需要选择相应的单据种类。查阅已保存或送审的历史单据。

点击"专项借款",系统弹出借款单填写页面,填写单据信息。

点击"经费报销",系统弹出经费报销单填写页面。经办人按照弹出经费报销单填写页面。

填写差旅费报销单。点击"差旅费报销",系统弹出差旅费报销单填写页面,填写单据信息。

单据信息填写完后,点击"保存",单据即保存为"待办单据"类型。

单据送审。单据信息填写完后,点击"提交审核",单据即保存为"已办单据"类型。

提交审核后,点击"流程跟踪",可以查看单据目前流转环节。

单据收回或修改。报销人填报的报销单据,只有在"待送审单据—待办"状态下,才能进行修改或删除,对已提交审核的要先收回变成待送审单据后才能进行修改或删除。

选定"待办"页签,双击报销单据所在行后系统会自动弹出该单据操作状态界面,报销人便可以直接对单据进行修改、删除等操作。

选定"已办"页签,双击需要修改的单据所在行,系统自动弹出该单据操作状态界面,点击"收回"按钮则该单据变为"待办"状态。

打印网上报销单。点击打印预览,再次核对单据信息无误后,使用规范的打印纸打印报销单据。

核对并粘贴报销附件,完成签字手续。根据报销业务类型,核对原始单据的附件是否齐全。核对完附件后,依次将附件分类别整理粘贴到票据粘贴单上,粘贴时请与票据粘贴单的边界对齐并尽量平整。根据单位的财务报销审批流程,经办人、证明人签字后,将信息准确、票据完备的报销单据提交审核会计岗并完成签字手续。

审核会计岗审核。非重大审批事项单据,审核会计岗(一般为县级气象局报账员)直接进行审核,审核无误后流转至支付环节;根据单位的财务报销审批流程,如果属于重大审批事项,需首先经过县级气象局负责人审批,再经审核会计岗审核,后经市级气象局分管财务领导审批方可流转至支付环节。

出纳支付。审核通过并签字确认的单据送至出纳进行收付款或转账。

(三)内控风险及常见问题

1. 内控风险及要求

一是支出未严格执行预算。风险主要表现为未严格执行批复的部门预算,未按照预算和国家规定的开支范围、开支标准列支,无预算开支和超预算开支,在不同预算科目之间串用资金等。风险防控措施为:财务核算中心建立健全财务稽核制度,核对预算,对超预算或不符合预算要求的不予通过审核。

二是付款事项不真实。风险主要表现为付款事项与合同、协议等约定不符,或虚列支出。风险防控措施为:核对付款申请与合同、协议等。符合"三重一大"标准的,单位领导班子集体审核决定。付款事项列入本单位局务公开。发现付款事项不真实的,追究相关人员责任。

三是付款凭据不真实。风险主要表现为付款手续不完整,票据不合规。风险防控措施为:财务核算中心建立健全财务稽核制度,对付款原始凭证的真实性、付款手续的完整性等进行审核。对填写不准确、不完整的原始凭证,予以退回,要求更正、补充。

四是审批权限不合规。风险主要表现为越权审批,没有履行大额资金审批程序。风险防控措施为:健全单位财务审批制度,并将付款事项审批列入本单位政务公开。

五是款项支付错误。风险主要表现为多付或重复支付款项。风险防控措施为:现金日清月结,应付款及时对账,建立健全财务稽核制度。

六是不相容职务未分离。风险主要表现为会计和出纳由一人承担,印章保管人和支票保管人为同一人,网银U盾经办人与复核人为一人,导致资金安全风险。风险防控措施为:设置专职或兼职会计与出纳各一人,确保不相容职务分离。

2. 常见问题

一是单据问题。票据使用范围与内容不符的;内容不完整的;未加盖收款单位发票专用章的;金额大小写不符的;挖补、涂改、虚假的;报销手续不齐全的;假发票等其他不符合财务规定的不能报销。

二是时间问题。当年票据一般应在年度内报销完毕,特殊情况下可在票据业务发生后一个年度内报销完毕。若为增值税专用发票,需在180天以内报销。

三是增值税发票问题。增值税专用发票的抵扣时限为发票开具日后的360天。发票认证要注意:票面信息不得有误;发票要平整干净,不得有污迹及损坏,在认证前增值税专用发票不得折叠;发票密码区内文字不得压线及出格。要严格按上述注意事项操作,否则无法通过税务局认证。

四是电子发票问题。根据国家税务总局公告2015年第84号规定,电子发票可以正常报销。由于电子发票可在系统中多次打印,基于会计谨慎性原则,建议仍以纸质发票作为报销依据。电子发票的真实性和唯一性由各单位自行查验,由经办人书写查验说明、单位分管领导签批即可。

五是原始凭证有误的问题。根据《会计法》规定,原始凭证有错误的,应当由出具单位重开或者更正,更正处应当加盖出具单位印章。原始凭证(如发票)金额有错误的,应当由出具单位重开,不得在原始凭证上更正。如果无法取得合规的原始凭证,则不予报销。

六是发票丢失的问题。如果不慎将发票丢失,该如何报销?根据有关规定,可按照下列步骤进行处理。财务支出票据遗失的,需加盖单位公章的记账联(或存根联)复印件,并由报销人出具书面说明,证明人签字可作报销凭证;确实无法取得的,报销人应出具书面说明,经证明人签字、按程序审批后方可报销。

七是出差无住宿费发票的问题。根据《气象部门差旅费管理办法》规定,实际发生住宿而无住宿费发票的,所有差旅费用不予报销。但以下几种情形除外:参加会议、培训举办单位统一安排食宿的;当天往返未发生住宿费的;挂职、交流和锻炼的干部因公往返所在地和原居住地的;开展野外观测实验,住宿在台站或其他无法开具住宿费发票的地方,可以按规定标准报销差旅费。

八是领取劳务费的问题。根据《中国气象局机关和直属单位财务报销管理暂行办法》规定,三种情形不得领取劳务费:一是参与项目(课题)及项目(课题)管理,且有工资性收入的人员,不得领取与项目(课题)有关的劳务费;二是岗位职责范围内提供的劳务,不得领取劳务费;三是专家咨询费不得支付给参与项目(课题)的工作人员。

思考题

(1)通用及特殊情况下的差旅费报销标准?

(2)公务卡强制结算目录有哪些?

(3)财务报销业务的主要风险点及防控措施?

第二节 预算管理

内容提要

本节主要包括预算管理概述、预算编制及预算执行要求。介绍了预算的基本概念、意义和预算管理相关法规,阐述了县级气象局预算管理的现状,重点分析了预算编制和预算管理中存在的问题及对策建议,介绍了如何在预算管理系统中编制年度预算。

一、概述

(一)预算的基本概念

预算是一种以量化形式表现的计划,用以规划、安排预算期内资源的获得、配置和使用。

在不同的应用领域,预算的内涵有所不同。政府预算是政府为了筹集、使用和分配财政资金,按照法定程序编制,经过国家权力机关审查、批准的具有法律地位的年度财政收支计划。政府预算的级次划分、收支内容、管理职权划分等都是以预算法的形式规定的,预算的编制、执行和决算的过程也是在预算法的规范下进行的。政府预算编制后要经过国家立法机构审查批准后方能公布并组织实施。预算的执行过程受法律的严格制约,不经法定程序,任何人无权改变预算规定的各项收支指标,这就使政府的财政行为通过预算的法制化管理被置于民众的监督之下。

单位预算是政府预算的基本组成部分,是各级政府的直属机关就其本身及所属行政事业单位的年度经费收支计划,是履行其职责或事业计划的财力保证,是各级总预算的基本构成单位。

《中华人民共和国预算法》(以下简称《预算法》),经中华人民共和国第十二届全国人民代表大会常务委员会第十次会议通过,自2015年1月1日起施行。制定《预算法》主要是为了规范政府收支行为,强化预算约束,加强对预算的管理和监督,建立健全全面规范、公开透明的预算制度,保障经济社会的健康发展。

预算包括一般公共预算、政府性基金预算、国有资本经营预算、社会保险基金预算,预算由预算收入和预算支出组成。各单位编制本单位预算草案,按照国家规定上缴预算收入,安排预算支出,并接受国家有关部门的监督。预算支出的编制,应当贯彻勤俭节约的原则,严格控制机关运行经费和楼堂馆所等基本建设支出。

(二)预算管理现状

1. 预算收入构成现状

我国现行的财政管理体制是以分税制为基础的分级财政体制,根据事权与财权相结合的原则划分中央和地方财政收支范围。中央财政主要承担国家安全、外交和中央国家机关运转所需经费,调整国民经济结构、协调地区发展、实施宏观调控所需支出及由中央直接管理的社会事业发展支出;地方财政主要承担本地区政权机关运转所需支出及本地区经济、社会发展所需支出。

气象部门自1983年实行"气象部门和地方政府双重领导,以气象部门为主"的领导管理体制。《关于进一步加强气象工作的通知》(国发〔1992〕25号)明确提出:"建立健全与气象部门现行领导管理体制相适应的双重气象计划体制和相应的财务渠道,合理划定中央和地方财力分别承担基建投资和事业经费的气象事业项目"。简而言之,气象部门实行的是双重计划财务体制,即中央财政和地方财政均对气象事业有投入,形成了基本稳定的中央、地方气象事业发展格局。

目前县级气象局的收入来源主要由三部分构成,即中央财政拨款、地方财政拨款和其他资金。中央财政拨款是指从中央财政部门取得的各类财政拨款收入,由财政部下达中国气象局后再逐级下达至各县级气象局;地方财政拨款是指从地方同级财政部门取得的财政补助收入,由各县级财政部门下达至县级气象局。县级气象局的中央及地方财政拨款均为一般公共预算,由基本支出及项目经费构成;其他资金从财务会计科目来说包括上级补助收入、事业收入、经营收入、其他收入和附属单位上缴收入,从收入类别来说包括专业气象服务收入、气象信息服务收入、防雷收入、广告收入、培训收入、后勤服务收入、软件开发及技术服务收入、租赁收入、投资收益及利息收入等。

2015年起,随着全国防雷体制改革和"放管服"的深入推进,各级气象机构的防雷收入大幅下降,导致县级气象局的收入来源构成发生变化。为保障机构运转和人员支出刚性需求,各地加大双重计划财务体制落实力度,中央财政拨款逐年落实了事业人员绩效工资、医保缴费经费预算,基本支出财政保障力度逐年加大,地方财政拨款占比也逐年提升。

2. 预算支出构成现状

气象部门预算支出由事业支出和经营支出构成。中央财政拨款及地方财政拨款对应的支出均为事业支出。其他资金中的事业收入、上级补助收入、其他收入、附属单位上缴收入对应的支出也为事业支出,经营收入对应的支出为经营支出。事业支出分为基本支出和项目支出,其中项目支出分为行政事业类项目支出和基本建设项目支出。

基本支出是指各单位为保障其机构正常运转、完成日常工作任务而发生的经费支出。县级气象局的基本支出按其性质分为人员经费和日常公用经费。人员经费主要是指维持机构正常运转且可归集到个人的各项支出,日常公用经费主要是指维持机构正常运转但不能归集到个人的各项支出。

项目支出是指各单位为完成其特定的行政工作任务或事业发展目标,在基本支出预算之外编制的年度支出计划,包括基本建设、有关事业发展专项计划、专项业务费、大型修缮、大型购置等项目支出。近年来,发展建设和业务运行方面财政保障率逐步提升。

二、预算编制

县级气象局应根据上级主管部门及同级财政部门要求编制预算,全部收入和支出都应当纳入预算,不得隐瞒、少列。预算应当遵循统筹兼顾、勤俭节约、量力而行、讲求绩效和收支平衡的原则。从预算编制的时间阶段来看,可分为准备、"一上""一下""二上""二下"和调整六个阶段,从预算编制的内容来看,可分为收入编制和支出编制,其中支出编制包括基本支出预算编制和项目支出预算编制。

(一)预算编制的六个阶段

为明确预算编制的各个时间节点及各部门预算编制的职责,2020年中国气象局结合财政部预算制度改革相关要求,下发了《中国气象局预算管理工作规程》(气办发〔2020〕55号),将预算编制工作划分为六个阶段,同时结合财政部每年下达的预算编制程序要求,对预算编制的六个阶段中各预算单位的职责进行了阐述。

1. 准备阶段

准备阶段是指1月1日至5月15日期间。4月15日前各预算单位要按中国气象局项目库的申报要求,完成中央财政拨款三年支出规划项目及地方财政拨款项目、自筹资金项目入库。5月15日前各预算单位要对上一预算年度已安排的项目进行绩效评价,并撰写自评报告,提出下一预算年度拟安排项目绩效目标。

2. "一上"阶段

"一上"阶段是指5月15日至8月10日期间。6月1日前各预算单位对中国气象局下发三年支出规划项目预算初步申报方案,提出反馈意见或建议;6月30日前各预算单位按照中国气象局综合预算编制总体思路要求组织开展综合预算编制工作;6月25日前将《气象部门综合预算》报送中国气象局;7月31日前各预算单位按照中国气象局下发的三年支出规划申报方案完成项目申报工作;根据中国气象局要求,将本单位纳入三年支出规划的项目文本以及预算基础信息相关数据按要求报中国气象局。

3."一下"阶段

"一下"阶段是指8月1日至11月15日期间。10月25日前各预算单位根据"一上"后实际情况,对纳入备选库的地方财政拨款项目、自筹资金项目进一步优化调整,新增项目报入基础库;11月15日前各预算单位向计划财务司反馈对综合预算控制数的意见,根据中国气象局下达的综合预算控制数,按要求细化本单位综合预算控制数并下达所属预算单位。

4."二上"阶段

"二上"阶段是指11月16日至12月25日期间。各预算单位需调整编报本单位三年支出规划和《中央部门预算(草案)》,按时上报中国气象局;组织完成《气象部门综合预算(草案)》编制工作;调整编报本单位项目库中项目支出文本;根据中央财政拨款预算控制数、地方财政拨款下达情况,统筹考虑气象有偿服务收入情况,调整备选库项目预算及实施内容。

5."二下"(批复)阶段

"二下"阶段是指12月5日至次年4月中旬期间。各单位应根据中国气象局批复的预算和要求,组织本单位预算批复工作;在收到中国气象局批复预算之日起15日内将下级预算单位预算批复完毕;将预算批复情况抄报计划财务司备案。

6. 调整阶段

调整阶段是指5月1日至12月31日期间。审核本单位及所属单位预算调整需求,提出正式申请、说明相关理由于当年的7月31日前上报中国气象局。中国气象局将于8月31日前上报财政部审批。

(二)预算收入编制

预算收入包括财政拨款收入、事业收入、经营收入、其他收入、上级补助收入、附属单位上缴收入和上年结转结余。在"一上"阶段,综合预算需编制收入预算,中央部门预算不需要编制收入预算。在"二上"阶段,县级气象局需要将所有收入纳入预算。在"一下"阶段,财政部会下达中国气象局中央财政拨款控制数,分基本支出和项目支出分别下达。其中基本支出按功能分类分人员经费和公用经费下达,项目支出按功能分类分项目明细下达。中国气象局将控制数分解到各二级预算单位(省级气象局),二级预算单位再将控制数分解到三级预算单位(市级气象局),三级预算单位再将控制数分解到四级预算单位(县级气象局)。县级气象局编制收入来源时,中央财政拨款必须严格按下达的控制数编制。

地方财政拨款是指县级气象局从同级地方财政部门取得的收入。各县级气象局的地方预算管理模式不同,有的县级气象局同时也是地方预算编制单位,实行国库集中支付零余额管理,在"二上"阶段能准确预计地方财政拨款收入,而有的县级气象局不属于地方预算编制单位,地方财政拨款以临时追加预算形式下达,在"二上"阶段不能准确预计。要结合上年度地方财政拨款收入及本年度与地方财政沟通情况,合理预估地方财政拨款收入并纳入部门预算。

事业收入是指开展专业业务活动及其辅助活动取得的收入,经营收入是指在专业业务活动及其辅助活动之外开展非独立核算经营活动取得的收入。从气象部门收入的会计科目体系设置来看,事业收入和经营收入的界限并不明显,但收入主要用于人员经费和日常公用,则应将这部分收入编入事业收入预算。县级气象局的事业收入主要是专业气象服务收入、气象信息服务收入和防雷收入,要结合上年度事业收入及经营收入决算情况,合理预估本年度事业收入及经营收入并纳入部门预算。

上级补助收入是指从主管部门和上级单位取得的非财政补助收入。附属单位上缴收入是指附属独立核算单位按规定上缴的收入,一般是附属事业单位如防雷中心取得的气象有偿服务收入上缴。其他收入是指除以上各项收入以外的其他收入,如投资收益、横向课题收入等。上年结转结余是指中央财政拨款、地方财政拨款和有专项用途的其他资金当年未使用完,按规定可以结转次年继续使用的资金。要结合本年资金执行情况,合理预计上年结转结余资金,并结合单位实际,合理预计上级补助收入、附属单位上缴收入和其他收入,全额纳入部门预算。

(三)支出经济分类科目

支出经济分类科目是预算管理的基础,是预算编制、执行、决算、公开和会计核算的重要工具,分为"政府预算支出经济分类"和"部门预算支出经济分类",两套科目之间保持对应关系,与政府预算和部门预算相衔接。每年财政部会发布当年的支出经济分类科目。

政府预算支出经济分类体现政府预算的管理要求,按照《预算法》的要求设置类、款两级。以《2021年政府收支分类科目》为例,共设置类级科目15个,款级科目62个。气象部门的参公单位涉及到的类级科目主要有:机关工资福利支出,机关商品和服务支出,机关资本性支出(一),机关资本性支出(二),对个人和家庭的补助。气象部门的事业单位涉及到的类级科目主要有:对事业单位经常性补助,对事业单位资本性补助,对个人和家庭的补助。

部门预算支出经济分类科目不区分单位性质,参公单位和事业单位使用相同的经济分类科目。气象部门涉及到的类级科目主要包括:工资福利支出,商品和服务支出,对个人和家庭的补助,资本性支出(基本建设),资本性支出。其中工资福利支出、对个人和家庭的补助类属于人员经费,商品和服务支出、资本性支出属于基本支出公用经费或项目经费支出,资本性支出(基本建设)只用于发改委安排的基本建设项目预算编制。

工资福利支出反应单位开支的在职职工和编制外长期聘用人员的各类劳动报酬,以及为上述人员缴纳的各项社会保险费等。包括基本工资、津贴补贴、奖金、伙食补助费、绩效工资、养老保险缴费、职业年金缴费、医疗保险缴费、住房公积金、医疗费等支出。

商品和服务支出反应单位购买商品和服务的支出,不包括用于购置固定资产、战略性和应急性物资储备等资本性支出。包括办公费、印刷费、咨询费、手续费、电费、水费、邮电费、物业管理费、差旅费、因公出国(境)费、租赁费、维修(护)费、会议费、培训费、公务接待费、劳务费、委托业务费、工会经费、福利费、公用用车运行维护费、其他交通费等支出。

个人和家庭的补助支出,主要包括离退休费、抚恤金、生活补助、医疗费补助等。

资本性支出(基本建设)是发改委安排的基本建设支出,包括房屋建筑物构建、办公设备购置、专用设备购置、基础设施建设、大型修缮、信息网络构建及软件购置更新、公务用车及其他交通工具购置等支出。

资本性支出不含基本建设项目支出。包括房屋建筑物构建、办公设备购置、专用设备购置、基础设施建设、大型修缮、信息网络构建及软件购置更新、土地补偿、地上附着物和青苗补偿、公务用车及其他交通工具购置等支出。

(四)基本支出预算编制

在"一上"阶段,不需要测算基本支出总规模,只需提供单位的人员编制、实有人数、分职级的规范津贴补贴测算相关数据。这个数据上报至财政部后,财政部各地监管局会要求单位提供机构编制文件、工资表及规范津补贴文件,审核各单位上报数据的真实性,对虚报多报的人数和规范津贴补贴予以核减。财政部依据审核确定的编制数、实有人数及规范津贴补贴,分别核定人员经费和公用经费"一下"控制数。县级气象局根据实际需求,测算基本支出的人员经费和公用经费需求,对超出中央财政拨款"一下"控制数部分(即中央财政保障以外)的支出,需统筹地方财政拨款和其他资金予以保障。

1. 基本支出预算编制的原则

在编制年度基本支出预算时,需遵循以下三个原则。

一是综合预算原则。在编制基本支出预算时,要对当年财政拨款、上年度结转和结余资金、其他资金,包括单位财政补助收入、非税收入和其他收入等统筹考虑、合理安排。

二是优先保障原则。预算资金的安排,首先要保障各单位基本支出的合理需要,保障日常工作的正常运转,履行基本职能。在此基础上,本着"有多少钱办多少事"的原则,安排各类项目支出。

三是定额管理原则。预算定额,是指预算分配的定额,主要用于公开、透明、规范分配预算,而不是预算执行的定额。自 2001 年起,财政部开始对基本支出试点"定员定额"管理方式,2014 年已扩大到绝大多数参公事业单位和部分公益性较强的事业单位,气象部门除极少数参公及事业单位未实行定员定额管理外,其他单位均采用定额管理方式。

2. 基本支出定员定额标准

定员定额是测算和编制单位基本支出预算的重要依据。定员是指中国气象局根据各单位性质、职能、业务范围和工作任务下达的人员标准配置,是指人员的编制数。定额是指中国气象局根据单位机构正常运转和日常工作任务的合理需要,结合财力可能,对基本支出的各项内容所规定的指标额度。

定额标准制定的依据:制定定额标准既要依据国家方针政策和财务制度的有关规定,又要考虑实际支出因素的变化。基本支出定额项目包括人员经费和日常公用经费两个部分。人员经费定额依据中国气象局人力资源数据库系统中人员基本信息、工资及津贴补贴政策、社会保障缴费政策等,以人作为测算对象测算确定;日常公用经费定额依据各单位工作量、占用资源和相关历史数据,以人或实物作为测算对象按不同类型的单位分级核定,实行定员定额和实物定额相结合的管理方式。

定额标准的调整:定额标准的执行期限与预算年度一致,在年度预算执行中不作调整。定额标准如需要调整的,在年度部门预算编制工作开始前进行。

气象部门基本支出定额:中央财政拨款"一下"控制数下达各单位时,人员经费财政拨款控制数主要由两部分构成,一是按定员定额标准测算的人员经费,二是按实有在职人数、职级分类和各地规范津补贴标准测算的规范津贴补贴预算。公用经费财政拨款控制数主要是按定员定额标准测算下达。

3. 基本支出预算编制

在中国气象局下达的气象基本支出预算控制数范围及财政拨款补助数内,根据本单位的实际和国家有关政策、制度规定的开支范围和开支标准,编制本单位基本支出预算,并在规定时间内报中国气象局。各单位在编制本单位基本支出预算时,人员经费预算控制数和日常公用经费预算控制数之间不得调整,但人员经费预算控制数和日常公用经费预算控制数在各自的支出经济分类款级科目之间可以自主调整。

基本支出人员经费主要分为在职人员经费、购房补贴和住房公积金、医保缴费、养老保险缴费、职业年金缴费和离退休人员经费。基本支出公用经费分为在职公用经费和离退休公用经费。基本支出预算编制就是分类别分别测算各个支出需求并编入对应的支出经济分类科目中。

人员经费编制需人事部门与计财部门共同参与。人事部门根据次年预算的在职人数、离退休人数合理测算人员经费支出。在职人员经费根据每月工资表、预计的人员变动及地方奖励政策,测算全年基本工资、国家规定的津贴补贴、规范津贴补贴(绩效工资)、改革性补贴、奖励性补贴支出需求。另根据地方公积金中心和社保部门政策,测算住房公积金、医保缴费、养老保险缴费和职业年金缴费需求。离退休人员经费需测算由单位负担部分的支出需求,若每月退休费已由社保发放,则需测算统筹外退休费支出需求(包括每月的统筹外和由单位发放的奖励性补贴等)、离休人员经费支出、医疗费支出、抚恤金支出等。

公用经费预算编制主要参照上年决算数和本年的实际支出需求,合理测算后编入对应的支出经济分类科目中。其中按照规定应当纳入政府采购的支出,应同时纳入政府采购预算,并按照财政部和中国气象局下发的政府采购有关规定执行。

(五)项目支出预算编制

在"一上"阶段,需编制年度项目支出预算及三年支出规划需求,即项目需按三年编制预算。其中中央财政拨款项目按预算下达的控制数编制,其他资金项目根据地方财政拨款的安排或自筹资金及课题资金的安排,合理预计编入预算。

项目支出预算具有三方面的特征,一是专项性,体现在预算与业务的结合之中,预算是为完成特定业务目标而编制的经费支出计划;二是独立性,每个项目支出预算都应有其支出的明确范围,项目之间支出不能交叉,项目支出与基本支出之间也不能交叉;三是完整性,项目支出预算应包括完成特定业务目标所涉及到的全部经费支出。

1. **项目支出预算管理原则**

项目支出预算管理需遵循以下基本原则。

一是综合预算原则。在编制项目支出预算时,当年财政拨款和以前年度结余资金,中央财政拨款、地方财政拨款和单位其他各项资金,要统筹考虑,合理安排。

二是科学论证合理排序原则。申报的项目应当进行充分的可行性论证和严格审核,分轻重缓急排序后视当年财力情况,优先安排急需的项目。

三是项目库管理原则。项目库是对项目进行规范化、程序化管理的数据库系统。申报的所有项目必须纳入项目库,合理排序,实行滚动管理。

四是追踪问效原则。中国气象局对项目的执行过程实施追踪问效,并对项目完成结果进行绩效考评。

2. **项目的分级管理**

中央部门预算项目实行分级管理,分为一级项目和二级项目两个层次。

一级项目的管理:一级项目明细到支出功能分类的款级科目,按照部门主要职责设立并由部门作为项目实施主体,每个一级项目包含若干二级项目。按照使用范围,一级项目分为通用项目和部门专用项目。一级项目的内容包括实施内容、支出范围和总体绩效目标。气象部门的一级项目由中国气象局确定,如"综合观测业务经费""公共气象服务经费""综合管理经费"等。

二级项目的管理:二级项目明细到支出功能分类的项级科目,由具体预算单位根据项目支出预算管理的相关规定和部门有关要求自主设立。按照项目的重要性,二级项目划分为重大改革发展项目、专项业务费项目和其他项目。气象部门的二级项目也由中国气象局确定,如一级项目"综合观测业务经费"设置了2个二级项目"气象探测费"和"气象装备保障经费",这2个二级项目都是专项业务费项目;一级项目"公共气象服务经费"设置了3个二级项目"气象灾害防御和服务经费""人工影响天气业务经费"和"三农服务专项资金",其中"三农服务专项资金"为重大改革发展项目,其他 2 个为专项业务费项目。

子项目的管理:气象部门在二级项目之下还设立了具体的子项目。以二级项目"气象探测费"为例,共设置 6 个子项目,包括"雷达观测""高空观测"等。各单位需在子项目中编制具体的实施内容、支出经济分类科目预算和绩效目标。

3. 项目库管理

项目库是对项目进行规范化、程序化管理的数据库系统。分为中央部门项目库和财政部项目库。

财政部项目库是由财政部根据项目支出管理的需要,对中央部门所报项目进行筛选排序后设立。各部门申报项目汇总形成财政部项目库,作为财政部进行项目管理、审核年度部门预算和部门三年滚动规划的基础。财政部项目库在中央部门预算软件中统一管理。

纳入预算安排的项目,要在项目库中对项目的执行、调剂、结转结余、绩效等信息及时进行更新和维护。

中国气象局项目库(部门项目库)是计财业务系统的子系统,项目总库由计财司负责管理,项目分库分别由各省(自治区、直辖市)气象局及地(市)级气象局、计划单列市级气象局、中国气象局有关内设机构和直属单位负责管理。项目总库由本级和下级单位上报的项目构成,基层单位项目库由本单位立项和实施的项目构成。

项目库中项目实行分类管理。按照项目的性质分为常规项目和救灾项目两大类型,按照项目的建设内容分为基础设施项目和业务项目两大类别。

纳入中国气象局项目库的项目需填写规范的项目文本,包括立项依据、实施主体、支出范围、实施周期、预算需求、绩效目标、可行性论证、评审结果等内容。

各省(自治区、直辖市)气象局及地(市)级气象局、计划单列市级气象局、中国气象局直属单位和有关内设机构在申报项目时,应根据项目的不同类别和资金可能,按照项目的轻重缓急、择优遴选后,分类进行排序。

4. 项目预算评审

预算评审是完善预算编制流程,提高预算准确性的重要措施。预算评审的内容主要是对项目的完整性、必要性、可行性和合理性进行审定。中国气象局和财政部按照部门预算管理权限,分别组织开展预算评审工作。

财政部规定 100 万以上的项目必须评审,中国气象局规定总投资在 50 万元及以上项目应按要求提交专家论证意见和审批单位评审意见。按照"先评审后入库"的原则,评审通过的项目作为预算备选项目进入部门项目库。

评审结果与部门整体预算挂钩。财政部开展的项目预算评审,凡整体审减率超出容忍度(10%)的部门,要压减部门下一年度预算,并扣减三年支出规划。

5. 项目绩效目标管理

绩效目标是财政预算资金计划在一定期限内达到的产出和效果,是建设项目库、编制部门预算、实施绩效监控、开展绩效评价的重要基础和依据。项目支出绩效目标是指中央部门依据部门职责和事业发展要求,设立并通过预算安排的项目支出在一定期限内预期达到的产出和效果。

项目绩效目标按时效性划分,包括中长期绩效目标和年度绩效目标。中长期绩效目标是指中央部门预算资金在跨度多年的计划期内预期达到的产出和效果;年度绩效目标是指中央部门预算资金在一个预算年度内预期达到的产出和效果。

绩效指标是绩效目标的细化和量化描述,主要包括产出指标、效益指标和满意度指标等。产出指标是对预期产出的描述,包括数量指标、质量指标、时效指标、成本指标等;效益指标是对预期效果的描述,包括经济效益指标、社会效益指标、生态效益指标、可持续影响指标等;满意度指标是反映服务对象或项目受益人的认可程度的指标。

绩效标准是设定绩效指标时所依据或参考的标准。一般包括历史标准即同类指标的历史数据等;行业标准即国家公布的行业指标数据等;计划标准即预先制定的目标、计划、预算、定额等数据。

中国气象局下发一级项目的绩效目标,各预算单位结合部门职能、中长期发展规划、年度工作计划或项目规划,相关历史数据、行业标准、计划标准等制定各具体项目的绩效目标。

三、预算执行

(一)总体要求

各单位要加强预算执行管理,强化预算单位作为预算执行主体的地位;完善国库集中支付运行机制,落实支出经济分类科目改革相关工作;严格执行公务卡制度,减少现金提取和使用;加强预算单位实有资金账户管理,严格执行预算单位银行账户资金存放管理制度;加强预算执行动态监控,从严控制向实有资金账户划转资金;在保障资金安全的基础上,加快预算执行进度,进一步提高财政资金运行的效率和效益。

1. 基本支出预算执行要求

要严格执行批准的基本支出预算。执行中发生的非财政补助收入超收部分,原则上不再安排当年的基本支出,可报中国气象局并经财政部批准后安排项目支出或结转下年使用;发生的短收,由单位报中国气象局并经财政部批准后调减当年基本支出预算,当年财政补助数不调整。如遇国家政策调整,如退休人员进入社保后的离退休经费结余,对预算执行影响较大,确需调整基本支出预算的,由单位报中国气象局并经财政部批准后调整。基本支出的预算调整一年一次,中国气象局审核后在8月底前上报财政部。

2. 项目支出预算执行要求

要严格按照预算批复的功能分类科目、经济分类科目、用款计划、项目进度、有关合同和规定程序做好项目支出预算执行工作,涉及政府采购的应严格执行政府采购有关规定。强化预算硬约束,年度预算执行中除救灾等应急支出和少量年初未确定事项外,一般不追加当年项目预算支出,必须出台的政策通过以后年度预算安排。

(二)国库集中支付要求

要严格依据本单位预算指标编制用款计划,加强预算执行事前规划,提高用款计划编报的准确性。用款计划中的资金支付方式由预算单位根据资金使用预计情况编制,资金使用预计情况发生变化时应及时上报调整用款计划。在实际使用资金时,按照财政部规定的支付方式划分标准选择直接支付或授权支付方式。基层气象部门一般都是授权支付方式。

各预算单位除下列支出外不得从本单位零余额账户向本单位或本部门其他单位实有资金账户划转资金:政府购买服务支出,工会经费、住房改革支出、应缴或代扣代缴的税金,以及符合相关制度规定的工资中的代扣事项;按照有关制度规定由预算单位与科研项目委托任务承担单位签订科研委托协议或合同,确需将资金支付到委托任务承担单位的;尚不能通过零余额账户委托收款的水费、电费、取暖费等。

(三)预算执行进度要求

要高度重视预算执行工作,加快推进重大项目实施,尽早编制可研或实施方案,尽早实施政府采购工作。要坚持加快预算执行进度和财政资金使用的安全性、规范性、有效性并重的原则,要按照财政预算、项目进度、有关合同和规定程序支付资金,严禁超预算、超进度拨款,防止年底突击花钱。

按财政部关于预算执行的最新要求,每个预算单位在每个月底基本支出和二级项目支出均达到预算执行序时进度。中国气象局建立了预算执行进度与目标考核和次年预算资金安排双挂钩机制。对6月底预算执行未达45%、9月底预算执行未达75%、12月底预算执行未达98%的,扣减当年的目标考核得分;对某些重要的关键节点(如"一上"和"二上")未达序时进度的,扣减次年预算。

(四)预算执行动态监控

目前财政部主要通过驻各地监管局发挥就地监管优势,加强对属地中央基层预算单位预算执行的业务监管。要高度重视预算执行动态监控工作在国库集中支付改革中的积极作用,主动配合财政部调查核实动态监控发现的疑点问题,对确认的违规问题要认真纠正、严肃整改。要加强财务监督,加强资金监管,建立健全与财政部监控工作互动机制,形成合力,切实提高监控效率和效果。

(五)预算绩效监控

绩效监控是全过程预算绩效管理的重要环节,起到承上启下的作用,是保障绩效目标实现的机制性安排。要对照年初绩效目标,跟踪查找项目执行中资金使用和业务管理的薄弱环节,及时弥补管理中的漏洞,纠正绩效目标执行中的偏差。

每年7月财政部将组织开展预算绩效监控工作,各单位应对资金运行状况和绩效目标预期实现程度开展绩效监控,及时发现并纠正绩效运行中存在的问题,力保绩效目标如期实现。

思考题

(1)气象部门的收入构成有哪些?

(2)收入预算编制的要求是什么?

(3)基本支出预算编制的原则和要求有哪些?

(4)项目支出预算编制的原则和要求有哪些?

(5)气象部门预算执行和结余资金的管理要求?

第三节　资产管理

内容摘要

本节包括行政事业单位国有资产管理概述、部分资产配置标准、资产使用、资产处置管理相关规定等内容。

一、概述

行政事业单位国有资产管理是指对所有权属于国家的各类资产的经营和使用,进行组织、指挥、协调、监督和控制的一系列活动的总称,基本目标是实现国有资产的保值与增值。具体地说,就是对国有资产的占有、使用、收益和处置进行管理。

(一)国有资产的界定与分类

1. 国有资产的界定

国有资产是指由行政事业单位占有、使用的,在法律上确认为国家所有、能以货币计量的各种经济资源的总和。包括国家拨给行政事业单位的资产、行政单位按照国家政策规定运用国有资产组织收入形成的资产,以及接受捐赠和其他经法律认为国家所有的资产。

2. 固定资产与无形资产

根据《政府会计准则第3号——固定资产》,固定资产是指一般设备单位价值在1000元以上,专用设备1500元以上,使用期限在一年以上,并在使用过程中基本保持原有物质形态的资产。

事业单位固定资产分为六类:房屋及构筑物;专用设备;通用设备;文物和陈列品;图书、档案;家具、用具、装具及动植物。

某些备品备件和维修设备,它们会与相关固定资产组合而发挥效用,如计算机高价配件、气象雷达高价值周转件等,应当确认为固定资产。

固定资产的各组成部分具有不同使用寿命或者以不同方式为单位提供经济利益、适用不同折旧率或折旧方法的,应当分别将各组成部分确认为单项固定资产。

某些设备或用具,单位价值虽不足规定标准,但耐用期在一年以上的大批同类物资,应当按照固定资产管理。如大批图书、家具、用具等。

根据《政府会计准则第4号——无形资产》无形资产是指单位或企业拥有或控制的没有实物形态的可辨认非货币性资产,主要包括专利权、非专利权、商标权、著作权、土地使用权和特许权、软件等。无形资产的确认与固定资产一样。

3. 国有资产的分类

按照行政管理层次的不同,行政事业单位国有资产可分为中央行政事业性国有资产和地方行政事业性国有资产。按照存在形态的不同,行政事业单位国有资产可分为流动资产、固定资产、长期投资、无形资产和其他资产。

流动资产是指可以在一年以内变现或者耗用的资产,包括现金、各种存款、零余额账户用款额度、应收及预付款项、存货等。其中存货是指事业单位在开展业务活动及其他活动中为耗用而储存的资产,包括材料、燃料、包装物和低值易耗品等。

(二)资产管理内部控制

根据行政事业单位国有资产管理实行国家统一所有、政府分级监管,单位占有、使用的管理体制,按照《行政事业单位内部控制规范(试行)》关于资产控制的要求,通过建立健全内部管理制度、合理设置岗位、归口管理、定期盘点、严格履行程序、强化对外投资跟踪管理等内部控制措施,保证气象部门国有资产的使用、处置等经济活动符合国家相关规定。

1. 建立健全内部管理制度

根据国家有关规定,对货币资金、实物资产、无形资产、对外投资等国有资产实行分类管理,按照各类资产的特点、管理中的关键环节和风险点,建立健全各类资产的内部管理制度,明确各类资产管理的工作流程、管理要求和工作责任,确保气象部门国有资产管理工作有序、高效开展。

2. 合理设置岗位

根据资产配置情况,结合本单位实际,合理设置资产管理岗位。建立资产管理岗位责任制,明确内部相关部门和岗位的职责权限,切实做到不相容岗位相互分离、制约和监督。如货币资金支付的审批和执行,实物资产的保管和盘点,无形资产的研发和管理等岗位应当相互分离。

3. 定期盘点

建立实物资产盘点清查制度,结合实际情况确定盘点清查周期、流程等相关内容,定期开展盘点清查工作,形成盘点清查书面报告。盘点清查中发现的资产盘盈、盘亏、毁损、闲置以及需要报废的,应当查明原因、落实并追究责任,按照规定的权限报批后处置。

4. 严格履行程序

国有资产管理应严格履行审批手续,按照规定权限对资产使用和处置事项进行审批或备案。国有资产使用或处置应当遵循公开、公正、公平和竞争、择优的原则,不得擅自使用或处置国有资产。资产使用收入应当纳入单位预算,统一核算,统一管理;资产处置收入应当按照非税收入管理的规定,实行"收支两条线"管理。

二、部分资产配置标准

资产配置标准是预算标准体系和资产配置标准体系的重要组成部分,是编制和审核资产配置计划和预算,实施资产采购和资产处置管理等工作的依据。国家、行业、省(区、市)已有资产配置标准的,单位应当严格按照标准执行。未规定资产配置标准的,应当从严控制,合理配备。

(一)通用办公设备家具配置标准

本标准所称通用办公设备、家具,是指满足办公基本需要的设备、家具,不含专业类设备、家具。配置标准包括资产品目、配置数量上限、价格上限、最低使用年限和性能要求等内容。最低使用年限是通用办公设备、家具使用的低限标准。未达到最低使用年限的,除损毁且无法修复外,原则上不得更新。已达到使用年限仍可以使用的,应当继续使用。如台式计算机(含预装正版操作系统软件)数量上限为结合单位办公网络布置以及保密管理规定合理配置,价格上限为 5000 元,最低使用年限为 6 年。便携式计算机(含预装正版操作系统软件)数量上限为单位编制内实有人数的 50%,价格上限为 7000 元,最低使用年限为 6 年。办公桌椅数量上限为 1 套/人,办公桌价格上限为司局级 4500 元,处级及以下 3000 元,最低使用年限为 15 年等,具体标准见《中央行政单位通用办公设备家具配置标准》(财资〔2016〕27 号)。

应配置具有较强安全性、稳定性、兼容性,且能耗低、维修便利的办公设备,不得配置高端设备。配置办公家具应当充分考虑办公布局,符合简朴实用要求,不得配置豪华家具,不得使用名贵木材。

(二)办公通用软件资产配置标准

政府机关办公通用软件,是指用于满足政府机关行政办公基本需要的软件,包括操作系统软件、办公软件(用于文字、表格等公文处理)和防病毒软件。

根据《政府机关政府办公通用软件资产配置标准(试行)》(财行〔2013〕98 号)文件精神,办公通用软件资产配置如下。

其实物量标准为每台计算机配备一个操作系统软件授权(许可)、一个办公软件授权(许可)、一个防病毒软件授权(许可)。采用网络授权(许可)、用户授权(许可)等方式配置的,应当低于上述标准。

价格标准:在采购计算机硬件时应当预装正版操作系统软件;预装的操作系统软件价格不单独计算,并入计算机硬件价格,统一按照办公设备购置费预算标准执行;办公软件实行价格上限控制,每个授权(许可)不得超过 600 元;确有特殊工作需要的,报经单位财务部门和技术部门批准后,每个授权(许可)不得突破 1400 元;防病毒软件实行价格上限控制,服务器端每个授权(许可)不得超过 1400 元(含一年服务费);客户端每个授权(许可)不得超过 100 元(含一年服务费)。

价格上限是软件的最高价格限制标准,不是必须达到的标准,应在满足日常办公需要的前提下,厉行勤俭节约。

办公通用软件,最低使用年限为 5 年。已达到规定的最低使用年限但仍有使用价值的,应当继续使用。

(三)党政机关办公用房建设标准

办公用房由基本办公用房(办公室、服务用房、设备用房)、附属用房两部分组成。

办公用房内容

办公用房		包括内容
基本办公用房	办公室	包括领导办公室和一般工作人员办公室
	服务用房	包括会议室、接待室、档案室、图书资料室、机关信息网络用房、机要保密室、文印室、收发室、医务室、值班室、储藏室、物业及工勤人员用房、开水间、卫生间等
	设备用房	包括变配电室、水泵房、水箱间、水处理间、锅炉房(或热力交换站)、空调机房、通信机房、电梯机房、建筑智能化系统设备用房等
附属用房		包括食堂、停车库(汽车库,自行车库,电动车、摩托车库)、警卫用房、人防设施等

办公用房建设按照《国家发展改革委 住房城乡建设部关于印发党政机关办公用房建设标准的通知》(发改投资〔2014〕2674号)及国家有关规定执行,购置或租用办公用房参照执行。如市级机关正职 42 平方米/人,市级副职 30 平方米/人,正局(处)级 24 平方米/人,副局(处)级 18 平方米/人,局(处)级以下 9 平方米/人等。

(四)其他资产配备标准

车辆配置按照国家及各省级行政事业单位公务用车改革的相关规定执行;业务用房配置编制按照项目管理相关要求执行;气象观测专用技术装备配备管理按照《气象观测专用技术装备使用处置管理办法》执行。

三、国有资产使用管理规定

国有资产使用包括单位自用、对外投资和出租、出借等。国有资产使用应当遵循权属清晰、安全完整、投资回报、风险控制、跟踪管理和注重绩效的原则。国有资产使用应首先保证单位正常运转和事业发展的需要。国有资产使用实行分级管理。计划财务部门按照规定权限对国有资产配置、对外投资和出租、出借等事项进行审批(审核)或备案。各单位负责本单位国有资产使用的具体管理。

根据《气象部门国有资产使用和处置管理暂行办法》(气发〔2010〕6号)文件精神,国有资产处置管理的具体规定如下。

规定适用于纳入中央部门预算编制范围的气象部门各级预算单位(以下简称各单位);地方机构编制部门批准的地方气象事业机构,其国有资产使用管理按照当地有关部门规定执行。当地没有规定的,参照以下规定执行。

(一)国有资产自用

1. 资产及时入账

对购置、接受捐赠、无偿划拨等方式取得的资产,资产管理部门应当及时办理验收、登记手续,严把数量、质量关,验收合格后送达具体使用部门,并明确资产使用人或资产管理员。自建资产应及时办理竣工验收、竣工财务决算编报以及按要求办理资产移交和产权登记。已交付使用但未办理竣工决算手续的资产,按照暂估价入账,待确定实际成本后再进行调整。财务部门应根据资产管理部门出具的资产入库单等相关凭证及时完成账务处理。严禁未经资产登记和财务入账直接使用资产,确保资产实物与价值的统一。

2. 资产日常清查

建立资产日常清查制度,对所占有、使用的资产定期或者不定期进行清查盘点。年度终了,应进行全面清查盘点,保证账账、账卡、账实相符。对资产盘盈、盘亏或者报废、毁损,应及时查明原因,按照规定报经批准后进行账务处理。

3. 资产领用交回

建立资产领用交回制度。资产领用应经主管领导批准。资产出库时保管人员应及时办理出库手续。办公用资产(包括办公家具、台式计算机、便携式计算机、相机、摄像机、传真机、打印机、复印机等)应落实到人,使用人员离职时,所用资产应按规定交回,并出资产管理部门对交回的资产进行核对后签收。

4. 无形资产管理

建立无形资产管理制度,加强对土地使用权、计算机软件、著作权、专利权、许可权、商标权、非专利技术等无形资产的管理和保护,并结合国家知识产权战略的实施,促进科技成果转化。

(二)国有资产出租出借

出租、出借是指各单位将国有实物资产出租、出借并获得相应收益的行为。

1. 不得出租出借的情形

国有资产有下列情形之一的,不得出租、出借:一是已被依法查封、冻结的;二是未取得其他共有人同意的;三是产权有争议的;四是其他违反法律、行政法规规定的。

2. 出租出借审批权限及程序

出租、出借的资产,单项或批量价值在800万元(含)以上且出租、出借时间超过六个月(不含)的,经中国气象局审核后报财政部审批;中国气象局直属事业单位、各省(自治区、直辖市)和计划单列市级气象局及其直属单位,出租、出借的资产单项或批量价值在800万元以下,或出租、出借的资产单项或批量价值虽然超过800万元,但出租、出借时间不到六个月的,由中国气象局审批;各省(自治区、直辖市)和计划单列市级气象局所属地、县级气象局,出租、出借的资产单项或批量价值在800万元以下,或出租、出借的资产单项或批量价值虽然超过800万元,但出租、出借时间不到六个月的,由中国气象局授权各省(自治区、直辖市)和计划单列市级气象局审批。

3. 国有资产出租出借所需提供资料

申请出租、出借国有资产,应当提供如下材料,并且对材料的真实性、有效性、准确性负责:一是拟出租、出借事项的书面申请;二是拟出租、出借资产的价值凭证及权属证明,如购货发票或收据、工程决算副本、国有土地使用权证、房屋所有权证、股权证等凭据的复印件(加盖单位公章);三是进行出租、出借的可行性分析报告;四是单位同意利用国有资产出租、出借的内部决议或会议纪要复印件;五是单位法人证书复印件、拟出租出借方的事业单位法人证书复印件或企业营业执照复印件、个人身份证复印件等。

4. 出租价格及年限确定

国有资产出租,原则上应当采取公开招租的形式确定出租的价格,必要时可采取评审或者资产评估的办法确定出租的价格。各单位利用国有资产出租、出借的,期限一般不得超过五年。

5. 国有资产出租出借收入

国有资产出租、出借取得的收入,应当按照有关规定纳入单位预算,统一核算、统一管理。将国有资产委托出租、出借的,受托方应当将取得的收入在扣除有关税费后全额上缴委托方,委托方不得在受托方以抵顶上缴收入等方式列支应由其承担的支出。

(三)国有资产使用其他要求

国有资产使用过程中不得有下列行为:一是未按规定程序申报,擅自对规定限额以上的国有资产进行对外投资和出租、出借;二是对不符合规定的对外投资和出租、出借事项予以审批;三是串通作弊、暗箱操作,违规利用国有资产对外投资和出租、出借;四是其他违反国家有关规定造成单位资产损失的行为。

四、国有资产处置管理规定

国有资产处置,是指各单位对其占有的国有资产进行产权转让或注销产权的行为。拟处置的国有资产权属应当清晰,权属关系不明确或者存在权属纠纷的资产,须待权属界定明确后予以处置。国有资产的处置应遵循公开、公正、公平和竞争、择优的原则,严格履行审批手续,未经批准不得擅自处置。国有资产处置事项的批复,以及按规定处置国有资产报省气象局备案的文件,是各单位资产配置预算项目的参考依据,应依据其办理产权变动和进行账务处理。账务处理按照现行事业单位财务和会计制度的有关规定执行。

处置方式包括:无偿调拨(划转)、对外捐赠、出售、出让、转让、置换、报废报损、货币性资产损失核销等。

根据《气象部门国有资产使有用和处置管理暂行办法》(气发〔2010〕6号)文件精神,国有资产使用管理的具体规定如下。

(一)资产处置的范围

一是闲置的资产;二是因技术原因并经过科学论证,确需报废、淘汰的资产;三是因单位分立、撤销、合并、改制、隶属关系改变等原因发生的产权转移的资产;四是盘亏、呆账及非正常损失的资产;五是已超过使用年限且无法继续使用的资产;六是由于被其他新技术代替或已经超过了法律保护期限,造成使用价值和转让价值降低或丧失的无形资产;七是依照国家有关规定需要进行资产处置的其他情形。

(二)资产处置审批权限

一次性处置单位价值或批量价值(账面原值,下同)在 800 万元(含)以上的国有资产,经中国气象局审核后报财政部审批。一次性处置单位价值或批量价值在 800 万元以下的国有资产，由中国气象局审批。其中以下情况由中国气象局授权各省（自治区、直辖市）和计划单列市级气象局、中国气象局直属事业单位审批。

一是除土地使用权（含随土地使用权一并处置的地面建筑物）、重大自然灾害导致的资产报废报损处置外，一次性处置单位价值或批量价值在 200 万元（不含）以下的国有资产；二是重大自然灾害导致的资产报废、报损，一次性处置单位价值或批量价值在 800 万元以下的；三是中国气象局重点工程建设项目中，一次性无偿调拨价值或批量价值在 800 万元（不含）以下的国有资产；四是气象部门内部各单位之间价值或批量价值在 800 万元（不含）以下的捐赠。

（三）资产处置审批程序

处置国有资产，应当按以下程序办理：首先是单位申报。处置国有资产，须填写《气象部门国有资产处置申请表》，并附相关材料，以正式文件向上级主管部门申报。

第二是上级主管部门审核。上级主管部门对单位的申报处置材料进行合规性、真实性等审核后，按照审批权限审批或上报。在审核过程中，上级主管部门认为如有必要，可对拟处置的资产进行实地核查。

第三是审批单位审批。审批单位按照审批权限对所属单位报送的国有资产处置事项进行审核批复。

第四是评估备案与核准。单位价值在 50 万元（含）以上的资产处置，各单位根据审批单位的批复，委托具有资产评估资质的评估机构对拟处置的国有资产进行评估（气象专用设备应当经过中国气象局业务职能司审核或授权审核），评估结果报上级主管部门备案。评估结果按照国家有关规定须经核准的，报财政部核准。

第五是公开处置。对申报处置的国有资产进行公开处置。

第六是收入上缴。资产处置完毕，应当将处置收入及时、足额上缴。

第七是变更登记。依据资产处置事项的批复，及时进行账务处理，办理产权变更和国有资产管理信息系统数据变更等事项。

（四）资产处置的几种方式

1. 无偿调拨（划转）

无偿调拨（划转）是指在不改变国有资产性质的前提下，以无偿转让的方式变更国有资产占有、使用权的行为。

无偿调拨（划转）应当按以下程序办理：

第一是气象部门各单位之间的国有资产无偿调拨（划转），由划出单位提出申请，上级主管部门按规定的权限审批。

第二是中国气象局重点工程建设项目和统一布局建设项目中涉及资产无偿调拨的，各主要建设单位（项目办公室）应将资产调拨单于实物资产调拨后 10 个工作日内下发至调入单位。

第三是将所属国有资产无偿调拨（划转）到气象部门外其他中央单位和地方单位的，划出单位应与接收方协调一致，并提出申请逐级报中国气象局审核后送财政部审批。

第四是地方单位将国有资产无偿调拨（划转）给各单位的，应将接收资产的有关情况逐级上报中国气象局备案。

无偿调拨（划转）应提供以下资料：一是申请文件；二是《气象部门国有资产处置申请表》；三是资产价值凭证及产权证明；四是因单位撤销、合并、分立而移交资产的，需提供撤销、合并、分立的批文;五是拟无偿调拨(划转)国有资产的名称、数量、规格、单价等清单;六是将所属国有资产无偿调拨(划转)到气象部门外其他中央单位的,提供双方意向性协议,以及接收方主管部门同意无偿调拨(划转)的有关文件;七是将所属国有资产无偿调拨(划转)到地方单位的,提供省(自治区、直辖市)和计划单列市级气象局同意划出的相关文件,以及接收方省级财政厅(局)同意接收的相关文件。

2. 出售、出让、转让

出售、出让、转让是指变更单位国有资产所有权或占有、使用权并取得相应收益的行为。国有资产出售、出让、转让,应当通过产权交易机构、证券交易系统、协议方式以及国家法律、行政法规规定的其他方式进行。单位国有资产出售、出让、转让应当严格控制产权交易机构和证券交易系统之外的直接协议方式。

3. 置换

置换是指与其他单位以非货币性资产为主进行的交换。这种交换不涉及或只涉及少量的货币性资产(即补价)。

申请国有资产置换,应提交以下材料:一是置换申请文件;二是《气象部门国有资产处置申请表》;三是资产价值凭证及产权证明;四是对方单位拟用于置换资产的基本情况说明、是否已被设置为担保物等;五是双方草签的置换协议;六是中介机构出具的资产评估报告;七是对方单位的法人证书或营业执照的复印件(加盖单位公章);八是近期的财务报告;九是其他相关材料。

4. 报废和报损

报废是指对达到相关规定使用年限,且无法正常使用,或经技术鉴定已经不能继续使用的资产进行产权核销的处置行为。达到国家和地方更新标准,但仍可以继续使用的资产,不得报废。报损是指由于发生呆账损失、非正常损失等原因,按有关规定对资产损失进行产权注销的资产处置行为。

申请国有资产报废、报损,应提交以下材料:一是报废、报损申请文件;二是《气象部门国有资产处置申请表》;三是能够证明盘亏、毁损以及非正常损失资产价值的有效凭证;四是报废、报损价值清单;五是非正常损失责任事故的鉴定文件及对责任者的处理文件;六是因房屋拆除等原因需办理资产核销手续的,提交相关职能部门的房屋拆除批复文件、建设项目拆建立项文件、双方签定的房屋拆迁补偿协议;七是其他相关材料。

5. 核销

核销是指按现行财务与会计制度,对确认形成损失的货币性资产(现金、银行存款、应收账款、应收票据等)进行核销的行为。

申请货币性资产损失核销,应提交以下材料:一是货币性资产损失核销申请文件;二是《气象部门国有资产处置申请表》;三是债务人已被依法宣告破产、撤销、关闭,用债务人清算财产清偿后仍不能弥补损失的,提供宣告破产的民事裁定书以及财产清算报告、注销工商登记或吊销营业执照的证明、政府有关部门决定关闭的文件;四是债务人死亡或者依法被宣告失踪、死亡的,提供其财产或遗产不足清偿的法律文件;五是涉及诉讼的,提供判决裁定申报单位败诉的人民法院生效判决书或裁定书,或虽胜诉但因无法执行被裁定终止执行的法律文件。

(五)处置收入

处置收入是指在出售、出让、转让、置换、报废、报损等处置国有资产过程中获得的收入,包括出售实物资产和无形资产的收入、置换差价收入、报废报损残值变价收入、保险理赔收入、转让土地使用权收益等。

国有资产处置收入,在扣除相关税金、评估费、拍卖佣金等费用后,按照政府非税收入管理和财政国库收缴管理的规定上缴中央国库,实行"收支两条线"管理。

思考题

(1)通用办公设备、家具及软件配置标准?

(2)单位自用资产如何管理?

(3)资产处置的范围及程序?

(4)资产管理内部控制的主要措施?

第四节　政府采购管理

内容摘要

本节主要包括政府采购的法律体系、政府采购管理的基本内涵、采购方式及程序、采购目录及部门集中采购目录、变更政府采购方式及采购进口产品、采购信息公开等内容。

一、概述

(一)政府采购法律体系

1. 招标投标法律体系

我国的招标投标法律体系主要由一部法律:《中华人民共和国招标投标法》(以下简称《招标投标法》),一部行政法规:《中华人民共和国招标投标法实施条例》,若干部门规章:如《必须招标的工程项目规定》《工程建设项目施工招标投标办法》《工程建设项目勘察设计招标投标办法》等组成。

《招标投标法》从狭义上来说,就是"工程建设项目招标投标法",其适用的范围主要是依法必须进行招标的工程建设项目,具体包括工程施工(建筑物和构筑物的新建、改建、扩建以及相关的装修、拆除、修缮等)、工程货物(构成工程不可分割的组成部分,且为实现工程基本功能所必需的设备,材料等)、工程服务(为完成工程所需要的勘察、设计、监理等服务)。

2. 政府采购法律体系

我国政府采购法律体系主要由一部法律:《中华人民共和国政府采购法》(2003 年)(以下简称《政府采购法》),一部行政法规:《中华人民共和国政府采购法实施条例》(2015 年),国务院各部门特别是财政部颁布的一系列部门规章以及地方性法规和政府规章:如《政府采购货物和服务招标投标管理办法》(财政部 87 号令)《政府采购非招标采购方式管理办法》(财政部 74 号令)等组成。

《政府采购法》适用于各级国家机关、事业单位和团体组织使用财政性资金采购依法制定的集中采购目录以内或者采购限额标准以上的货物、工程和服务的行为。

政府采购工程以及与工程建设有关的货物、服务,采用招标方式采购的,适用《招标投标法》及其实施条例;采用其他方式采购的,适用《政府采购法》及其实施条例。

本文内容主要参照于政府采购法律体系相关规定。

(二)政府采购基本概念

政府采购,是指各级国家机关、事业单位和团体组织,使用财政性资金采购依法制定的集中采购目录以内的或者采购限额标准以上的货物、工程和服务的行为。其中货物,是指各种形态和种类的物品,包括原材料、燃料、设备、产品等。工程,是指建设工程,包括建筑物和构筑物的新建、改建、扩建、装修、拆除、修缮等。服务,是指除货物和工程以外的其他政府采购对象。

1. 采购主体

政府采购活动中的采购主体包括各级国家机关、事业单位和团体组织。

2. 采购资金

采购人全部或部分使用财政性资金进行采购的,属于政府采购的管理范围。新《预算法》规定,政府的全部收入和支出都应当纳入预算。包括行政单位的财政拨款收入和其他收入;事业单位的财政补助收入、事业收入、上级补助收入、附属单位上缴收入、经营收入和其他收入。只要是预算单位进行的采购活动,都应依法纳入政府采购范围。

3. 政府采购组织形式

政府采购组织形式分为集中采购与分散采购。集中采购又分为集中代理机构采购和部门集中采购。集中采购机构采购,是指集中采购机构代理目录及标准规定的政府集中采购目录中项目的采购活动。部门集中采购,是指主管预算单位(主管部门)组织本部门、本系统列入目录及标准的部门集中采购项目的采购活动。分散采购指采购人将采购限额标准以上的未列入集中采购目录的项目自行采购或者委托采购代理机构代理采购的行为。

4. 采购内容和限额标准

政府采购的内容应当是依法制定的《政府集中采购目录》以内的货物、工程和服务,或者虽未列入《政府集中采购目录》,但采购金额超过了规定的限额标准的货物、工程和服务。

《政府集中采购目录》和政府采购最低限额标准由国务院和省、自治区、直辖市人民政府规定。《政府集中采购目录》中的采购内容一般是各采购单位通用的货物、工程和服务,如计算机、打印机、复印机、传真机等货物,房屋修缮和装修工程,会议服务、汽车保险、加油等服务。具体见国务院办公厅印发的当年的中央预算单位政府集中采购目录及标准相关规定。

《政府集中采购目录》中的采购内容,无论金额大小都属于政府采购的范围。《政府集中采购目录》以外的采购内容,采购金额超过政府采购的最低限额标准的,也属于政府采购的范围。

《部门集中采购目录》中的采购内容,由中国气象局计财司制定,中国气象局气象发展与规划院负责组织实施,具体见中国气象局办公室印发的当年的气象部门部门集中采购目录及标准相关规定。

分散采购限额标准:除集中采购机构采购项目和部门集中采购项目外,各部门自行采购单项或批量金额达到100万元以上的货物和服务的项目、120万元以上的工程项目应按《政府采购法》和《招标投标法》有关规定执行。

公开招标数额标准:政府采购货物或服务项目,单项采购金额达到200万元以上的,必须采用公开招标方式。政府采购工程以及与工程建设有关的货物、服务公开招标数额标准按照国务院有关规定执行。

以上限额标准来源于《国务院办公厅关于印发中央预算单位政府集中采购目录及标准(2020年版)的通知》(国办发〔2019〕55号),具体实施采购时相关标准以采购当年政府集中采购目录为准。

（三）政府采购内部控制

以"分事行权、分岗设权、分级授权"为主线,通过制定制度、健全机制、完善措施、规范流程,逐步形成依法合规、运转高效、风险可控、问责严格的政府采购内部运转和管控制度,做到约束机制健全、权力运行规范、风险控制有力、监督问责到位,实现对政府采购活动内部权力运行的有效制约。

1. 加强对政府采购预算与计划的管理

一是规范编制,应编尽编。凡是属于政府采购范围的支出项目,均要按规定的货物、工程和服务的分类,与部门预算同步编制政府采购预算。二是分类填列,科学编制。在批复的政府采购预算基础上,按规定编制政府采购计划。三是加强管理,严格执行。对基本支出和项目支出中属政府采购范围的项目,应按政府采购预算、计划管理要审核执行。年度内追加或调整的部门支出预算,凡属政府采购范畴的项目,应同时追加或调整政府采购预算。四是强化预算约束,严格按有关规定执行。对未按规定编报政府采购预算计划的,监管部门不予审批,采购中心不予采购,计财、核算部门不予支付采购资金。

2. 加强对政府采购活动的管理

优化流程,实现重点管控。加强对采购活动的流程控制,突出重点环节,确保政府采购项目规范运行。一是增强采购计划性。采购人应当提高编报与执行政府采购预算、实施计划的系统性、准确性、及时性和严肃性,制定政府采购实施计划执行时间表和项目进度表,有序安排采购活动。二是加强关键环节控制。采购人、采购中心应当按照有关法律法规及业务流程规定,明确政府采购重点环节的控制措施。未编制采购预算不得组织采购,委托采购代理机构必须签订委托代理协议,对于未履行政府采购程序或采购方式选择不符合规定的应及时予以纠正。三是强化利益冲突管理。采购人、采购中心和监管部门应当厘清利益冲突的主要对象、具体内容和表现形式,明确与供应商等政府采购市场主体、评审专家交往的基本原则和界限,细化处理原则、处理方式和解决方案。采购人员及相关人员与供应商有利害关系的,应当严格执行回避制度。

3. 加强对政府采购项目验收的管理

加强政府采购项目的验收是政府采购程序中的重要环节,是检验政府采购合同履约结果,保证采购质量的关键。

一是验收主体。采购人负责本单位政府采购项目的验收。根据验收制度和政府采购文件,采购人要指定验收人员,全权负责验收和签证。大型或者复杂的政府采购项目,采购人应当邀请专业机构参加验收工作。

二是验收程序和内容。采购人应及时组织验收,不得无故拖延验收时间。采购人应组建验收小组。验收小组可以由采购单位代表、代理机构和相关领域的技术专家组成,但是直接参与该项政府采购组织实施活动的工作人员不得作为验收工作的主要负责人。验收小组根据国家、地方、行业相关标准及合同进行验收。

三是验收签证工作。验收合格后,验收小组应当出具验收证明。参与验收工作的相关人员应于验收工作完成后在验收证明上签署验收意见,验收单位应当加盖公章,以落实验收责任。验收不合格的,不得进行验收签证。

四是验收工作的监督检查。建立采购人、供应商和政府采购监督管理部门共同参与的全方位验收工作监督机制。在政府采购合同履行期间以及履行后,政府采购监督管理部门可以随时抽查核实,发现问题,责令纠正,并追究有关人员责任。

二、政府采购工作环节

(一)编制政府采购预算

各级预算单位在编制下一年度中央部门预算时,应根据经费预算和采购需求的预测情况,编制政府采购预算,并随部门预算逐级审核上报,由中国气象局计财司审核汇总后报财政部。

预算执行年度中需单独调剂政府采购预算的,根据报送时间的不同,按《气象部门政府采购预算调剂流程》(气计函〔2020〕42号)执行。

根据财政部批复的部门预算,预算管理机构将政府采购预算随部门预算批复下级预算单位(调剂备案的政府采购预算不需批复)执行。

无政府采购预算的政府采购项目,不得实施采购。

各级预算单位按照政府采购预算,编报政府采购计划,通过财政部采购计划管理系统报财政部备案。

(二)实施政府采购活动与公告相关信息

1. 集中采购机构代理采购

预算单位实施集中采购机构采购项目时,应执行中央国家机关政府采购中心相关文件。需单独委托中央国家机关政府采购中心公开招标的,应当签订委托代理协议,明确委托的事项、双方的权利与义务。委托代理协议需具体确定双方在编制采购文件、确定评标办法与中标标准、组建评标委员会、评标、定标等方面的权利和义务。采购协议供货或定点采购项目,一次性采购批量较大的,应当与中标供应商就价格再次谈判或询价。

2. 部门集中采购机构代理采购

部门集中采购项目由气象发展与规划院下属中国气象局政府采购中心负责组织实施。各级预算单位按照《中国气象局政府采购中心受托采购事项实施办法》的规定,委托气象发展与规划院实施采购活动。气象发展与规划院核准相应的采购方式并组织采购,包括采购项目信息公开、组织签订采购合同及合同履约和验收等。

分散采购可以由各级预算单位自行组织实施,也可以委托采购代理机构代理采购。

3. 信息公开

按照《政府采购法》《政府采购法实施条例》和《财政部关于做好政府采购信息公开工作的通知》(财库〔2015〕135号)规定,认真做好政府采购信息公开工作。公开范围包括:采购项目信息,包括采购项目公告、采购文件、采购项目预算金额、采购结果、采购合同等信息,由采购人或者其委托的采购代理机构负责公开。其中,招标公告、资格预审公告的公告期限为5个工作日。竞争性谈判公告、竞争性磋商公告和询价公告的公告期限为3个工作日。中标、成交结果应当自中标、成交供应商确定之日起2个工作日内公告,公告期限为1个工作日。政府采购合同应当自合同签订之日起2个工作日内公告。中央预算单位的政府采购信息应当在财政部指定的媒体上公开,地方预算单位的政府采购信息应当在省级(含计划单列市,下同)财政部门指定的媒体上公开。财政部指定的政府采购信息发布媒体包括中国政府采购网(www.ccgq.gov.cn)、《中国财经报》《中国政府采购报》《中国政府采购杂志》《中国财政杂志》等。省级财政部门应当将中国政府采购网地方分网作为本地区指定的政府采购信息发布媒体之一。

(三)填报采购信息和统计报表

通过财政部采购计划管理系统填报政府采购计划执行情况报财政部备案。

采购文件的保存期限为从采购结束之日起至少保存十五年。采购文件包括采购活动记录、采购预算、招标文件、投标文件、评标标准、评估报告、定标文件、合同文本、验收证明、质疑答复、投诉处理决定及其他有关文件、资料。

采购活动完成后,应通过财政部采购计划管理系统编报政府采购信息统计报表。

三、采购方式及工作流程

政府采购采用以下方式:公开招标,邀请招标,竞争性谈判,竞争性磋商;单一来源采购,询价等。

(一)公开招标

公开招标是指采购人依法以招标公告的方式邀请非特定的供应商参加投标的采购方式。

1. 限额标准

采购人采购货物或者服务应当采用公开招标方式的,其具体数额标准,属于中央预算的政府采购项目,由国务院规定;属于地方预算的政府采购项目,由省、自治区、直辖市人民政府规定;因特殊情况需要采用公开招标以外的采购方式的,应当在采购活动开始前获得设区的市、自治州以上人民政府采购监督管理部门的批准。根据《国务院办公厅关于印发中央预算单位政府集中采购目录及标准(2020年版)的通知》(国办发〔2019〕55号),政府采购货物或服务的项目,单项采购金额达到200万元以上的,必须采用公开招标方式。政府采购工程以及与工程建设有关的货物、服务公开招标数额标准按照国务院有关规定执行。

2. 评分方法

政府采购招标评标方法分为最低评标价法和综合评分法,公开招标一般采用综合评分法。最低评标价法,是指投标文件满足招标文件全部实质性要求且投标报价最低的供应商为中标候选人的评标方法。综合评分法,是指投标文件满足招标文件全部实质性要求且按照评审因素的量化指标评审得分最高的供应商为中标候选人的评标方法。技术、服务等标准统一的货物和服务项目,应当采用最低评标价法。采用综合评分法的,评审标准中的分值设置应当与评审因素的量化指标相对应。招标文件中没有规定的评标标准不得作为评审的依据。

(二)邀请招标

邀请招标是指招标采购单位依法从符合相应资格条件的供应商中随机邀请三家以上供应商,并以投标邀请书的方式,邀请其参加投标。

符合下列情形之一的货物或者服务,可以采用邀请招标方式采购:一是具有特殊性,只能从有限范围的供应商处采购的;二是采用公开招标方式的费用占政府采购项目总价值的比例过大的。

限额标准在公开招标限额以下。

(三)竞争性谈判

竞争性谈判是指谈判小组与符合资格条件的供应商就采购货物、工程和服务事宜进行谈判,供应商按照谈判文件的要求提交响应文件和最后报价,采购人从谈判小组提出的成交候选人中确定成交供应商的采购方式。

1. 适用条件

符合下列情形之一的货物或者服务,可以依照本法采用竞争性谈判方式采购:一是招标后没有供应商投标或者没有合格标的,或者重新招标未能成立的;二是技术复杂或者性质特殊,不能确定详细规格或者具体要求的;三是非采购人所能预见的原因或者非采购人拖延造成采用招标所需时间不能满足用户紧急需要的;四是因艺术品采购、专利、专有技术或者服务的时间、数量事先不能确定等原因不能事先计算出价格总额的。

2. 程序

一是成立谈判小组。谈判小组由采购人的代表和有关专家共三人以上的单数组成,其中专家的人数不得少于成员总数的三分之二。二是制定谈判文件。谈判文件应当明确谈判程序、谈判内容、合同草案的条款以及评定成交的标准等事项。三是确定邀请参加谈判的供应商名单。谈判小组从符合相应资格条件的供应商名单中确定不少于三家的供应商参加谈判,并向其提供谈判文件。四是谈判。谈判小组所有成员集中与单一供应商分别进行谈判。在谈判中,谈判的任何一方不得透露与谈判有关的其他供应商的技术资料、价格和其他信息。谈判文件有实质性变动的,谈判小组应当以书面形式通知所有参加谈判的供应商。五是确定成交供应商。谈判结束后,谈判小组应当要求所有参加谈判的供应商在规定时间内进行最后报价,采购人从谈判小组提出的成交候选人中根据符合采购需求、质量和服务相等且报价最低的原则确定成交供应商,并将结果通知所有参加谈判的未成交的供应商。

3. 供应商选取方法

采购人、采购代理机构应当通过发布公告、从省级以上财政部门建立的供应商库中随机抽取或者采购人和评审专家分别书面推荐的方式邀请不少于 3 家符合相应资格条件的供应商参与竞争性谈判或者询价采购活动。符合政府采购法第二十二条第一款规定条件的供应商可以在采购活动开始前加入供应商库。采取采购人和评审专家书面推荐方式选择供应商的,采购人和评审专家应当各自出具书面推荐意见。采购人推荐供应商的比例不得高于推荐供应商总数的 50%。

(四)竞争性磋商

竞争性磋商,是指采购人、政府采购代理机构通过组建竞争性磋商小组(以下简称磋商小组)与符合条件的供应商就采购货物、工程和服务事宜进行磋商,供应商按照磋商文件的要求提交响应文件和报价,采购人从磋商小组评审后提出的候选供应商名单中确定成交供应商。

符合下列情形的项目,可以采用竞争性磋商方式开展采购:一是政府购买服务项目;二是技术复杂或者性质特殊,不能确定详细规格或者具体要求的;三是因艺术品采购、专利、专有技术或者服务的时间、数量事先不能确定等原因不能事先计算出价格总额的;四是市场竞争不充分的科研项目,以及需要扶持的科技成果转化项目;五是按照招标投标法及其实施条例必须进行招标的工程建设项目以外的工程建设项目。

供应商选取方法与竞争性谈判一样。评分方法采用综合评分法。

(五)单一来源

单一来源采购是指采购人从某一特定供应商处采购货物、工程和服务的采购方式。

符合下列情形之一的货物或者服务,可以采用单一来源方式采购:一是只能从唯一供应商处采购的(指因货物或者服务使用不可替代的专利、专有技术,或者公共服务项目具有特殊要求,导致只能从某一特定供应商处采购);二是发生了不可预见的紧急情况不能从其他供应商处采购的;三是必须保证原有采购项目一致性或者服务配套的要求,需要继续从原供应商处添购,且添购资金总额不超过原合同采购金额百分之十的。

采取单一来源方式采购的,采购人与供应商应当遵循本法规定的原则,在保证采购项目质量和双方商定合理价格的基础上进行采购。

（六）询价

询价是指询价小组向符合资格条件的供应商发出采购货物询价通知书，要求供应商一次性报出不得更改的价格，采购人从询价小组提出的成交候选人中确定成交供应商的采购方式。

采购的货物规格、标准统一、现货货源充足且价格变化幅度小的政府采购项目，可以采用询价方式采购。

采取询价方式采购的，应当遵循下列程序：一是成立询价小组。询价小组由采购人的代表和有关专家共三人以上的单数组成，其中专家的人数不得少于成员总数的三分之二。询价小组应当对采购项目的价格构成和评定成交的标准等事项作出规定。二是确定被询价的供应商名单。询价小组根据采购需求，从符合相应资格条件的供应商名单中确定不少于三家的供应商，并向其发出询价通知书让其报价。三是询价。询价小组要求被询价的供应商一次性报出不得更改的价格。四是确定成交供应商。采购人根据符合采购需求、质量和服务相等且报价最低的原则确定成交供应商，并将结果通知所有被询价的未成交的供应商。

（七）其他几种常见方式

1. 批量采购

批量采购是将一些通用性强、技术规格统一、便于归集的政府采购品目，由采购人按规定的标准配置归集采购计划到财政部门后转交由中央国家机关政府采购中心统一组织采购的一种采购模式。

实施品目（2020年）：台式计算机、便携式计算机、复印机、打印机和空调（京内单位）。

2. 协议供货

协议供货是指采购中心通过公开招标等方式，确定中标供应商及其所供产品等，并以中标合同的形式固定下来，由采购人在协议有效期内，自主选择网上公告的供货商及其中标产品的一种政府集中采购组织形式。协议供货限额100万元，超过限额的需要单独委托中央国家机关政府采购中心采购。

实施品目：集中采购目录的品目。

3. 定点采购

定点采购是采购中心通过公开招标的方式，确定供应商在一定期限内为采购人提供货物或服务。

实施品目：限额内工程、车辆维修保养及加油、机动车保险、车辆租赁、印刷、会议、工程监理、工程造价咨询、信息类工程监理、通用耗材、办公用品等。

4. 电子竞价

网上电子竞价是指采购人公开发布采购信息，在规定时间内，供应商在线报价，按照满足需求的最低报价者成交的电子化政府采购形式。电子竞价按照符合采购需求且报价最低的原则确定成交供应商。报价时间截止后，电子竞价系统按报价由低到高顺序排序，列出成交供应商候选人名单，报价相同时，按报价时间先后顺序排序。采购人在满足竞价需求的供应商中，选择排名第一的供应商为成交供应商。

5. 电子卖场

电子卖场采购模式分为直购、竞价和反拍三种。电子卖场最新信息可在"中央政府采购网"主页中查询。

四、政府采购审批审核事项

政府采购审批审核事项包括：采购方式变更事项、进口产品采购事项、应当但无法实施批量集中采购事项及单一来源采购方式适用事项。申报主体应按照《气象部门政府采购审批审核事项实施细则》（气计函〔2020〕198号）的要求办理。

（一）采购方式变更事项

达到公开招标数额标准的货物、服务采购项目，拟采用非招标采购方式的，采购人应当在采购活动开始前，报经中国气象局计财司同意后，向财政部申请批准。

申请变更采购方式的流程和材料：一是内部会商。采购人组织同级预算单位计财机构、项目主管业务机构的相关人员，根据采购需求和相关行业、产业发展情况，对拟申请变更采购方式的理由及必要性进行内部会商。二是网上公示（单一来源）。因只能从唯一供应商处采购而直接申请变更为单一来源采购方式的，应当由负责申报的二级预算单位在中国政府采购网上进行公示。三是负责申报的二级预算单位向中国气象局计划财务司报送正式公文。公文应包括项目基本情况、项目背景、申请变更的采购方式和变更理由。

中国气象科学研究院和八个专业气象研究所（以下简称"一院八所"）采购科研仪器设备申请变更政府采购方式时，可不再提供单位内部会商意见，但应将单位内部会商意见随采购文件存档备查。申请变更政府采购方式时可注明"科研仪器设备"，财政部将予以优先审批。

（二）进口产品事项

采购进口产品采用集中论证、统一报批的方式进行。除时间紧急或临时增加的采购项目外，原则上不受理单独申报的采购项目。各二级预算单位负责汇总本单位及所属各级预算单位填报的《政府采购进口设备申请表（统一论证版）》，于当年1月31日前以公文形式报计财司。追加预算中的采购项目应在预算批复后10个工作日内以公文形式报计财司。其中年初预算中的项目所属项目名称、所属项目预算金额按照"二上"预算编报数填写，追加预算中的项目按预算批复数填写。公文所附材料主要为《政府采购进口产品申请表（单独申报版）》电子版、专家组全体人员签字的《政府采购进口产品专家论证意见表》扫描件、《专家/专业人员名单》、法律专家资格证书（律师执业证）扫描件。

一院八所采购进口科研仪器设备实行备案制管理，在财政部政府采购计划管理系统"中央高校、科研院所科研仪器设备进口"模块中编报采购计划，进行备案。应按规定做好专家论证工作，参与论证的专家可自行选定，专家论证意见随采购文件存档备查。

（三）应当但无法实施批量集中采购事项

各单位应严格执行批量集中采购，除应急或救灾外，不得以非批量集中采购的形式采购纳入批量集中采购品目的产品。已纳入批量集中采购范围，因应急或救灾无法实施批量集中采购的，应履行审批手续。二级预算单位以公文形式向计财司提出审批申请，公文内容应包括：拟采购的品目名称、拟采购的数量、拟采购数量是否符合财政部相关规定、上一年度该品目采购总量、申请理由、联系人和联系方式等。拟采购的数量超出本单位限额的，应提前与计财司沟通，确认可调剂使用其他单位限额后行文上报。

（四）单一来源采购方式适用事项

单一来源采购方式适用事项由各二级预算单位负责审批。各二级预算单位应按照内部控制要求制定具体审批流程。直接申请采用单一来源采购方式的，采购人应组织3名以上专业人员对只能从唯一供应商处采购的理由进行论证。某一供应商的产品或服务优于其他供应商不是采用单一来源采购方式的理由。采用其他竞争性采购方式,因提交响应文件或者经评审实质性响应采购文件要求的供应商只有一家而申请单一来源方式采购的,评标委员会(评审小组)或 3 名以上评审专家、代理机构应分别出具采购文件无不合理条款、采购过程未受质疑相关意见材料。使用单一来源采购方式应在中国政府采购网上进行公示,公示期不得少于 5 个工作日。

思考题

(1)哪些货物需要执行政府集中采购?哪些货物需要执行批量采购?

(2)询价采购的适用条件及程序?

(3)政府采购信息公开包括哪些内容?公示渠道有哪些?

(4)气象部门政府采购工作的主要环节有哪些?

第五节　项目建设

内容摘要

本节主要介绍基本建设项目基本概念、管理程序、申报流程、内部控制、可行性研究报告及实施方案编制等内容。

一、概述

(一)基本概念

中国气象局《气象部门基本建设管理办法》明确指出,基本建设项目是指全部或部分使用中央预算内基本建设投资以及地方人民政府和建设单位与之配套的项目建设投资,以扩大业务能力或新增工程效益为主要目的而实施的新建、改建、扩建、续建、迁建、大型维修改造、技术改造的基础设施建设项目和气象业务能力建设项目。

(二)基本程序

气象部门基本建设项目从立项到建成交付使用有下列程序。一般情况下,完成上一道程序后方可转入下一道程序。

首先是编报项目建议书并获得批复;第二是编报可行性研究报告并获得批复;第三是编报实施方案或初步设计并获得批复;第四是纳入项目库管理;第五是列入综合预算;第六是下达项目预算和投资计划;第七是勘察、设计、监理、预算编制等委托或招标并签订相应合同;第八是办理建设用地规划许可证、开工许可证等手续;第九是工程、货物、服务采购并签订合同;第十是项目施工与管理;第十一是工程竣工验收;第十二是工程结算审核与付款;第十三是资料整理;第十四是项目竣工财务决算审计;第十五是获得竣工财务决算批复;第十六是固定资产移交;第十七是项目竣工验收;第十八是项目资料整理归档;第十九是绩效考评或评价。

(三)项目申报流程

1. 申报时间

1 月 31 日前,将本单位上一年度(截至 12 月 31 日)基础信息和更新的台站规划在项目库中核实并更新。

3月10日前,完成项目可行性研究报告的编制并报送省级气象部门审批。

4月10日前,市级气象部门在计财业务系统项目库中完成项目申报。

2. 申报要求

要结合本单位气象事业发展的实际情况进行项目编报。

基本信息填写要真实、完整。按项目库申报要求,填写申报项目的各项内容,不缺项,不漏项。提交符合要求的《项目可行性研究报告》及行政审批文件。

台站规划内容要翔实,台站基础设施建设项目要符合台站规划和气象探测环境保护要求,涉及站址迁移的应按要求提交有关审批文件。业务项目建设任务要明确,总体目标和阶段目标指标要量化。

总投资在50万元及以上项目要按要求提交专家论证意见和审批单位评审意见。

涉及用地的项目,要提供建设项目用地规划选址预审、建设用地预审等证明材料。已征地项目,提供国有土地产权证明、建设用地规划许可证、建设用地批准书、征地协议、划拨文件等。

涉及台站搬迁的项目,应附有台站搬迁批复。

涉及探测环境的项目,应根据中国气象局对台站探测环境保护的有关要求,提供探测环境不受建设影响的证明。

3. 项目入库流程

全国气象部门基础设施建设项目都需要统一纳入项目库管理。

登陆地址:http://172.20.0.0:7001.

登陆后按系统提示要求,填写各项信息。每项信息内容需要与批复的项目可行性研究报告一致。项目填写完毕,审核无误后提交上级部门审核。

4. 项目管理内部控制

一是项目立项阶段的风险点及防控措施。风险主要表现为:建设项目必要性不充分,不符合需求,不符合实际;虚假申报建设项目内容;多头申报建设项目;项目建议书、可行性研究报告中的技术方案、投资估算和预期的社会经济效益不切合实际;所选专家不当;未充分吸收专家合理建议和意见;重要项目未进行多方案比较。风险防控措施为:项目立项前进行调研,重点了解项目建设用地、规划条件等总体情况;单位领导班子及相关部门集体研究项目的必要性,形成会议记录;请专家论证把关,合理吸收专家意见,补充完善文本内容;组织专家对项目进行充分论证,合理吸收专家意见,补充完善项目建议书;发现重要项目未进行多方案比较、论证与优选的,重新编制。

二是项目准备阶段的风险点及防控措施。风险主要表现为:成立的项目领导小组办公室人员缺乏相关专业知识,不能胜任基建管理工作;编制的实施方案或设计方案的内容不符合相关规定;未按规定聘请具备相应资质的单位进行编制或设计;勘察设计报告不符合设计需求;违规拆分建设项目;泄露标底,招投标过程存在串通、暗箱操作或商业贿赂等舞弊行为;合同中付款进度不合理。风险防控措施为:选择具有基建管理经验的人员,人选集体研究确定;重大项目聘请有资格的专家担任项目顾问;组织有关领域具备必要专业知识的专家对实施方案进行审核;按要求聘请具备相应资质的单位进行编制或设计;重大项目由计财处委托造价咨询机构编制标底;对标底进行保密,落实保密责任;组建评标小组,采用招标文件规定的评标标准和方法,择优选择中标人,评标结果应有充分的评标记录做支撑。开标要委托公证机构进行检查和公证。

三是项目实施阶段的风险点及防控措施。风险主要表现为:施工单位使用材料或设备不合格、存在质量问题;施工过程偷工减料,不符合施工技术规范,隐蔽工程和分项工程未经检查或检查未通过即转入下一工序;监理人员、造价审核人员责任心不强,工作缺失;工程进度款过早或超额支付,导致工期延误;工程变更事项不符合实际;涉及设计变更的事项理由不充分,变更内容不完整;虚增变更工程量,没有严格按照预算、实施方案执行,超规模,超概算。风险防控措施为:建设单位会同监理单位随时检查产品合格证,供货渠道(厂商),对照施工图和施工技术规范,随时抽查施工工序和用料;及时对隐蔽工程和分项工程进行验收;发现监理人员、造价审核人员未履行职责的情况,责令其纠正,必要时责令监理单位和造价咨询机构及时更换相关人员;审查进度付款与合同约定是否一致;征求相关专家意见,集体研究变更事项,按照工程量计价清单和相关的定额标准,与施工单位签订补充协议,明确工程变更的计价方式和计价标准,按照合同约定的工程变更的计价方式和计价标准,审批工程变更费用报审表;发现监理单位、造价咨询机构未尽到变更费用审查的义务给建设单位造成损失的,按照合同约定追究监理单位、造价咨询机构经济责任。加强财务预算控制,严格按预算专款专用,按规定标准开支。

四是项目竣工验收阶段的风险点及防控措施。风险主要表现为:工程完工后,未在规定时限内组织验收;验收材料准备不充分;未达到验收规范要求或不符合验收程序,通过验收;施工方提供的结算基础资料不真实,未按合同约定留足质保金;未经结算审核程序支付合同尾款;竣工财务决算报告编制未按规定时间编制;竣工财务决算报告编制不规范,不全面,不准确;未及时批复竣工财务决算、未及时移交资产并进行账务处理;建设项目未及时办理资产及档案移交,资产未及时结转入账,可能导致账外资产等风险。风险防控措施为:审查施工单位预验收情况;验收申请是否经监理单位确认签字;未达到验收要求责令其限期整改,重新组织验收;建设单位集体审查结算资料的完整性、真实性等,委托有资质的造价咨询机构对结算资料进行审计,审查结算资料是否经过设计、监理等的确认签字;审查付款申请是否经监理确认签字;审查是否有结算审核报告,建设单位按照要求编制决算报告;自行或委托社会中介机构组织开展竣工财务决算审计;及时批复竣工财务决算,进行资产移交及账务处理;建设项目档案统一管理,归档与项目建设同步,工作任务结束后,及时移交给建设项目管理部门。

二、可行性研究报告编制

(一)总体要求

气象部门编制基建项目可行性研究报告依据中国气象局计划财务司印发的《气象小型建设项目可行性研究报告编制格式》(气计函〔2014〕23号)执行。编制要求适用于气象部门基本建设总投资在3000万元以下的气象小型基础设施建设项目和业务建设项目。

可行性研究报告编制必须坚持科学性、客观性和公正性原则。在编制项目可行性研究报告之前,应深入调查,全面收集资料,进行详细分析研究。项目投资估算应符合有关政策法规,经济合理,确保投资效益,避免项目重复申报和重复建设。

可行性研究报告的文档统一命名为:项目名称+可行性研究报告,附表的文档统一命名为:项目名称+可行性研究报告附表。项目建设单位应是预算能够直接下达的最终单位,填写规范全称。建设单位名称应与各自的组织机构代码一致,组织机构代码指企事业单位国家标准代码,无组织机构代码的单位填写"000000000",如有特殊情况需说明原因。

《气象部门基本建设管理办法》规定,估算总投资在1000万元及以上的建设项目,建设单位须委托具有相应资质的工程咨询机构编制可行性研究报告。若投资在1000万元以下,但技术复杂、专业性强的建设项目,也可视需要委托有相应资质的工程咨询机构编制可行性研究报告。由具有工程咨询资质单位编制的可行性研究报告,应附 A4 纸大小的工程咨询资质证书复印件。

(二)可行性研究报告正文

1. 项目背景与建设的必要性

一是项目提出的理由。阐述拟建项目的背景和原因,列举项目建设所依据的规划、文件和其他资料(可作为附件)。

二是现状分析。阐述拟建项目现状及存在问题。若属分期建设项目,需说明前期项目的建设、运行及使用情况。业务建设项目要说明现有相关业务系统的状况。基础设施建设项目要说明现有用房或场地状况。根据具体情况,可附现状照片、危房鉴定证明等。房屋改造加固项目提供原建筑物的平面、立面、剖面建筑图等。

三是需求及必要性分析。分析与拟建项目相关的外部需求,从业务、功能、规模等方面进行项目的内部需求分析,论述项目建设的意义和必要性。

2. 建设目标和绩效考核指标

根据前述需求分析,提出拟建项目的总体目标。若属分期建设项目,需阐明整体项目的建设目标,同时提出本期项目建设目标。

绩效考核指标是衡量项目预期产出、预期效果和服务对象满意程度等的绩效指标,是衡量项目建设目标是否实现的指标。绩效考核指标应尽可能定量。基础设施建设项目可选用项目建设的质量、进度、安全、技术经济等方面指标作为绩效考核指标。

3. 建设内容与规模

要明确项目的建设性质(新建、改建、扩建),阐明项目建设内容与规模。基础设施建设项目要说明建筑物/构筑物的基本信息,如总占地面积、总建筑面积、容积率、建筑密度、建筑高度、楼层数、配套设施等,说明装修、改造的内容、规模等。业务建设项目要阐述项目建设主要内容和规模,包括各个系统及分布层级,主要设备台套数量等。

4. 实施地点及建设条件

基础设施建设项目要阐明项目建设的场址位置和周边建筑情况,附建设地点位置图、地形图、现状总平面布局示意图等;阐明建设场址的自然条件和市政条件,包括供水、供电、供气、供热、通信、交通等条件;阐明拆迁及三通一平情况等。业务建设项目要阐明业务系统的建设地点,具体到场站位置或建筑楼层位置,阐明与业务建设相关的系统建设环境条件。

涉及用地的项目应提供建设项目用地证明材料。对于已征地项目,也应提供相关用地证明材料和征地落实证明材料,如征地协议、划拨文件等。

台站搬迁的项目应附有台站搬迁批复。涉及探测环境的项目要提供探测环境不受建设影响的证明。

5. 项目技术方案

阐述拟建项目的技术方案,重大关键的建设内容要有方案比选。设计中应注意考虑节能与环保措施。

基础设施建设项目建设方案主要包括总平面布置、建筑设计、结构设计、给排水设计、电气设计、暖通设计等。

业务建设项目技术方案项目总体设计需要阐明建设项目的总体功能、结构(附结构图)、布局、流程(附流程图);阐明与现有相关业务和工程的关系;若属分期建设项目,还应阐明整体项目的总体结构,并说明本期项目与整体项目以及其他各期项目的关系。

业务建设项目技术方案项目分系统设计需要阐明每个分系统的功能、结构（附结构图）、布局、流程（附流程图）；列明主要软硬件设备配置；对于应用软件开发，应阐明软件的基本功能组成、业务流程（数据流）图，给出每个软件模块的功能说明和开发人数。

6. 组织管理和技术培训方案

项目组织管理方案需要提出项目建设管理组织机构方案，明确项目实施与管理的分工和责任；人员条件要说明项目负责人的组织管理能力，项目主要成员情况。

技术培训方案要提出人员培训计划和费用估算，填写技术培训费估算表。

7. 实施进度计划

明确项目建设周期，以月为单位，阐明项目主要建设阶段划分及进度安排。

8. 投资估算与资金筹措

投资估算说明要求阐明投资估算的原则、依据和取费标准等。填写项目总投资估算表、建筑与安装工程费估算表、设备购置费估算表、应用软件开发费估算表、技术培训费估算表、各建设单位投资估算明细表、各建设单位分工及投资汇总表等。

资金来源与落实情况要明确项目投资的资金来源和落实情况，填写项目总投资估算表、各建设单位分工及投资汇总表的资金来源情况，若有地方投资须附投资承诺函。

9. 效益分析和风险分析

分析项目建成后的社会、经济和生态效益；分析项目建设和运行中的潜在风险因素，提出规避风险的对策和措施等。

10. 招标或采购的方式和内容

根据建设内容，区别属于招标或政府采购的内容，并填写招标、采购基本情况表。名称、金额与前面文字、表格保持一致，且同一内容不能同时出现在招标和采购栏目中。

气象部门基础设施建设项目，包括建筑物、构筑物的新建、改建、扩建及其相关装修、拆除、修缮项目等，按照《中华人民共和国招标投标法》及其实施条例依法开展招投标活动，具体范围和规模标准按照国家规定执行。

气象部门业务建设项目、按照招标投标法及其实施条例必须进行招标的工程建设项目以外的基础设施建设项目根据《中华人民共和国政府采购法》《气象部门政府采购管理实施办法》（气发〔2005〕73号）等政府采购规定要求开展采购活动。

项目中必须进行采购的内容，须填写招标、采购基本情况表。

11. 专家论证意见和专家名单

项目论证按照《气象部门项目论证和评审工作办法》（气发〔2004〕82号）和《气象部门项目论证工作细则》（气办发〔2013〕56号）规定执行。可行性研究报告中附论证意见和专家名单的签字扫描版。

（三）投资估算相关表格

投资估算是在项目的建设规模、技术方案等确定基础上，估算项目投入总资金。项目建设投资主要由建筑与安装工程费、设备购置费、应用软件开发费、工程建设其他费用构成。

投资估算的范围应与项目建设方案所涉及的范围、所确定的各项建设内容相一致；估算内容全面、计算合理，无高估和漏项；估算准确度在±10%以内。

项目总投资估算表是工程建设所有费用的汇总表，是在分别估算各建设内容的建筑与安装工程费、设备购置费、应用软件开发费等之后，汇总到项目总投资估算表中的工程费用中，在此基础上估算工程建设其他费用。

建筑与安装工程费是指为建造永久性建筑物和构筑物所需要的费用;设备购置费指主要设备的数量、单价、合计价等;应用软件开发费是指开发各应用系统所需费用;技术培训费是与项目建设以及运行相关的技术培训直接发生的各项费用支出。

投资估算明细表涉及多个建设单位时还需填写该表,要分别填写项目各建设单位的各类投资明细。其中每个建设单位某类投资的内容、价格和合计数,加总在一起后必须与该类投资的总表对应一致。

各建设单位分工及投资汇总表填写项目各建设单位名称、组织机构代码、任务分工、任务负责人、投资额及投资来源。单位名称须为预算最终下达单位的规范全称。

工程建设其他费用:一是建设单位管理费,包括不在原单位发工资的工作人员工资、基本养老保险费、基本医疗保险费、失业保险费,办公费、差旅交通费、劳动保护费、工具用具使用费、固定资产使用费、零星购置费、招募生产工人费、技术图书资料费、印花税、施工现场津贴、竣工验收费和其他管理性质开支;二是审计费,即委托中介机构审计的费用,按项目总投资额的 1‰~3‰ 计取;三是可行性研究费,即委托具有工程咨询资质的单位用于编制可行性研究报告的费用;四是工程设计费,指委托具有相关资质的设计单位用于编制建设项目初步设计文件、施工图设计文件、非标准设备设计文件、施工图预算文件、竣工图文件等服务所收取的费用;五是技术培训费;六是监理费,即委托具有相关资质的监理单位用于提供建设工程施工阶段的质量、进度、费用控制管理和安全生产监督、合同、信息等方面协调管理服务以及勘察、设计、保修等阶段的相关服务发生的费用;七是土地使用费,指为取得项目建设土地而所支付的土地征用及迁移补偿费、土地复垦及补偿费、土地使用税、耕地占用税。

上述取费均为上限控制额,须在控制额以内计取费用,不得突破。其他不可预见费用,需说明具体用途。需要调整投资的,可以按程序向中国气象局提出申请。

三、实施方案编制

(一)总体要求

项目预算计划下达后,建设单位应及时联系相关管理和服务部门,深入调查和实地勘察,收集工程相关资料,全面、准确掌握项目实施的条件。以经过审批的项目可行性研究报告为依据,编制操作性较强、能指导项目实施的方案或初步设计。

《气象部门基本建设管理办法》规定,估算总投资在 1000 万元及以上的建筑安装工程都应进行初步设计,对技术复杂和有特殊要求的建设项目,还应进行技术设计。估算总投资在 1000 万以下的项目须编写项目建设实施方案。抗震设防、消防、人防等应严格按照国家有关规定执行。实施方案或初步设计的总概算应控制在已批准的可行性研究报告规定的范围以内,建设内容超过可行性研究报告投资范围 10% 以上,或总概算超过可行性研究报告批复估算 10% 以上的,项目可行性研究报告需重新报批。

实施方案或初步设计批准后,不得随意修改。根据批准的实施方案或初步设计进行施工图设计。施工图设计应遵循国家强制性建设规范和限额设计,并按规定委托有关部门对图纸进行技术性审查。经审查的工程量清单和标价不得突破批准的实施方案或初步设计概算或项目预算。

(二)实施方案或初步设计正文

一是项目基本情况。阐述项目名称、建设单位、项目负责人以及项目建设起止时间和项目经费情况。二是前期准备情况。项目可行性研究报告批复情况,施工图设计、技术准备、管理人员到位情况以及前期手续办理情况等。三是建设条件。项目实施详细的建设地点,土地性质、面积、权属情况,拆迁补偿情况等。新建基建项目需阐述建设地点通水、通电、通路、通信以及场地平整等"四通一平"等情况。有新建建筑物的需说明建筑面积、结构类型、楼高、层数以及每层的层高等。业务建设项目要阐明业务系统的建设地点,具体到场站位置或建筑楼层位置,阐明与业务建设相关的系统建设环境条件。四是拟选用的主要材料,以表格的形式列明品目、数量及市场的价格等情况。五是主要房间设置,明确每层每个房间的面积和主要用途。六是主要建设内容,说明该项目的具体建设内容、建设规模和数量等。七是技术方案。属于建筑物类的包括:总平面布置,建筑设计,结构设计,给排水设计,电气设计,暖通设计。属于构筑物类的包括:总平面布置,土建平面设计、立面设计、管道设计、节能环保、安全防护。业务建设项目要阐明建设项目的功能、结构、布局、流程,列明主要软硬件设备配置,应用软件开发,应阐明软件的基本功能组成、业务流程图。八是工程概算,在可行性研究报告的投资估算基础上,详细测算每个建设内容的经费情况,以表格形式列明每个项目分项名称及对应的单位、数量、单价、总价等。九是进度安排,明确项目的开工时间、竣工时间和申请验收时间。以月为单位,阐明项目主要建设阶段划分及进度安排。十是资金来源及落实情况,说明项目投资的资金来源和落实情况。项目的总投资金额,并分别明确到中央投资、地方投资和自筹资金的具体金额。十一是招标基本情况,按照《招标投标法》及其实施条例依法开展招投标活动,招标具体范围和规模标准按照国家规定执行。以表格形式明确列出需要采购的建设内容、招标范围、招、招标方式、招标估算金额等。十二是组织与管理情况,明确项目建设管理组织机构,明确基建项目领导小组成员、分工和责任。

思考题

(1)基本建设项目施工前的前期准备工作有哪些?

(2)基本建设项目如何科学量化绩效考核指标?

(3)基本建设项目申报时间和要求有哪些?

第四章 党建纪检、精神文明和气象文化

习近平总书记在十九大报告中提出新时代党的建设总要求,概括起来就是"六个一":一个根本原则,就是坚持和加强党的全面领导;一个指导方针,就是坚持党要管党、全面从严治党;一条工作主线,就是加强党的长期执政能力建设、先进性和纯洁性建设;一个总体布局,就是以党的政治建设为统领,全面推进党的思想建设、组织建设、作风建设、纪律建设,把制度建设贯穿其中,深入推进反腐败斗争;一个基本要求,就是提高党建工作质量;一个基本目标,就是把党建设成为始终走在时代前列、人民衷心拥护、勇于自我革命、经得起各种风浪考验、朝气蓬勃的马克思主义执政党。

气象事业是党和人民的事业,气象部门一直高度重视党的建设。毫不动摇地坚持党的全面领导,强化气象部门政治机关的定位和气象事业的政治属性,是实现高质量发展、加快建成气象强国的必然要求。

党的十八大以来,按照党中央统一部署,全国气象部门通过开展党的群众路线教育实践活动、"三严三实"专题教育、"两学一做"学习教育、"不忘初心,牢记使命"主题教育、党史学习教育等,增强"四个意识",坚定"四个自信",做到"两个维护",落实全面从严治党政治责任,党的建设明显加强。特别是党的十九大以来,按照新时代党的建设总要求,把政治建设摆在首位,深入学习贯彻习近平新时代中国特色社会主义思想和党的十九大精神,夯实基层组织建设基础,加强高素质专业化干部队伍建设,持之以恒正风肃纪和反腐败,强化监督执纪问责和制度建设,狠抓落实"两个责任"的"牛鼻子",党的建设质量和效果不断提升,全面从严治党迈上新台阶。

第一节 新时代党的建设

内容提要

本节主要介绍了党的全面领导的基本内涵、范围、内容和方式,重点阐述了新时代党的建设总要求,并从政治建设、思想建设、组织建设、作风建设、纪律建设、制度建设、反腐败斗争等七个方面解读了新时代党的建设的主要内容,介绍了新时代气象部门党的建设。

一、党的全面领导

"党政军民学、东西南北中,党是领导一切的。"党的十八大以来,以习近平同志为核心的党中央多次鲜明提出"中国特色社会主义最本质的特征是中国共产党领导,中国特色社会主义制度的最大优势是中国共产党领导,党是最高政治领导力量"。这是党领导人民进行革命、建设、改革最宝贵的经验。推进各方面制度建设、推动各项事业发展、加强和改进各方面工作,都必须坚持党的领导,自觉贯彻党总揽全局、协调各方的根本要求。

(一)党的全面领导的必然性

从历史逻辑来看,党的全面领导是历史和人民的选择。中国共产党的领导地位,是在我国

长期革命、建设、改革实践中形成的,是历史的选择、人民的选择;从理论逻辑来看,中国特色社会主义最本质的特征是坚持中国共产党领导,正是因为有了党的坚强领导,中国特色社会主义道路才成为实现社会主义现代化、创造人民美好生活的必由之路,中国特色社会主义理论体系才成为指导党和人民实现中华民族伟大复兴的正确理论,中国特色社会主义制度才成为当代中国发展进步的根本制度保障,中国特色社会主义文化才成为激励全党和全国各族人民奋勇前进的强大精神力量;从现实逻辑来看,党的全面领导是实现中华民族伟大复兴的根本保证。只要坚持党的全面领导,健全总揽全局、协调各方的党的领导制度体系,把党的全面领导落实到国家治理各领域各方面各环节,就能战胜前进道路上的各种风险挑战,朝着党所确定的奋斗目标奋勇前进。

(二)党的全面领导的基本内涵

中国共产党的领导作为中国特色社会主义最本质特征和最大优势,是在历史中形成并由宪法一以贯之规定的,其基本内涵包含几个方面:第一,坚持党总揽全局、协调各方的领导核心地位。党的全面领导就是横向上的政治领导、思想领导、组织领导,纵向上的中央领导、地方领导和基层领导,过程中的政治领导力、思想引领力、群众组织力、社会号召力。第二,健全党中央实行全面领导的体制机制。坚持党中央对党和国家工作的全方位领导,建立健全党对重大工作的领导体制机制,强化党的组织在同级组织中的领导地位。第三,加强新时代党的长期执政能力建设。党的长期执政也是党的全面领导的纵深延伸,增强党在长期执政条件下自我净化、自我完善、自我革新、自我提高能力。

(三)党的全面领导的范围、内容和方式

党领导的范围是"党政军民学,东西南北中"。"党政军民学"泛指领域,"东西南北中"泛指地域。党如何实施领导? 主要是"把方向、谋大局、定政策、促改革"。内容主要是"方向""大局""政策""改革",方式主要是"把""谋""定""促"。通过提高党把方向、谋大局、定政策、促改革的能力和定力,确保党始终总揽全局、协调各方,充分发挥党的领导核心作用。

二、新时代党的建设主要内容

(一)政治建设

党的政治建设是党的根本性建设,旨在通过正确的政治纲领、政治路线、政治立场、政治目标,以及严明的政治纪律,保证全体党员具有高度的政治觉悟,坚持正确的政治方向,维护党的团结统一,实现党肩负的政治使命。

在党的建设总体布局中,政治建设是"灵魂"和"根基",其根本"要义"是旗帜鲜明讲政治、政治建设放首位和全党服从中央。要把政治建设的统领作用落到实处,应从四个方面着力:首要任务是保证全党服从中央,坚持党中央权威和集中统一领导;基本途径是尊崇党章,严格执行新形势下党内政治生活若干准则,增强党内政治生活的政治性、时代性、原则性、战斗性;基础工程是加强党内政治文化建设,营造风清气正的良好政治生态;重要内容是加强党性锻炼,提高全党同志的政治觉悟和政治能力。

(二)思想建设

党的思想建设是指党为保持自己的创造力、凝聚力和战斗力而在思想理论方面所进行的一系列工作。

思想建设是党的基础性建设,主要任务就是强化马克思主义理论武装,对党员进行党的基本理论、基本路线、基本方略的教育,保持全党在思想上政治上行动上的高度一致,保持党的先进性、纯洁性。坚定的理想信念,是保持党的团结统一的思想基础;坚持思想建党推进理论强党;坚持思想建党与制度治党同向发力。

(三)组织建设

党的组织建设是指党根据形势发展和党的政治任务的要求,遵循党的组织原则和组织路线,不断改进和加强党的组织制度、组织机构、组织纪律、领导制度,提高干部队伍素质和党员队伍素质等一系列工作。

新时代党的组织路线是:全面贯彻新时代中国特色社会主义思想,以组织体系建设为重点,着力培养忠诚干净担当的高素质干部,着力聚集爱国奉献的各方面优秀人才,坚持德才兼备、以德为先、任人唯贤,为坚持和加强党的全面领导、坚持和发展中国特色社会主义提供坚强组织保证。

(四)作风建设

党的作风建设是党的性质、宗旨、纲领、路线的重要体现,是党员世界观、人生观、价值观的外在表现,党的作风就是党的形象,是党的建设的永恒主题,关系人心向背,关系党的生死存亡。党的作风建设包括思想作风、工作作风、生活作风、学风和领导作风等五个方面的内容。中国共产党在长期革命和建设的实践中,形成并坚持发扬了理论联系实际、密切联系群众、批评与自我批评等优良作风。新时代加强党的作风建设要牢牢把握党的作风建设中以人民为中心的政治站位,树立正确的权力观,把作风问题与坚定理想信念紧密联系,突出重点抓好领导干部的作风建设,注重加强党的作风建设的制度保证。

(五)纪律建设

党的纪律建设,主要指中国共产党在马克思主义党的学说指导下为了将自身建设成为思想上政治上行动上高度一致、有能力确保党的各项任务顺利完成的政党组织,以党内法规和一般性制度的形式规范党的各级组织和全体党员行为的理论与实践活动。

党的纪律规范的对象是全党,任何组织、任何党员都不能凌驾于党的纪律之上,必须受其约束。就形态而言,党的纪律主要指已经由党内法规和党内一般性制度文件明文规定的党的各级组织和党员必须遵守的行为准则。党的纪律主要可以分为六类,即政治纪律、组织纪律、廉洁纪律、群众纪律、工作纪律、生活纪律。

(六)制度建设

制度建设是全面从严治党的重要保障。制度治党,实质就是要用法治思维和法治方式管党治党。

抓制度的贯彻执行,注重运用制度法规的执行力和约束力来调解党内矛盾、解决党内问题、规范党员行为。制度治党在目标指向上,重在规范外在言行举止;在方式方法上,采取刚性约束手段;在功能作用上,发挥规范引导功效。党内法规制度体系是以党章为根本,以民主集中制为核心,以准则、条例等中央法规为主干,由各领域各层级党内法规制度组成的具有内在逻辑的有机统一整体。党内法规制度体系在党章之下,一般可以划分为党的组织法规制度、党的领导法规制度、党的自身建设法规制度、党的监督保障法规制度四大板块。

(七)反腐败斗争

反腐败斗争是党的建设的基本任务。党的十九大以来,以习近平同志为核心的党中央一以贯之、坚定不移推进全面从严治党,党内政治生态展现新气象,反腐败斗争取得压倒性胜利,全面从严治党取得重大成果。同时,反腐败斗争形势依然严峻复杂,全面从严治党依然任重道远,反腐败斗争不能退、也无处可退,必须将"严"字长期坚持下去。要始终坚持以习近平新时代中国特色社会主义思想为指导,坚持以政治建设为统领,强化政治监督;加快完善监督体系,着力补齐日常监督短板;保持惩治腐败高压态势,一体推进不敢腐、不能腐、不想腐;努力实现"四个自我"(自我净化、自我完善、自我革新、自我提高),推动形成良好的政治生态。

三、新时代气象部门党的建设

(一)新时代加强气象部门党建工作的重要意义

气象事业是党和人民的事业,气象部门一直高度重视党的建设。毫不动摇地坚持党的全面领导,强化气象部门政治机关的定位和气象事业的政治属性,是实现高质量发展、加快建成气象强国的必然要求。

1. 从气象事业发展历程来看,需要坚持党的全面领导不动摇

新中国气象事业从小到大、从弱到强的发展史,就是一代代气象人积极响应党的号召,践行初心使命,勇于担当作为的创业史、奋斗史、发展史。改革开放后,气象部门实行"双重领导,部门为主"的管理体制,机构、编制、干部等实行垂直管理,党组织关系为属地管理。但全国各级气象部门始终坚持"条要加强,块不放松,条块结合,齐抓共管"的思路不动摇,认真加强部门党建工作。截至 2020 年,全国气象部门共有 4361 个基层党组织(党委 93 个,党总支 261 个,党支部 4007 个),基本实现了党组织全覆盖。在 2341 个基层台站中,单独建立党支部的有 2266 个,占 96.8%;与外部门联合建立党支部的 73 个,占 3.1%。气象部门基层组织较好地发挥了双重领导的优势,在历次改革和重大气象服务中,党组织较好地发挥了政治核心作用、战斗堡垒作用和党员先锋模范作用。

2. 对标新时代党中央要求,必须全力推进党建与业务深度融合

党的十八大以来,习近平总书记多次对气象工作作出重要指示批示,尤其是习近平总书记关于新中国气象事业 70 周年重要指示精神,明确了气象工作关系生命安全、生产发展、生活富裕、生态良好的战略定位,为推动新时代气象事业高质量发展提供了根本遵循和行动指南。要对标习近平总书记重要指示精神,面向国家重大战略、人民生产生活、世界科技前沿,进一步谋划和推动气象强国建设战略目标、重点任务和重大工程的落地落实,必须始终将政治建设摆在首位。要把习近平总书记的重要指示精神切实落实到气象业务、服务和管理工作全流程中,全力推进党的建设与业务工作深度融合、相互促进。

3. 新时代气象事业高质量发展,必须以政治建设为统领

为确保党和国家重大决策部署、重大战略推进、重大工作安排都能全面落实到气象事业发展的各个方面、全过程,要求我们要始终坚持和加强党的全面领导,坚决贯彻党总揽全局、协调各方的根本要求,不断加强部门党的建设,切实把党和国家制度、国家治理体系的显著优势转化为气象事业的发展成效。做到"五个坚持":坚持在贯彻落实习近平总书记重要指示批示精神和中央决策部署中发展气象事业的理念,着力解决服务国家重大发展战略的短板弱项,推动事业发展;坚持以人民为中心的思想,着力解决气象服务的短板弱项,提升服务的质量和效益;坚持依靠科技创新支撑事业发展,着力解决气象核心关键技术的短板弱项,增强自主创新能力;坚持深化重点领域改革,着力解决体制机制上的短板弱项,通过改革添活力增动力;坚持毫不动摇加强党的建设,着力解决党的建设中存在的短板弱项,为新时代气象事业发展提供坚强政

治保证。

（二）气象部门加强党的建设取得显著成效

1. 以政治建设为统领，牢牢把握正确方向

全国气象部门贯彻落实中国气象局党组《关于贯彻落实党的十八大精神 全面提高党的建设科学化水平的意见》，根据上级党组织要求，全国气象部门以严明党的政治纪律和政治规矩、认真贯彻落实中央八项规定精神、坚决反对"四风"，持续推进党的建设，坚决落实"两个维护"，不折不扣落实党中央重大决策部署。根据《中共中国气象局党组关于扎实推进气象部门党的政治建设的通知》《中共中国气象局党组全面从严治党责任清单管理办法》，各级气象部门加强对贯彻执行情况的督促检查，层层传导压力责任，进一步推进了气象部门党的建设。

2. 以开展集中教育和主题教育为抓手筑牢思想根基，深入推进思想建设

深入推进学习型党组织建设，充分发挥党组（党委）理论学习中心组的示范引领作用，营造学用新思想的浓厚氛围。2013年以来，气象部门党组织先后组织开展了党的群众路线教育实践活动，严格执行中央八项规定和国务院"约法三章"，努力改进工作作风，开展了"三严三实"专题教育活动，扎实推进了"两学一做"学习教育，开展了"不忘初心、牢记使命"主题教育、党史学习教育等。组织党员干部职工认真学习习近平新时代中国特色社会主义思想，增强了"四个意识"，坚定了"四个自信"，做到了"两个维护"，提升了广大党员干部职工的政治理论水平。

3. 坚决贯彻落实中央八项规定精神

中央出台"八项规定"以后，全国气象部门党组织认真贯彻落实严格按照上级党组织提出的要求，严守政治纪律和政治规矩，从改进调查研究、精减会议、精减文件简报、厉行勤俭节约、公务出差、公务接待、公车管理、加强监督检查等各个方面进行严格规定和执行，认真整改落实巡视巡察、审计监督、专项检查反馈意见，推动了中央"八项规定"精神全面贯彻落实。

4. 加强党的基层组织和党务干部队伍建设

党的十八大以来，中国气象局党组下发了《关于加强气象部门基层党的建设工作的意见》，印发了加强部门党建和党风廉政建设工作组织体系建设的若干意见，各级党组（党委）均成立了党建和党风廉政建设工作领导小组及其办事机构，明确工作职责、建立工作制度；健全了全面从严治党责任体系，建立了责任清单，纳入了目标考核；开展严肃认真的党内政治生活，提升党内政治生活的质量和效果，严格落实"三会一课"、领导干部双重组织生活制度，建立党员干部提醒报告制度和党支部日常督查考核机制，支部活动形式多样，民主评议党员深入开展，支部活动的规范性、严肃性明显增强；探索建立省、市级气象局党组与地方党委纪委党建工作联系机制；强化党员领导干部党性锻炼和政治历练，提升政治理论素养、党务工作能力、政治领导本领，全面增强引领气象事业改革发展的本领。全国气象部门各级不断充实党务干部力量，全面加强了气象部门党的建设。

全国气象部门党建工作虽然取得了一定成绩，但从更高标准、更高要求来看，气象部门党的建设仍然存在一些问题，主要表现在：在气象部门的双重管理体制下，由于党的组织关系在地方，有少数县级气象局对加强部门党建工作不够重视；一些县级气象局党组织工作内容和活动方式比较单一，对新时代的新要求、新方法研究不多，不能适应气象事业发展实际需要；一些县级气象局党组织战斗力不够强，发挥作用不十分明显；部分党员先锋模范作用不突出；部分单位还存在党建与气象业务结合不紧密的问题。作为领导干部必须清醒地认识到，气象部门，既是业务机构，更是政治机关，必须在加强政治建设、严明政治纪律和政治规矩方面自觉把自己摆进去，要以党的政治建设为统领，扎实推进党的各项建设，进一步提升管党治党能力，为气

象业务服务和更高水平气象现代化建设提供有力保障。

(三)中国气象局对气象部门党建工作的新要求

中国气象局党组高度重视党建工作,坚持以人民为中心的发展思想,将"气象事业是党的气象事业、人民的气象事业"作为推进气象工作的出发点和落脚点,着力强化党对气象事业的全面领导,着力推进全面从严治党向纵深发展。

1. 坚持以政治建设为统领

要始终把政治建设摆在首位,坚决维护以习近平同志为核心的党中央权威和集中统一领导。在中国气象局党组印发的《关于贯彻落实加强和维护党中央集中统一领导若干规定精神的通知》《关于扎实推进气象部门党的政治建设的通知》中强调,要以党的政治建设为统领,全面提升气象部门党的建设质量和效果。

气象部门广大党员干部必须牢固树立气象事业是党和国家的事业的观点,把讲政治作为根本要求,把坚决维护习近平总书记在党中央的核心、全党的核心地位,坚决维护党中央权威和集中统一领导作为首要政治任务;要充分认识没有脱离政治的业务,也没有脱离业务的政治;要认真贯彻中央关于加强和维护党中央集中统一领导的有关规定,各级党组织要结合实际提出针对性举措,强化监督检查,抓好落实;广大党员干部要坚定理想信念和政治担当,坚持把自己摆进去,把职责摆进去,把工作摆进去,深入查找存在的不足和差距,深刻剖析思想根源,狠抓整改落实;各级党组织要坚持正确的选人用人导向,严肃党内政治生活和组织纪律;要严格执行重大事项请示报告制度,定期向上级党组织汇报工作,重大问题和重要事项随时请示报告,落实党中央重大决策部署,要确保不打折扣、不搞变通、不走形走样;要把气象工作放在国家全局中去思考、谋划、推动,对党中央国务院,各级党委、政府关于气象工作提出的要求,要深入研究,坚决抓好落实。

2. 强化思想建设

用习近平新时代中国特色社会主义思想武装头脑,以学习贯彻习近平总书记在"不忘初心、牢记使命"主题教育总结大会的重要讲话精神为遵循,持续强化党的创新理论武装,切实增强"四个意识"、坚定"四个自信"、做到"两个维护"。坚持全面系统学、及时跟进学、深入思考学、联系实际学,与时俱进让广大党员干部的思想跟上时代的步伐,做到往深里走、往心里走、往实里走。

3. 夯实组织基础

着力补短板强弱项,构筑基层组织坚强战斗堡垒。要深入贯彻落实习近平总书记在中央和国家机关党的建设工作会议上的重要讲话精神,不断深化对气象事业是党的事业、人民的事业这一根本属性的认识,找准机关党建、业务工作在目标上的结合点,进一步强化领导干部"一岗双责"意识,党员干部创先争优意识,职工群众岗位成才意识,在组织设置、工作部署、人员配置上实现融合。围绕中心抓党建,抓好党建促业务,使每名党员都成为一面鲜红的旗帜,每个支部都成为党旗高高飘扬的战斗堡垒。

4. 持之以恒正风肃纪

巩固拓展落实中央八项规定精神成果,持之以恒正风肃纪。狠抓中央八项规定实施细则精神的落实。各级党组要锲而不舍地落实中央八项规定精神,拿出恒心和韧劲继续在常和长、严和实、深和细上下功夫,管出习惯,抓出成效,化风成俗。各级党组织要切实加强作风建设,逐条对照《形式主义、官僚主义新表现值得警惕》中提出的 10 种新表现进行整改,特别要对表态多调门高、行动少落实差等突出现象,查问题、找差距,提出有效措施,切实加以整改。作风建设上一把手要负总责,发挥示范引领作用,形成"头雁效应",要通过"关键少数"带动"绝大多数"。

5. 严格监督执纪问责

全面加强纪律建设,严格监督执纪问责。大力加强党风廉政教育,不断强化党员干部的规矩意识和红线意识,创新教育形式,强化先进典型示范引领和反面典型警示教育作用,让广大党员干部知敬畏、存戒惧、守底线。深入推进巡视巡察工作全覆盖,推动形成巡视巡察上下联动的监督网络格局,强化日常监督、审计监督、统计监督,切实发挥各种监督力量的作用。严格执纪问责,坚持无禁区、全覆盖、零容忍,坚持重遏止、强高压、长震慑,聚焦监督执纪重点,紧盯重点领域和关键环节,着力查处气象科技服务、防雷监管、项目管理、财务管理、选人用人进人等方面的问题。

思考题

(1)新时代党的全面领导的基本内涵是什么?

(2)新时代党的建设总要求是什么?

(3)新时代党的建设有哪七项主要任务?

(4)中国气象局对党建工作的要求有哪些?

第二节　县级气象局党的建设主要任务

内容提要

本节主要介绍了中国气象局关于加强气象部门基层党建工作要求,阐述了县级气象局党的建设主要任务,重点提出了县级气象局加强党的建设的落实措施。

一、概述

气象部门实行"双重领导,部门为主"的管理体制,机构、编制、干部等实行垂直管理,党组织关系为属地管理。为解决党建工作中容易出现的"两边管、两难管"问题,切实落实全面从严治党要求,2013年成立了中国气象局党建工作领导小组,印发了《关于加强气象部门基层党建工作的意见》,要求建立基层党建工作共管机制,加强基层组织建设及发展党员和党员管理工作,贯彻落实党建工作责任制,充分发挥基层党组织的作用、提高做好群众工作的本领及党建科学化水平。

2015年,成立中国气象局党组党风廉政建设领导小组。2016年成立中国气象局党组党建工作领导小组,印发了《关于进一步加强气象部门党的建设的意见》,对进一步加强气象部门党的思想、组织、作风、反腐倡廉和制度建设作出部署。2017年出台《关于加强气象部门党建和党风廉政建设工作组织体系建设的若干意见》,要求各级气象部门建立党建和党风廉政建设领导小组,并明确了"条要加强、块不放松,条块结合、齐抓共管"的组织体系建设思路。2020年,修订《中国气象局党组党建工作领导小组工作规则》,进一步强调要发挥党组党建工作领导小组在部门党建工作中整合力量、统筹规划、组织协调、监督落实的作用。同年,制定《中共中国气象局党组关于加强与各省(自治区、直辖市)党委党建工作沟通协调的若干意见》,按照"条要加强、块不放松"的思路,中国气象局党组对省(自治区、直辖市)气象局与地方党委纪委的走访沟通工作提出明确要求。逐步形成气象部门"下抓两级、逐级延伸"的党建和党风廉政建设工作责任体系,即中国气象局党组主抓省(自治区、直辖市)气象局,延伸至各市级气象局;省(自治区、直辖市)气象局党组主抓市级气象局,延伸至县级气象局,并将党建和党风廉政建设工作纳入年度目标考核,建立基层党建工作联系点制度,确保定期交流指导,加强对基层党建工作的督导。

根据党的十九大关于新时代党的建设总要求和党内法规相关规定,结合气象部门实际,2018年出台《中共中国气象局党组全面从严治党责任清单管理办法(试行)》。2020年,根据《党委(党组)落实全面从严治党主体责任规定》(中办发〔2020〕10号),中国气象局党组对全面从严治党责任清单管理办法进行进一步修订完善,要求各省(自治区、直辖市)气象局党组,各直属单位党委结合实际,制定并完善领导班子成员全面从严治党责任清单,严格实施清单管理,压实责任,齐抓共管,确保管党治党责任落到实处。

二、主要任务

(一)加强政治建设

旗帜鲜明讲政治是马克思主义政党的根本要求,也是气象部门作为中央和国家机关的首要任务。2018年,中国气象局下发《关于扎实推进气象部门党的政治建设的通知》;2019年,出台《关于以政治建设为统领加强气象部门党的建设的行动计划》,突出部门特色,促进党建和业务深度融合,充分体现了党对气象事业的全面领导。

1. 牢固树立政治机关意识

气象事业是党、国家和人民的气象事业,是党为人民服务的一线和窗口。气象部门加强党的建设既是推进全面从严治党向纵深发展的必然要求,也是解决管党治党突出问题的客观需要。要切实强化气象部门政治机关意识,始终坚持气象事业的鲜明政治属性;牢牢把握新时代气象事业发展的正确政治方向,始终坚持党的领导、坚持服务国家服务人民;牢牢把握新时代气象事业发展的战略目标和战略任务,始终坚持气象部门政治机关定位。

2. 坚决做到"两个维护"

坚决贯彻习近平总书记重要指示批示精神和党中央决策部署,坚定落实维护党中央权威和集中统一领导的各项制度,不断增强拥护核心、跟随核心、捍卫核心的思想自觉、政治自觉和行动自觉。要将"两个维护"体现在坚决贯彻党中央决策部署的行动上,体现在履职尽责、做好本职工作的实效上,体现在党员、干部的日常言行上。

3. 把准气象事业发展的政治方向

要强化履职尽责,深刻领会习近平总书记关于新中国气象事业70周年的重要指示精神,牢牢把握新时代气象事业发展的正确政治方向,始终坚持党的领导、坚持服务国家服务人民;牢牢把握新时代气象事业发展的战略定位和战略重点。各级气象部门党组(党委)要发挥把方向、管大局、保落实的领导作用,加强对本单位党的建设和业务工作的领导,着眼夯实气象部门党的政治建设思想根基,坚定"四个自信",严格落实意识形态工作责任制,坚持以人民为中心的发展思想,积极服务党和国家重大战略。

4. 严肃党内政治生活

以党章为根本遵循,坚持党的政治路线、思想路线、组织路线、群众路线,着力增强党内政治生活的政治性、时代性、原则性、战斗性。要贯彻执行民主集中制,完善党委(党组)议事规则和决策程序,既讲民主,坚决反对"一言堂""家长制",又讲集中,防止议而不决、决而不行,把民主基础上的集中和集中指导下的民主有机结合起来;要严明党的政治纪律和政治规矩,认真学习党规党纪,严格以党的纪律规矩规范言行,切实把党的纪律规矩转化为行为规范;要严格党的组织生活制度,认真落实"三会一课"制度、民主生活会和组织生活会制度、领导干部双重组织生活制度,谈心谈话制度、民主评议制度等,重视政治学习,防止流于表面,拘于形式,防止党内政治生活的庸俗化、随意化、平淡化,保证党内政治生活的重要载体得到有效落实。

5. 着力提升政治判断力、政治领悟力、政治执行力

政治判断力是以国家政治安全为大、以人民为重、以坚持和发展中国特色社会主义为本,科学把握形势变化、精准识别现象本质、清醒明辨行为是非、有效抵御风险挑战的能力。政治领悟力是对党中央精神深入学习、融会贯通,坚持用党中央精神分析形势、推动工作,始终同党中央保持高度一致的能力。政治执行力是同党中央精神对表对标,把党的路线方针政策坚决执行到位、把党中央决策部署不折不扣落实到底的能力。

(二)加强思想建设

持续着力深化理论武装,坚定政治信仰。持续深入学习贯彻习近平新时代中国特色社会主义思想和习近平总书记对气象工作的重要指示精神,发挥县级局党组(党支部)理论学习中心组学习龙头带动作用和领导干部领学促学作用,突出抓好青年思想引领和理论武装工作。

1. 深入学习贯彻好习近平新时代中国特色社会主义思想

要把理论武装作为重中之重,用当代中国马克思主义武装头脑、指导实践、推动工作,锤炼忠诚干净担当的政治品格。聚焦解决思想根子问题,自觉对表对标,及时校准偏差,推动学习贯彻习近平新时代中国特色社会主义思想往深里走、往心里走、往实里走,在学懂弄通做实上下功夫,切实增强贯彻落实的自觉性坚定性。

2. 发挥党组理论学习中心组示范带动作用

按照《中共中国气象局党组理论学习中心组学习办法》,以深入学习贯彻习近平新时代中国特色社会主义思想为首要任务,努力掌握和运用贯穿其中的马克思主义立场、观点和方法,坚持围绕中心、服务大局,坚持知行合一、学以致用,坚持问题导向、注重实效,坚持依规管理、从严治学,切实在理论学习上走在前、作表率。

3. 扎实推进学习型党支部建设

以党支部为基本单位,以"三会一课"等党的组织生活为基本形式,以落实党员教育管理制度为基本依托,深入推进"两学一做"常态化制度化。始终将党员的思想政治建设和理论武装放在重要位置,培养树立对党绝对忠诚、对气象事业忠诚的坚定信念。鼓励党员干部结合工作实际和思想实际学,带着工作中遇到的理论和实践问题学,做到学以增智、学以长才、学以致用。

4. 加强学以致用、知行合一

要深入思考学、联系实际学、及时跟进学,实时把握党的理论动态,实时学习党的理论方针政策,做到学思用贯通、知信行统一,时常组织开展党员干部批评与自我批评,树立"靶向"意识,坚持问题导向,精准解决"学不深""悟不透""难落实""不扎实"等问题,提出易落实、可操作、实效好的解决措施,推动党员干部不断学深、弄懂、悟透、做实党的理论政策方针,真正意义上发挥思想武装的作用。

(三)加强组织建设

党的基层组织是党的肌体的"神经末梢",发挥着战斗堡垒作用。治国安邦重在基层,管党治党重在基层。只有基层基础夯实了,党的其他各项工作才能更富有成效。

1. 落实主体责任

气象部门各级机关和领导干部要充分发挥"关键少数"带动"绝大多数"的示范引领作用。要加大监督问责力度,把党建与业务融为一体、高度统一作为巡视巡察的重要内容,对违反党的政治纪律和政治规矩、落实责任不力的行为严肃问责。要从落实领导责任、抓住"关键少数"、强化制度保障、强化监督问责等方面,确保各项任务落实到位。

2. 建立忠诚、干净、担当的新时代气象部门党员干部队伍

加强对气象干部的实践锻炼,出台进一步激励干部担当作为的具体措施,在贯彻落实党中央决策部署、应对重大斗争和突发事件、完成急难险重任务中增强政治本领、提升把握"两个大局"能力,建设一支政治过硬、本领高强的高素质专业化干部队伍。强化政治历练,实施干部政治能力提升计划,切实提高党员领导干部把握方向、把握大势、把握全局的能力和辨别政治是非、保持政治定力、驾驭政治局面、防范政治风险的能力,提升党员干部推进党建与业务融合发展的能力。

3. 加强党支部标准化、规范化建设

要落实《中国共产党支部工作条例(试行)》,坚持在强化政治功能中不断推进党支部标准化、规范化建设。要规范设置党支部和党小组,做到应建必建全覆盖。严格执行换届选举规定,配齐配强基层党组织领导班子。要建立完善工作机制。根据党内法规,围绕工作职责、党员教育管理等内容制定党建工作规定和标准,细化党务工作流程,为党务工作提供切实可行的操作指南。严格执行"三会一课"等制度,确保质量和效果。要按照地方机关工委要求,结合气象部门实际,认真研究确定主题党日的主题和内容,既有规定动作,也有自选动作。加强阵地建设,包括活动阵地、宣传阵地、学习阵地建设。

4. 推动党建与业务深度融合

2020 年,中国气象局党组印发《进一步推进新形势下党建和业务深度融合的若干措施》,对坚持围绕中心抓党建、抓好党建促业务,坚持党建工作和业务工作同谋划、同部署、同推进、同考核,推进气象部门党建与业务深度融合作了详细部署。坚持政治引领,强化党的全面领导,坚持站在政治的高度谋划业务发展,将重大业务改革发展等工作列入党组(党委)"三重一大"事项清单,确保党建与业务"一盘棋";统筹协调,一起部署,确保党建和业务工作同频共振;强化检查,一起推进,确保党建与业务工作协同共进;相互促进,一起考核,确保党建与业务联动评价。

(四)加强作风建设和纪律建设

习近平总书记在党的十九大报告中指出,全面从严治党永远在路上,对持之以恒正风肃纪作出了新要求。在作风建设方面,必须紧紧围绕保持党同人民群众的血肉联系,增强群众观念和群众感情,不断厚植党执政的群众基础。在纪律建设方面,必须重点强化政治纪律和组织纪律,带动廉洁纪律、群众纪律、工作纪律、生活纪律严起来。

1. 驰而不息纠正"四风"问题

把落实中央八项规定精神情况作为检验是否增强"四个意识"、坚定"四个自信"、坚决做到"两个维护"的重要标准,驰而不息整治"四风",以领导干部为重点,坚决整治在贯彻落实党中央重大决策部署中的形式主义、官僚主义问题。加大对违反中央八项规定精神,特别是"四风"问题新表现的检查和整治力度。

2. 严格遵守党的各项纪律

要把严守纪律、严明规矩放到重要位置来抓,加强日常监督检查,努力营造守纪律、讲规矩

的氛围。持续深化政治巡察,支持巡察工作,做好巡察整改后半篇文章。做细做实日常监督,特别是要加强对权力、资金、资源集中的重点部门和关键岗位的监督,健全风险防控机制,完善制度体系,加强制度执行。持续开展好气象部门党风廉政宣传教育月和集中警示教育活动,以案为鉴、以案促改,引导党员干部筑牢拒腐防变的思想道德防线。

3. 充分运用好监督执纪"四种形态"

《中国共产党纪律处分条例》规定了监督执纪"四种形态":经常开展批评和自我批评、约谈函询,让"红红脸、出出汗"成为常态;党纪轻处分、组织调整成为违纪处理的大多数,党纪重处分、重大职务调整的成为少数,严重违纪涉嫌违法立案审查的成为极少数。要运用监督执纪的"四种形态",特别是第一种形态的运用,抓早抓小、防微杜渐。按照"照镜子、正衣冠,洗洗澡、治治病"的要求,认真开展批评和自我批评,党员、干部必须严于自我剖析;领导干部要听取不同意见,鼓励下级反映真实情况。

三、县级气象局党的建设的重要制度

县级气象局党组织是气象部门党的基层组织,也是党在气象部门执政的组织基础,党的气象工作方针政策要靠气象部门基层党组织来贯彻落实,建设气象强国的目标任务更要靠基层党组织团结和带领广大气象工作者勤奋工作、艰苦奋斗来实现。抓好气象部门基层党组织建设,就抓住了气象事业科学发展的关键和主动权。当前,全国县级气象局仅有少数单位建立了党组,多数单位还是以党支部为依托。建立现代气象业务体系,实现县级气象局的科学发展,必须要建立和完善基层党建制度,充分发挥基层党组织的重要作用。

(一)民主集中制

民主集中制由列宁最早提出,概括地说,就是民主基础上的集中和集中指导下的民主相结合。它既是党的根本组织原则,也是群众路线在党的生活中的运用。《党章》对民主集中制提出了六条基本原则:党员个人服从党的组织,少数服从多数,下级组织服从上级组织,全党各个组织和全体党员服从党的全国代表大会和中央委员会;党的各级领导机关,除它们派出的代表机关和在非党组织中的党组外,都由选举产生;党的最高领导机关,是党的全国代表大会和它所产生的中央委员会;党的上级组织经常听取下级组织和党员群众的意见,及时解决他们提出的问题;党的各级委员会实行集体领导和个人分工负责相结合的制度;党禁止任何形式的个人崇拜。

民主集中制作为党的根本组织原则,在党组(党委)、党支部议事中广泛应用,具体而言,主要有以下几方面。

一是决定重大问题,在进行集体研究决策前,要先将相关情况在内部进行通报,使班子成员有充分的思考时间,相互协商、交换意见,避免准备不充分、仓促议事的现象。

二是党组织决策重大问题、重要事项,要召开咨询会、座谈会、听证会,或通过个别访谈的方式,邀请领导、专家、下级单位负责人和部分群众代表参加,反复征求意见。

三是重大问题和重要事项必须由会议决策。党组成员必须全部参加会议,表决时,同意人数必须达到到会人数的三分之二才算通过。

四是决策形成后,在执行过程中,党组织要严格执行程序,确保不省略、不颠倒其中任何一个环节,确保决策执行的科学化和民主化。

五是集体领导和个人分工负责相结合。党组决策形成后,明确每个领导成员所负的责任,做到事事有人管,人人有专责,在其职权范围内迅速处理,遇事敢于负责,协调各个方面,抓好落实。

六是重大问题未经党组织讨论表决而作出决定的,党组成员有责任制止,并向上级党组织反映情况,提出纠正意见。

（二）全面从严治党主体责任制度

2020年3月9日,中共中央办公厅发布《党委（党组）落实全面从严治党主体责任规定》,这是党中央健全全面从严治党责任制度的重要举措,明确了党委（党组）落实全面从严治党主体责任,应当遵循的基本原则,从不同层面规定了地方党委、党组领导班子成员及党的建设工作领导小组、党的纪律检查机关等各部门落实全面从严治党主体责任的内容、方式以及监督追责。

2020年11月13日,中国气象局党组印发了《中共中国气象局党组全面从严治党责任清单管理办法》(简称《办法》),进一步推动气象系统各级党组织加强全面从严治党、落实全面从严治党主体责任。《办法》指出,局党组在落实全面从严治党主体责任中要走在前、作表率,自觉强化责任担当,狠抓责任落实,带头遵守执行全面从严治党各项规定,自觉接受党组织、党员和群众监督,引领带动气象系统全面从严治党向纵深发展、向基层延伸,不断提高气象系统党的建设质量。根据《办法》,各级气象部门应参照制定责任清单,报党组审定印发并根据实际工作需要及时调整。此外,每年年初还应根据党中央决策部署以及中央和国家机关工委的工作安排,结合气象系统全面从严治党形势和任务,细化制定局党组班子、党组书记和班子其他成员落实全面从严治党主体责任的年度任务安排。

（三）民主生活会制度

2017年1月13日,中共中央印发《县以上党和国家机关党员领导干部民主生活会若干规定》(以下简称《规定》)明确要求:"民主生活会是党内政治生活的重要内容,是发扬党内民主、加强党内监督、依靠领导班子自身力量解决矛盾和问题的重要方式。"民主生活会每年召开一次,一般安排在第四季度。党员领导干部还应当以普通党员身份参加所在党支部(党小组)组织生活会,过好双重组织生活。县级气象局作为科级单位,从党的群众路线教育后,为进一步加强领导干部队伍建设,一般也纳入民主生活会召开范畴。

1. 民主生活会的主题

民主生活会一般由上级党组织统一确定,或者由领导班子根据自身建设实际确定,并报上级党组织同意。要力求做到既符合党的中心工作要求,又符合领导班子实际,重点突出,针对性强。主要内容是对照党的路线、方针、政策和党章、准则的要求,检查自己的思想作风和工作作风,开展批评与自我批评,检查工作,总结经验,查摆问题,交流思想,统一认识。

2. 民主生活会的参加人员与召开时间

民主生活会每年召开1次,一般安排在第四季度,因特殊情况需要提前或者延期召开的,应当报上级党组织同意。参加人员一般是县级气象局党组领导班子成员(未设立党组的县级气象局,可组织召开支委委员民主生活会)。民主生活会到会人数必须达到应到会人数的三分之二以上。

3. 民主生活会的准备

民主生活会主要是组织准备和领导班子成员的准备。组织准备有四项:一是制定并报批方案。根据上级党组织的要求,结合本单位的中心工作和领导班子中存在的主要问题,制定方案,确定召开日期和议题,并提前10天报告上级党组织,以便上级党组织派人参加会议。二是组织开展中心组学习。组织领导班子成员认真学习党章党规和党的创新理论以及有关文件，提高思想认识，把握标准要求。三是广泛听取意见。采取多种形式广泛征求党内外群众意见和建议，并将征求的意见和建议认真归纳整理，在会上予以通报。四是会议的日期和议题，提前通知到会人员，使其做好准备工作。领导班子成员准备有三项：一是开展理论学习，通过自学与集中学习，提高思想认识，把握标准要求；二是互相交心谈心，领导班子成员之间互相谈心谈话，交流思想，交换意见，并与分管单位主要负责人谈心，也应接受党员、干部约谈；三是准备发言提纲，实事求是地撰写领导班子对照检查材料和个人发言提纲，查摆问题，进行党性分析，提出整改措施。个人发言提纲应当自己动手撰写，并按规定说明个人有关事项。

4. 召开民主生活会

召开党员领导干部民主生活会，由领导班子的主要负责人召集和主持。会议主要议程：一是通报上一次民主生活会整改措施落实情况和本次民主生活会征求意见情况；二是主要负责人代表领导班子作对照检查；三是领导班子成员逐一进行对照检查，作自我批评，其他成员对其提出批评意见；四是主要负责人总结会议情况，提出整改工作要求。因故缺席的人员应当提交书面发言材料。会后，将会议情况和批评意见转告缺席人。民主生活会应当直面问题，领导干部应当在会上把自身存在的突出问题说清楚、谈透彻，开展批评和自我批评，明确整改方向。自我批评应当联系实际、针对问题、触及思想。相互批评应当开诚布公指出问题，防止以工作建议代替批评意见。对待批评应当有则改之、无则加勉，不搞无原则纷争，也不搞一团和气。

5. 会后通报与报告

民主生活会结束后 15 日内，应当将会议情况报告和会议记录报上级党组织，并报送上级纪委和党委组织部门。报告的主要内容是征求意见的情况、开展批评和自我批评的情况、检查和反映出来的主要问题及整改措施。民主生活会召开情况应当向下级党组织或者本单位通报。对于群众普遍关心问题的整改措施，以适当方式公布。

（四）理论学习制度

1. 党组理论学习中心组学习

2017 年 1 月 30 日，中共中央办公厅印发了《中国共产党党委（党组）理论学习中心组学习规则》，并发出通知，要求各地区各部门认真遵照执行。2020 年 10 月 30 日，中国气象局修订了《中共中国气象局党组理论学习中心组学习办法》。各级气象部门党组理论学习中心组学习应以政治学习为根本，以深入学习贯彻习近平新时代中国特色社会主义思想为首要任务，努力掌握和运用贯穿其中的马克思主义立场、观点和方法，坚持围绕中心、服务大局，坚持知行合一、学以致用，坚持问题导向、注重实效，坚持依规管理、从严治学，切实在理论学习上走在前、作表率。健全学习组织、制定学习计划、注重学习方式、严格学习考勤、建立学习档案、实行考核奖惩。

2. "两学一做"常态化制度化

"两学一做"指"学党章党规、学系列讲话，做合格党员"学习教育。2016 年 2 月，中共中央办公厅印发了《关于在全体党员中开展"学党章党规、学系列讲话，做合格党员"学习教育方案》，并发出通知，要求各地区各部门认真贯彻执行。2017 年 3 月，中共中央办公厅印发了《关于推进"两学一做"学习教育常态化制度化的意见》。一是在真学实做上深化拓展。在"学"上深化拓展，就要在持续学、深入学上下功夫，把学党章党规、学系列讲话作为经常性教育的基本内容，统一起来学习、统一起来领会。在"做"上深化拓展，就要引导党员坚持学做互进、知行合一，切实把自己的思想和工作摆进去，从具体问题改起，从具体事情做起。二是抓住"关键少数"发挥表率作用。推动"关键少数"发挥示范带动作用,坚持领导机关、领导干部率先垂范,带头学习、学深悟透;带头做合格党员、合格领导干部;带头旗帜鲜明讲政治,维护党中央权威和集中统一领导;带头强化党性修养,以自我革命的精神查找差距、改进提高;带头严格自律,弘扬良好党内政治文化;带头担当负责,在改革发展稳定各项工作中当先锋。三是抓实基层支部,落实基本制度。抓实基层支部,充分发挥党的组织功能、组织优势、组织力量,牢牢扭住基层党支部这个重点,抓好党支部制度建设这个关键,让党支部吹响"集合号"、当好"小郎中"、用好"处方权"。

(五)密切联系群众制度

密切联系群众是中国共产党的三大作风之一,是指全心全意地为人民服务,一刻也不脱离群众;一切从人民群众的利益出发,而不是从个人或小集团的利益出发;坚持向人民负责和向党的领导机关负责的一致性,并坚持把这些原则作为党的一切工作的出发点。中国共产党在长期的革命斗争中,坚持实行全心全意为人民服务的宗旨,建立了同广大人民群众的血肉联系和鱼水关系。总结这种经验,毛泽东在1942年延安整风运动中提出了密切联系群众的工作作风。

党员联系群众是党的群众路线的具体体现。党员联系群众制度,是党组织了解和把握群众思想动态,增强在群众中的影响力,发挥政治引领、夯实思想根基的重要方式。为密切党群关系,根据实际情况,建立党员联系群众制度。

一是坚持全心全意依靠全体职工的方针,建立联系群众制度。发挥民主参与、民主管理、民主监督作用,在重大问题决策上,广泛听取职工的意见,用有效的制度、措施来保证群众了解和参与改革发展,实现群众对党政负责人的有效监督。

二是坚持全覆盖的原则。以支部所属建制为联系范围,按照入党联系人联系对应入党积极分子,其他党员分别联系普通群众的原则,每位党员至少联系1名群众。支部所在单位党员数多于群众数时,可以按党小组联系群众。

三是开展谈心活动。牢记全心全意为人民服务的宗旨,讲学习、讲政治、讲正气、关心群众疾苦,随时做好身边群众的思想工作;党要经常主动找所联系群众交心谈心、交流思想。做到每2个月对所联系群众谈一次话。向他们宣传解释党的路线、方针、政策和决议,随时掌握所联系群众的思想状况、家庭生活情况,及时帮助解决他们的困难和问题。

四是定期召开座谈会或采取个别沟通的形式,听取党外群众的意见,重大事项及时向群众通报、宣传、教育。

五是发挥先锋模范和桥梁作用。在各自工作岗位上发挥党员先锋模范作用,带动所在部门的职工群众完成好本职工作。对各级领导部门的要求、规定要带头执行,模范遵守,不发牢骚,对群众的意见要求做正面的解释或及时反馈。

(六)组织生活制度

按照党章规定:"每个党员不论职务高低,都必须编入党的一个支部、小组或其他特定组织,参加党的组织活动,接受党内外群众监督,不允许有任何不参加党的组织生活,不接受党内外群众监督的特殊党员。"组织生活制度主要包括"三会一课"制度、民主生活会和组织生活会制度、谈心谈话制度、民主评议党员制度和请示报告制度等。

党员领导干部要过好双重组织生活,既要参加所在党支部、党小组的组织生活会,又要参加党委(党组)单独召开的组织生活会和民主生活会。

党员因外出学习、进修,半年之内可持党员证明信在所在单位参加组织生活,临时出差不能参加组织生活的,回单位后补课,并向组织汇报学习、思想、工作情况。

党员因长期患病不能参加正常的组织生活的,党组织可指定专人负责联系,向他们传达组织生活的内容,听取他们的意见和要求。患精神病的党员,患病期间,可暂停组织生活,保留其党籍。

根据离、退休党员年老体弱的特点,安排过组织生活要适当,保持每月一次支部(小组)会。

受留党察看处分的党员,察看期间仍要参加组织生活(但无表决权、选举权和被选举权);支部大会决定开除党籍或取消预备党员资格的,在未经党委批准之前,仍可参加组织生活;支部通过接收为预备党员,在党委批准入党后,才能参加组织生活。

党员无故二至三个月不参加组织生活的,除提出批评、帮助外,本人必须在支部会上作深刻检查;四到五个月无故不参加组织生活的,除本人检查外,要根据情况给予一定的党纪处理;如果没有正当理由,连续六个月以上不参加组织生活的,就被认为自行脱党,支部应决定予以除名,报上级党组织审批。

(七)"三会一课"制度

"三会一课"是指定期召开支部党员大会、支部委员会、党小组会,按时上好党课。"三会一课"是健全党的组织生活,严格党员管理,加强党员教育的重要制度。

1. 支部党员大会

支部党员大会是指由党支部全体党员(包括预备党员)参加,讨论研究支部重要议题的一种组织活动。按期开好支部党员大会,是贯彻党的民主集中制原则的具体体现。支部党员大会应每季度不少于一次,党支部可根据工作需要,提前或适当增加大会次数。支部党员大会的基本内容有四项:一是定期听取、讨论和审查支部委员会的工作报告,对支部委员会的工作进行审查和监督;二是讨论并决定党支部的重大问题,如传达、学习党的路线、方针、政策和上级组织的决议、指示,讨论、审批新党员和预备党员转正,提出对党员的奖励和处分意见,决定职权范围内的对党员的表彰和处分等;三是选举产生新的支部委员会及出席上级党的代表大会的代表和撤销支部委员;四是讨论执行上级党组织布置的任务和党支部提交的其他主要问题等。

2. 党支部委员会会议

一般每月召开一次,根据需要也可随时召开。必要时也可召开支委扩大会议,吸收党小组和有关党员干部参加。会议的议题一般包括以下方面:一是研究、贯彻上级党组织的指示和决定,讨论制定完成各项任务的方针办法;二是研究党的建设和党员管理教育方面的问题,研究有关干部选拔、调整方面的问题;三是研究培养、发展新党员方面的问题,讨论研究协调工会等群众组织方面的问题;四是开展经常性的思想政治工作,关心群众的政治、经济文化生活等。

3. 党小组会

党小组会是党小组活动的主要形式之一,也是党员组织生活的重要组成部分。开好党小组会,对于加强党的基层组织建设,提高组织生活质量,发挥党支部的战斗堡垒作用,有着十分重要的作用。党支部应加强对党小组的领导,指导党小组开好党小组会。党小组会一般每月召开一至两次,如果遇到党支部有专门布置,可适当增加次数。会议内容有六项:一是组织党员学习,通过经常性、系统化、制度化的学习,坚定党员政治立场,提高理论水平、宗旨意识和明辨是非能力,增强执行党的路线、方针、政策的自觉性,增强组织观念,充分发挥党员的先锋模范作用;二是根据支部布置,向党员分配、布置工作;三是党员汇报思想和工作状况,有针对性地做好党员的思想工作;四是讨论上级党组织和党支部的决议,研究制订贯彻措施,落实各项任务;五是讨论对入党积极分子的培养和教育以及预备党员转正问题,讨论违纪党员的处分以及不合格党员的处置;六是对党员进行民主评议和党员鉴定,评选优秀党员和党员积极分子,分析群众的思想状况,针对群众中存在的思想问题,研究如何做好思想政治工作。

4.党课教育

党课教育是对党员进行党性教育、党的基本知识教育以及其他经常性教育的主要形式,是党支部的一项重要工作。党课教育又可具体分解为四个子目标,提高党员的思想觉悟、政策水平、党性素养以及党员正确行使权利、履行义务的实践能力。在一般情况下,党员领导干部和各支部书记一年至少上一次党课。具体要求:一是落实党课制度,制订好党课计划,基层支部上党课一般应每季度一次,支部要制订好党课年度安排计划。二是精心准备。党课教材的内容要围绕党的中心工作,突出时事形势教育、经济发展教育、无私奉献的党性教育,党课教材要注意正确性、针对性和生动性;要通过精心准备、榜样选树,进一步加强精神引领,让每一次的党课学习都深深触动每一位党员的灵魂。三是党课形式要多样化,可根据不同条件采用新媒体手段,采取学习教育、集中研讨、典型报告的形式等,尽可能使党课上得生动活泼,寓教育于活动之中,收到事半功倍的效果。

(八)民主评议党员制度

民主评议党员就是按照党章规定的党员条件对全体党员进行合格党员的教育,通过自我评价、民主评议和组织考核,检查和评价每个党员在坚持党的基本路线的实践中,发挥先锋模范作用的情况,并通过组织措施,达到激励党员、纯洁组织、整顿队伍的目的。

1.评议原则

一是坚持实事求是的原则。民主评议党员必须以事实为依据,是什么问题就是什么问题,既不降低党员标准,又不提过苛过高要求。二是坚持民主公开的原则。要发扬民主,尊重党员的民主权利,让党员充分发表意见,并认真听取党外群众的评议意见。对不合格党员的组织处理意见要与本人见面,并允许其申辩。三是坚持平等的原则。党员在评议标准面前人人平等,无论是老党员,还是新党员,无论是普通党员,还是党员领导干部,都要严格要求,一视同仁。

2.评议内容

民主评议党员的内容是依据党章规定的党员条件。具体的内容应当根据当前的形势和党的任务对党员的要求,根据现阶段对党员先锋模范作用的要求进行确定和调整。还应从本单位的实际情况出发,确定和补充具体内容。一般来说,民主评议党员的基本内容有五项:一是是否坚持做到增强"四个自信",树立"四个意识",做到"两个维护";二是是否具有坚定的共产主义信念,能否坚持四项基本原则,坚持改革开放,能否把实现中华民族伟大复兴的中国梦同脚踏实地地做好本职工作结合起来,全心全意为人民服务;三是是否站在改革的前列,维护改革的大局,正确处理国家、集体、个人利益之间的关系,做到个人利益服从党和人民的利益,局部利益服从整体利益;四是是否坚决执行党的决议,严守党纪、政纪、国法,坚决做到令行禁止;五是是否密切联系群众,关心群众疾苦,艰苦奋斗,廉洁奉公,在个人利益同党和人民利益发生矛盾时,自觉地牺牲个人利益。

3.评议方法

民主评议党员的基本步骤有4步。一是学习教育。通过学习和有关文件,一方面提高党员对评议活动的认识,使每个党员都明确评议的目的、意义和要求,提高党员参加民主评议的自觉性和积极性。另一方面,通过学习,对党员进行党员标准的教育,使每个党员都能明确新时代合格党员的标准是什么,为下一步的评议做好准备。二是自我评议。在学习讨论的基础上,组织党员对照党员标准,围绕评议内容,认真总结自己一年来在思想、工作、学习、纪律、作风等方面的情况,肯定成绩,找出差距,在是否合格上进行自我认定。自评前,应广泛征求党内外群众的意见,做出合乎实际的自我评价,并认真、如实地写好个人总结,个人总结写好后要经党支部审定。三是民主评议。一般在支部组织生活会后进行,一般程序是:首先进行自我讲评。党员本人在党支部大会或党小组会上作自我总结,汇报自我评议情况。然后,进行党内互评。对照党员标准,组织党员互相评议。评议中要是非分明,敢于触及矛盾和问题,认真开展批评与自我批评,避免不负责任的评功摆好。党内互评后,还可以通过座谈会或民意测验等方法,广泛听取党外群众的意见。四是组织评定。召开支部委员会,在个人总结、党内评议和群众意见的基础上,进行实事求是的分析、综合,形成组织意见。组织意见应与本人见面,并向支部大会报告。对确定为优秀党员和不合格党员的,要报上级党委审批。

(九)党务公开制度

2017年12月,中共中央印发了《中国共产党党务公开条例(试行)》,明确党务公开是指党的组织将其实施党的领导活动、加强党的建设工作的有关事务,按规定在党内或者向党外公开。

1. 党务公开原则

一是坚持正确方向。坚持维护以习近平同志为核心的党中央权威和集中统一领导,认真贯彻落实习近平新时代中国特色社会主义思想,增强"四个意识",坚定"四个自信"。二是坚持发扬民主。保障党员民主权利,落实党员知情权、参与权、选举权、监督权,更好调动全党积极性、主动性、创造性,及时回应党员和群众关切,以公开促落实、促监督、促改进。三是坚持积极稳妥。注重党务公开与政务公开等的衔接联动,统筹各层级、各领域党务公开工作,一般先党内后党外,分类实施,务求实效。四是坚持依规依法。尊崇党章,依规治党,依法办事,科学规范党务公开的内容、范围、程序和方式,增强严肃性、公信度,不断提升党务公开工作制度化、规范化水平。

2. 党务公开内容

一是党组织基本情况:包括各级党组织领导机构、工作机构设置情况,基层党组织、党员基本情况,各级党组织领导成员工作分工、主要职责,党委(党组)议事规则和决策程序,党组织重要的制度、规定等。

二是重大决策、决定、决议情况:包括党组织关于经济社会发展的重大决策,任期工作目标和阶段性工作部署,涉及党员和群众利益的重要措施,为民办实事的具体举措及进展情况。

三是思想政治建设情况:包括党组织学习计划及落实情况,党员领导干部学习情况,政治文明和精神文明建设情况等。

四是党组织建设情况:包括党委(党组)履行职责情况,召开民主生活会和整改情况,党组织选举情况,党费收缴、管理、使用情况,组织开展创先争优及党建主题活动情况,党组织和党员的奖惩情况,发展党员及党员评议情况等。

五是党风廉政建设责任制落实情况:包括落实上级关于实行党风廉政建设责任制的情况,重要情况通报和报告情况,领导班子及其成员"述职述廉"、党员领导干部报告个人有关事项制度情况,维护群众利益情况,违纪违法案件查处情况等。

六是干部选拔任用情况:根据工作需要,适度公开贯彻执行《党政领导干部选拔任用工作条例》及相关政策情况,干部选拔任用工作情况及干部人事制度改革情况等。

七是其他事项：包括党员群众普遍关注的重点、热点、难点问题，经党组织研究决定或上级党组织要求公开的事项等。

3. 党务公开方法

凡属党内法规和上级党组织要求公开的事项，均应以适当方式在一定范围内公开。对于本级党组织制定的、不涉及党和国家秘密的事项，要主动予以公开。党员、群众要求公开的事项，经党组织研究认定可以公开的，在一定范围内以适当方式予以公开；党组织认为不便公开的，应作出具体说明，报上级党组织审定，并把上级党组织的意见向党员、群众反馈。对于只涉及部分人和事的事项，按照规定程序，向申请人公开，确实不能公开的，及时向申请人做好解释说明工作。

4. 党务公开形式

党务公开的具体形式要简便易行、灵活多样、方便群众、便于操作，根据不同的公开内容灵活确定。适宜在党内公开的，可通过党内情况通报会、文件、公示和设立文件查阅处等形式进行公开；适合向社会公开的，可采取党务公开栏、板报、电子显示（触摸）屏以及电视、广播、报纸、互联网站等形式进行公开。积极创新党务公开的方式方法，探索通过社会公示、听证和专家咨询、论证等形式，对党内事务决策的过程和结果予以公开。对于党内外群众关注的热点问题难点问题实行点题公开，把公开的主动权交给群众，群众点到的问题，一般都要公开，使党务公开与解决实际问题相对接；对党务公开后反馈的信息，实行民情恳谈制度，对群众反映的问题进行分析排查，提出的意见和建议进行研究，广泛收集民情民意，不断增强党务公开的针对性、实效性。注重把党务公开与政务公开等有机结合，形成统筹配套、互相促进、协调运转的工作格局。党务公开栏可与政务公开栏合二为一。

5. 党务公开程序

党务公开一般按照提出、审核、公开和反馈的基本程序办理，实行谁主管谁负责，公开的内容、范围、形式、期限等由主管部门提出，本级党组织负责人审核，重要事项由党组织集体研究决定。对于党内重大决策、重要干部任免和涉及党员、群众切身利益的重大问题等党内事务，要采取仅限于党内公开或先党内、后党外的顺序进行公开。需要报请上一级党组织审核的事项，按照规定办理报批手续。凡党员、群众对公开的内容和形式有意见、建议的，要认真对待和整改，并及时反馈。

6. 党务公开时限

党务公开的时限与公开的内容相适应，实行定期公开与不定期公开相结合。坚持固定内容长期公开，常规性工作定期公开，阶段性工作逐段公开，临时性工作随时公开，热点问题及时公开，重点事项适时公开，既体现时限性和有效性，也体现经常性和动态性。

7. 党务公开后反馈信息的利用

要明确专人负责党务公开信息收集工作，通过设立专线电话、设置意见箱、确定来信来访接待日等，收集党员、群众对党务公开的意见和建议。对群众提出的合理化意见和建议，及时加以转化吸收，采取切实措施认真整改，并将整改后的情况向党员、群众再次公开。探索建立奖惩激励机制，对提出合理化意见和建议的党员、群众，可酌情给予奖励。及时整理党务公开内容和党员、群众的意见、建议及处理落实情况，分类归档，规范管理。

思考题

(1)气象部门与地方党委纪委建立共管共抓互补机制是什么？

(2)新时代县级气象局党的建设主要任务有哪几个方面？

(3)县级气象局党的建设要从哪几个方面着手？

第三节　精神文明和气象文化建设

内容提要

本节主要包括气象部门精神文明建设、县级气象局精神文明和气象文化建设等内容。介绍了精神文明建设和气象文化建设的内涵、意义、内容以及建设历程,分析了县级气象局精神文明和气象文化建设的主要工作以及重点举措。

一、习近平总书记相关重要论述

党的十八大以来,以习近平同志为核心的党中央高度重视社会主义文化建设,牢牢掌握意识形态工作的领导权、管理权、话语权,大力培育和践行社会主义核心价值观,提高全民族思想道德水平,推动文化事业全面繁荣和文化产业快速发展,为实现中华民族伟大复兴的中国梦提供思想保证、精神力量、道德滋养。习近平总书记围绕社会主义文化建设发表的一系列重要论述,立意高远,内涵丰富,思想深刻,对于巩固马克思主义在意识形态领域的指导地位,巩固全党全国人民团结奋斗的共同思想基础,加快建设社会主义文化强国,提高国家文化软实力,坚定文化自信,推动物质文明和精神文明均衡发展、相互促进,夺取全面建成小康社会决胜阶段的伟大胜利,实现"两个一百年"奋斗目标、实现中华民族伟大复兴的中国梦,具有十分重要的指导意义。

人民向往的美好生活,不仅是人人"仓廪实衣食足"的物质生活,还向往个个"知礼节知荣辱"的社会风气。实现我们的发展目标,不仅要在物质上强大起来,而且要在精神上强大起来。

——2013 年五一国际劳动节前夕,习近平总书记向全国劳动模范和先进工作者致节日贺词

只有物质文明建设和精神文明建设都搞好,国家物质力量和精神力量都增强,全国各族人民物质生活和精神生活都改善,中国特色社会主义事业才能顺利向前推进。

——2013 年 8 月,习近平总书记在全国宣传思想工作会议上的讲话

实现中国梦必须弘扬中国精神。这就是以爱国主义为核心的民族精神,以改革创新为核心的时代精神。这种精神是凝心聚力的兴国之魂、强国之魂。爱国主义始终是把中华民族坚强团结在一起的精神力量,改革创新始终是鞭策我们在改革开放中与时俱进的精神力量。全国各族人民一定要弘扬伟大的民族精神和时代精神,不断增强团结一心的精神纽带、自强不息的精神动力,永远朝气蓬勃迈向未来。

——《在第十二届全国人民代表大会第一次会议上的讲话》(2013 年 3 月 17 日),
《十八大以来重要文献选编》(上),中央文献出版社 2014 年版,第 235 页

实现中国梦,是物质文明和精神文明均衡发展、相互促进的结果。没有文明的继承和发展,没有文化的弘扬和繁荣,就没有中国梦的实现。中华民族的先人们早就向往人们的物质生活充实无忧、道德境界充分升华的大同世界。中华文明历来把人的精神生活纳入人生和社会理想之中。所以,实现中国梦,是物质文明和精神文明比翼双飞的发展过程。随着中国经济社会不断发展,中华文明也必将顺应时代发展焕发出更加蓬勃的生命力。

——《在联合国教科文组织总部的演讲》(2014 年 3 月 27 日),《人民日报》2014 年 3 月 28 日

　　文明特别是思想文化是一个国家、一个民族的灵魂。无论哪一个国家、哪一个民族，如果不珍惜自己的思想文化，丢掉了思想文化这个灵魂，这个国家、这个民族是立不起来的。

——《在纪念孔子诞辰二千五百六十五周年国际学术研讨会暨国际儒学联合会第五届
会员大会开幕会上的讲话》(2014 年 9 月 24 日)，人民出版社单行本，第 9 页

　　古往今来，中华民族之所以在世界有地位、有影响，不是靠穷兵黩武，不是靠对外扩张，而是靠中华文化的强大感召力和吸引力。我们的先人早就认识到"远人不服，则修文德以来之"的道理。阐释中华民族禀赋、中华民族特点、中华民族精神，以德服人、以文化人是其中很重要的一个方面。

——《在文艺工作座谈会上的讲话》(2014 年 10 月 15 日)，
《十八大以来重要文献选编》(中)，中央文献出版社 2016 年版，第 119～120 页

　　历史和现实都证明，中华民族有着强大的文化创造力。每到重大历史关头，文化都能感国运之变化、立时代之潮头、发时代之先声，为亿万人民、为伟大祖国鼓与呼。中华文化既坚守根本又不断与时俱进，使中华民族保持了坚定的民族自信和强大的修复能力，培育了共同的情感和价值、共同的理想和精神。

——《在文艺工作座谈会上的讲话》(2014 年 10 月 15 日)，
《十八大以来重要文献选编》(中)，中央文献出版社 2016 年版，第 121 页

　　增强文化自觉和文化自信，是坚定道路自信、理论自信、制度自信的题中应有之义。如果"以洋为尊""以洋为美""唯洋是从"，把作品在国外获奖作为最高追求，跟在别人后面亦步亦趋、东施效颦，热衷于"去思想化""去价值化""去历史化""去中国化""去主流化"那一套，绝对是没有前途的！

——《在文艺工作座谈会上的讲话》(2014 年 10 月 15 日)，
《十八大以来重要文献选编》(中)，中央文献出版社 2016 年版，第 135～136 页

　　辩证唯物主义虽然强调世界的统一性在于它的物质性，但并不否认意识对物质的反作用，而是认为这种反作用有时是十分巨大的。我们党始终把思想建设放在党的建设第一位，强调理想信念是共产党人精神上的"钙"，强调"革命理想高于天"，就是精神变物质、物质变精神的辩证法。广大党员、干部理想信念坚定、干事创业精气神足，人民群众精神振奋、发愤图强，就可以创造出很多人间奇迹。如果党员、干部理想动摇、宗旨淡化，人民群众精神萎靡、贪图安逸，那往往可以干成的事情也干不成。所以，我们必须毫不放松理想信念教育、思想道德建设、意识形态工作，大力培育和弘扬社会主义核心价值观，用富有时代气息的中国精神凝聚中国力量。

——《在十八届中央政治局第二十次集体学习时的讲话》(2015 年 1 月 23 日)

　　人民有信仰，民族有希望，国家有力量。实现中华民族伟大复兴的中国梦，物质财富要极大丰富，精神财富也要极大丰富。我们要继续锲而不舍、一以贯之抓好社会主义精神文明建设，为全国各族人民不断前进提供坚强的思想保证、强大的精神力量、丰润的道德滋养。

——习近平总书记在会见第四届全国文明城市、文明村镇、文明单位和未成年人思想道德
建设工作先进代表时的讲话(2015 年 2 月 28 日)，《人民日报》2015 年 3 月 1 日

只有站在时代前沿，引领风气之先，精神文明建设才能发挥更大威力。当前，社会上思想活跃、观念碰撞，互联网等新技术新媒介日新月异，我们要审时度势、因势利导，创新内容和载体，改进方式和方法，使精神文明建设始终充满生机活力。

——习近平总书记在会见第四届全国文明城市、文明村镇、文明单位和未成年人思想道德建设工作先进代表时的讲话（2015年2月28日），《人民日报》2015年3月1日

坚持不忘初心、继续前进，就要坚持中国特色社会主义道路自信、理论自信、制度自信、文化自信，坚持党的基本路线不动摇，不断把中国特色社会主义伟大事业推向前进。

——《在庆祝中国共产党成立九十五周年大会上的讲话》（2016年7月1日），人民出版社单行本，第12页

文化自信，是更基础、更广泛、更深厚的自信。在五千多年文明发展中孕育的中华优秀传统文化，在党和人民伟大斗争中孕育的革命文化和社会主义先进文化，积淀着中华民族最深层的精神追求，代表着中华民族独特的精神标识。我们要弘扬社会主义核心价值观，弘扬以爱国主义为核心的民族精神和以改革创新为核心的时代精神，不断增强全党全国各族人民的精神力量。

——《在庆祝中国共产党成立九十五周年大会上的讲话》（2016年7月1日），人民出版社单行本，第13页

人无精神则不立，国无精神则不强。精神是一个民族赖以长久生存的灵魂，唯有精神上达到一定的高度，这个民族才能在历史的洪流中屹立不倒、奋勇向前。

——《在纪念红军长征胜利八十周年大会上的讲话》（2016年10月21日），人民出版社单行本，第9页

文化是一个国家、一个民族的灵魂。历史和现实都表明，一个抛弃了或者背叛了自己历史文化的民族，不仅不可能发展起来，而且很可能上演一幕幕历史悲剧。文化自信，是更基础、更广泛、更深厚的自信，是更基本、更深沉、更持久的力量。坚定文化自信，是事关国运兴衰、事关文化安全、事关民族精神独立性的大问题。

——《在中国文联十大、中国作协九大开幕式上的讲话》（2016年11月30日），人民出版社单行本，第6页

在每一个历史时期，中华民族都留下了无数不朽作品。从诗经、楚辞、汉赋，到唐诗、宋词、元曲、明清小说等，共同铸就了灿烂的中国文艺历史星河。中华民族文艺创造力是如此强大、创造的成就是如此辉煌，中华民族素有文化自信的气度，我们应该为此感到无比自豪，也应该为此感到无比自信。

——《在中国文联十大、中国作协九大开幕式上的讲话》（2016年11月30日），人民出版社单行本，第7页

坚定文化自信，离不开对中华民族历史的认知和运用。历史是一面镜子，从历史中，我们能够更好看清世界、参透生活、认识自己；历史也是一位智者，同历史对话，我们能够更好认识

过去、把握当下、面向未来。

——《在中国文联十大、中国作协九大开幕式上的讲话》(2016 年 11 月 30 日),

人民出版社单行本,第 9 页

二、气象部门精神文明和气象文化建设

(一)中国气象局相关要求

气象文化是气象部门物质文化、行为文化、制度文化、精神文化的总和,是一项系统工程。气象部门只有拥有自己的文化,才能使事业具有生命的活力,获得生存、发展和壮大,更好地为和谐社会服务。中国气象局对气象部门精神文明和气象文化建设的相关要求主要体现在以下三个方面。

一是深化思想道德教育,加强基层党支部建设。要深入贯彻思想政治工作责任制,加强思想道德教育,积极实施公民道德规范,开展职业道德教育活动,提高队伍的思想道德素质。

二是营造气象文化氛围,丰富文化建设内涵。要将文化建设内涵融入到业务、服务、管理等各项工作中,熔铸到职工的思想意识中,营造文化氛围,提高文化品位;要建设学习型单位,完善学习制度,形成人人学习、终身学习的良好氛围,促进职工的全面发展;要加强气象宣传,展示高科技部门形象,打造优质服务品牌,普及气象科学知识,提高全民气象意识;要开展丰富多彩、健康有益的群众性文化体育活动,丰富职工的精神文化生活,增强单位的凝聚力。

三是深入开展创建活动,提高文明单位水平。继续深入开展精神文明创建活动,提升文明单位档次;继续开展规范化服务,文明服务示范窗口和竞赛活动,开展诚信建设,加强行风建设,自觉接受公众监督;要在基层台站中广泛开展创建"全国气象部门文明台站标兵"和争创省级、国家级文明单位创建活动。通过典型示范带动全行业的精神文明建设。

(二)气象部门精神文明建设概述

气象部门一直高度重视精神文明建设,20 世纪 50 年代,气象部门着重开展了人民军队光荣传统教育,特别是艰苦奋斗精神的教育。1957 年召开了全国气象系统先进工作者代表会议,毛泽东、朱德、邓小平等党和国家领导人接见了与会者代表。20 世纪 60 年代,为提高气象专业队伍素质,气象部门提出树立"三老四严"(即对待革命事业,要当老实人,说老实话,办老实事;对待工作,要有严格的要求,严密的组织,严肃的态度,严明的纪律)的工作作风,普遍开展能者为师、互教互学活动,开展现场会、观摩评比的大练基本功活动,极大地促进了气象人员业务水平的提高。

改革开放以后,全国气象精神文明建设进一步加强。按照中央部署,20 世纪 80 年代全国气象部门开展"五讲四美三热爱"活动,开展了治理"脏、乱、差"现象,改变不良风气,教育广大气象职工树立社会主义道德,推动气象部门的精神文明建设。普遍开展了"有理想、有道德、有文化、有纪律"教育;开展三爱(爱气象、爱台站、爱岗位)、三讲(讲纪律、讲团结、讲奉献)活动。许多台站自己动手,改善工作生活条件,绿化美化环境,改变站容站貌,一批省、地、县级气象局被当地政府评为综合治理先进单位。1985 年《中国青年报》等全国数十家报刊联合发起开展"为边陲优秀儿女挂奖章"活动,全国 71 名优秀气象工作者参加了在人民大会堂召开的"祖国为边陲优秀儿女挂奖章大会"。

1987 年 1 月,国家气象局制定了《气象部门加强社会主义精神文明建设的实施规划》,标

· 151 ·

志着气象部门精神文明建设进入一个新阶段。当年召开了全国气象部门先进集体、先进工作者代表会议。1989 年 4 月,在北京召开全国气象部门双文明建设先进典型表彰大会,共表彰先进集体标兵 15 个,劳动模范 50 名,先进集体 35 个,先进个人 252 个。1993 年开展了"一先两优"表彰活动,表彰了一批先进气象站(局)和优秀气象站(局)长、优秀青年气象工作者。全国气象部门还适时表彰每年的重大气象服务先进集体和先进个人。

党的十四届六中全会召开后,中国气象局成立了精神文明建设指导委员会,1997 年 1 月召开了全国气象部门精神文明建设工作会议。中国气象局党组制定了《关于加强精神文明建设的若干意见》,提出了"在全国气象部门中开展铸造气象精神、树立气象人形象活动"的要求,全国气象部门精神文明建设工作会议将气象人精神概括为"继承和发扬老一代气象工作者艰苦奋斗、敬业爱岗、严谨求实、团结共事、无私奉献的气象人精神"。要求广泛开展精神文明创建活动,每个台站都要争创当地文明单位,每个省(自治区、直辖市)气象局都要争创文明系统,用 10 年左右的时间把全国气象部门建成文明行业。这一规划为气象部门的精神文明建设制定了长远目标,也设计了长期有效的载体。全国气象部门精神文明建设工作会议提出"要切实加强职业道德建设,大力倡导爱岗敬业、诚实守信、办事公道、服务群众、奉献社会的职业道德",并提出要完善岗位职业道德规范,使之更加健全、科学、准确,量化考核,便于操作。当年,全国气象部门有 1000 多个单位被当地政府授予文明单位称号。

1998 年,中国气象局首次将精神文明创建工作列入全国气象部门年度工作目标管理项目,对各省(自治区、直辖市)气象局精神文明建设工作进行督促检查。经过中宣部批准,中国气象局公布了 20 个文明服务示范单位。1999 年 5 月,中国气象局在合肥召开了创建文明行业研讨会,以此推动了创建工作全面开展。当年制定实施了《关于文明服务的规定》《关于电视天气预报规范化服务的标准》《关于气象信息电话规范化服务的标准》,在电视天气预报和气象信息电话两项工作中实行文明服务。国庆 50 周年前夕,北京市气象台等 20 个单位被中央文明委表彰为全国创建文明行业工作先进单位,湖北省气象局和宁夏回族自治区气象局经地方推荐被表彰为全国精神文明建设先进单位。

进入新世纪,紧紧围绕培育有理想、有道德、有文化、有纪律的气象职工这一根本目标,重视并加强职业道德建设。2000 年,在总结创建活动的基础上,中国气象局制定了《关于创建省级文明系统的若干规定》,对创建工作的基本要求、命名形式、表彰奖励及管理作了明确规定,使创建活动逐步规范化、制度化。当年把规范化服务纳入目标管理内容进行考核,2001 年又将规范化服务延伸到县级台站。各省(自治区、直辖市)气象局制定实施细则或办法,完善岗位职责、工作流程、质量检查考核办法,完善规章制度。到 2003 年 1 月,全国气象部门 31 个省(自治区、直辖市)和 4 个计划单列市气象部门全部建成了文明系统。中国气象局机关被评为中央国家机关文明单位标兵。2004—2005 年,各级气象部门加强工作创新,抓"上档升级"活动,进一步巩固和发展创建成果。中央电视台在大型系列专题片《伟大的创造——创建文明行业巡礼》中,对气象部门的创建活动进行了宣传报道。

2006 年以后,气象部门主要开展了五项文明创建活动。一是创建文明机关活动,重点抓机关作风建设。二是创建文明台站标兵。每两年评选表彰一次,2006 年表彰了文明台站标兵 59 个,2008 年表彰了 68 个。三是深化创建文明单位活动。2008 年,中国气象局首次在直属单位中评选文明单位,授予国家气象中心等 5 个直属单位"文明单位"称号。四是创建文明社区,绿化美化环境,改造体育场所,建设群众休闲广场。中国气象局大院多次获得中央国家机关绿化先进单位、首都文明居民区等称号,连续 15 年获得中央国家机关文明单位称号,连续 6

年获得首都文明单位标兵称号。五是深化气象职业技能提升。2007年中国气象局与中国农林水利工会等开始联合举办全国气象行业地面气象测报技能竞赛,2008年开始举办全国气象行业天气预报技术竞赛,全部门掀起了学业务、学技术的岗位练兵热潮。

截至2008年底,全国31个省(自治区、直辖市)气象部门全部被当地党委、政府或精神文明建设委员会授予"文明系统"(或文明行业)称号。全部门共有各级文明单位2503个,占应创单位的99%。其中全国文明单位56个(次)、全国精神文明建设工作先进单位140个(次),中国气象局机关经中央国家机关工委推荐被评为"全国精神文明建设工作先进单位"。到2012年全国31个省(自治区、直辖市)气象局机关均建成了省级以上文明单位,共有63个全国文明单位,99.2%的基层单位被命名为各级文明单位。2013年,"准确、及时、创新、奉献"被正式确定为气象精神表述语。广大气象职工深入践行气象精神,为气象事业发展提供了强大的精神动力和支撑。紧密围绕气象服务效益和气象现代化建设成效,各级气象部门充分利用各种媒介渠道讲好"气象故事",有力凝聚传播合力,营造宣传声势,提升了气象部门社会影响力。2013年拐子湖气象站被中宣部确定为"五一"重大宣传典型,该站职工参加了"庆祝'五一'国际劳动节文艺晚会",中央各大媒体在"时代先锋"栏目、"五一"晚会以"风沙中的呼号"情景剧形式集中宣传了他们的先进事迹。2014年,积极组织开展了社会主义核心价值观先进典型宣传活动。2015年,全国气象部门新增34个"全国文明单位",共有95个"全国文明单位";2017年气象部门全国文明单位增加到147家,到2018年全国气象部门国家、省、市、县四级文明单位总数2665,文明单位比例94%。

改革开放以来,气象部门持续开展了树立先进典型的精神文明建设活动。1981年开展向不顾身残,顽强工作,无私无畏的延边自治州干部金龙浩学习的活动;1983年开展向身患癌症,以顽强意志与病魔搏斗,将毕生心血、才华倾注于气象科研事业的国家气象局气象科学研究院优秀共产党员雷雨顺学习的活动;1986年开展向把生死置之度外,以惊人毅力坚持工作,做出突出贡献的归国华侨、湖南省汨罗县级气象局覃国振学习的活动;1991年开展向干一行爱一行钻一行,身患绝症,无私奉献的全国气象系统模范工作者陈素华学习的活动;1996年开展向为西藏气象事业发展奋斗33个春秋的全国优秀共产党员陈金水同志学习的活动。全国气象部门先后树立了金龙浩(1981年)、雷雨顺(1984年)、覃国振(1986年)、陈素华(1991年)、陈金水(1996年)、董立清(2002年)、崔广(2007年)等先进典型。

三、县级气象局精神文明和气象文化建设

(一)精神文明建设

1. 建设的内涵

县级气象局精神文明建设,是全国气象部门精神文明建设的重要组成部分,是做好全国气象部门精神文明建设的基础。新形势下县级气象局精神文明建设是全面提高广大干部职工思想道德素质,提升县级气象局工作水平,塑造良好形象的系统工程。

新时代社会主义精神文明建设的任务,就是要以习近平新时代中国特色社会主义思想为指导,增强"四个意识"、坚定"四个自信",做到"两个维护",自觉承担起"举旗帜、聚民心、育新人、兴文化、展形象"的使命任务,不断提高人民群众的思想觉悟、道德水准、文明素养和全社会文明程度,努力为构筑中国精神、中国价值、中国力量作出贡献,为中华民族实现两个一百年奋斗目标提供坚强思想保证和强大精神动力。

精神文明建设是马克思主义政党的本质要求,也是我国气象事业发展必须遵循的规律。

新时代气象事业必须不断强化政治属性,进一步加强气象精神文明建设,不断为气象事业发展和推动实现现代化气象强国目标提供精神动力。

县级气象局精神文明建设,就是指以党中央精神文明建设的思想为指导,着力培育有理想、有道德、有文化、有纪律的气象队伍,不断提高气象队伍的政治思想道德素质和科学文化素质。进入新时代,县级气象局要以习近平新时代中国特色社会主义思想为指导,增强"四个意识"、坚定"四个自信"、做到"两个维护",进一步提高气象队伍的政治思想觉悟、道德水准、文明素养和全部门文明程度,为建成现代化气象强国提供坚强的思想保证和强大精神动力。其内涵主要包含以下三个方面。

第一,县级气象局精神文明建设是中国特色气象事业的基本特征。气象事业是党、国家和人民的气象事业,是党为人民服务的一线和窗口。气象工作关系到人民的生命安全、生产发展、生活富裕、生态良好,做好气象工作就是做好政治工作的一个组成部分。新时代新要求催生气象工作新使命新作为,必须着力发展安全气象、民生气象、产业气象和生态气象。新时代气象工作处处都是政治,必须提高政治站位,强化政治统领。要率先实现现代化气象强国目标,就必须加强精神文明建设,气象发展的任务越重,就越不能忘记精神文明建设。精神文明不仅为物质文明发展提供精神动力和智力支持,而且为正确发展方向提供有力的思想保证,如果削弱甚至忘记气象精神文明建设,气象队伍没有社会主义政治信仰,没有共同理想,没有高尚的道德,组织性纪律性涣散,气象现代化事业就没有政治思想保证,也没有精神支撑,建设现代化气象强国的宏伟蓝图就不可能实现。加强气象精神文明建设,是中国特色气象事业发展的基本特征。

第二,县级气象局精神文明建设是气象事业建设的重要组成部分。气象事业建设包括了气象队伍组织建设、思想建设和道德建设。气象事业发展需要建设一支有理想、有道德、有文化、有纪律的高素质气象队伍。这支队伍必须牢固树立建设中国特色社会主义的共同理想,牢固树立坚持党的基本路线不动摇的坚定信念。进入新时代,必须坚定"四个自信"、增强"四个意识"、做到"两个维护",这就必须通过不断加强气象部门的政治建设和精神文明建设,有针对性地解决气象部门一些单位"重业务轻精神文明建设"的问题,克服少数单位觉得包括政治建设在内的精神文明建设是"虚功软活",存在"说起来重要,干起来次要,忙起来不要"现象,必须克服将精神文明建设与抓业务"两张皮"、精神文明建设和业务建设脱节现象,必须克服精神文明建设不入脑、不入心而流于形式的现象。必须认识到精神文明建设是气象事业发展的重要组成部分,必须同气象业务建设一样重视,一起抓,一起建设。

第三,县级气象局精神文明建设是基层台站软实力的重要标志。气象部门能通过持续加强精神文明建设,建成一支综合素质显著提高、政治意志坚定、思想道德高尚、精神健康积极向上的气象队伍,就能形成一股强大的推动气象事业发展的精神动力,就会形成一个气象现代化建设和气象文明建设协调发展的良好局面。由此,中国特色的社会主义气象事业发展就会勇往直前,建设现代化气象强国宏伟蓝图就能成为现实。

2. 建设的意义

一个单位的文明程度是其整体素质和整体形象的综合反映,是其对外形象的直观体现,直接反映单位领导班子作风、干群面貌和精神状态,是一个单位的无形资产和独特名片。

加强县级气象局精神文明建设是基层台站贯彻落实马克思列宁主义、毛泽东思想、邓小平理论、"三个代表"重要思想、科学发展观和习近平新时代中国特色社会主义思想的具体体现,是全面建设社会主义现代化国家的必然要求,是妥善应对各种风险和挑战的客观需要。面对开启全面建设社会主义现代化国家新征程,向第二个百年奋斗目标进军新的历史使命,面对国际国内形势百年未有之大变局下的时代条件和复杂局面,精神文明建设面临新形势新课题,其更为重要、任务更加繁重。加强新时代县级气象局精神文明建设,首要的是坚持正确政治方向,突出政治引领,自觉把党中央关于加强党的政治建设各项要求、"五位一体"总体布局和协调推进"四个全面"战略布局贯穿到精神文明建设全过程,自觉围绕党和国家工作大局开展群众性精神文明创建活动,着力加强价值引领、强化道德建设、培育文明新风,教育广大干部职工增强"四个意识"、坚定"四个自信"、做到"两个维护",为推动新时代气象事业高质量发展凝聚来自基层的强大精神力量。

加强县级气象局精神文明建设,是落实习近平总书记对气象工作重要指示,推动气象事业高质量发展的生动实践,是实现气象现代化、建设气象强国必不可少的重要内容。党的十八大以来,习近平总书记有关气象工作的重要指示批示 40 多次,为科学回答新时代"怎样看待、发展怎样、怎样发展"气象事业等一系列重大问题指明了方向。习近平总书记对气象工作的重要指示,形成了指导气象工作的总纲,是指导气象工作的世界观和方法论。加强新时代县级气象局精神文明建设,就是要弘扬老一辈气象科学家优良传统,传承"准确、及时、创新、奉献"的气象精神,教育引导干部职工把个人价值融入国家人民事业之中,把气象现代化融入社会主义现代化建设中,坚定发展方向,不忘初心,牢记使命,做到监测精密、预报精准、服务精细,为实现气象现代化、建设气象强国努力奋斗。

加强县级气象局精神文明建设,是加强和改进基层思想政治工作、提升职工职业道德素养、更好地承担气象服务经济社会发展重要使命的重要抓手,是建设高素质干部队伍,激励职工干事创业、立足本职工作贡献的现实需要。思想政治工作是一切工作的生命线,是我们党和国家的重要政治优势,是中国共产党领导中国革命和建设的宝贵经验之一。加强县级气象局精神文明建设,就是要把思想政治工作作为抓好精神文明建设的关键和前提,把精神文明建设作为思想政治工作的重要载体和途径,坚持教育人、引导人、鼓舞人、鞭策人,又要做到尊重人、理解人、关心人、帮助人,激发精神文明建设与生俱来的无与伦比的整合力、推动力、凝聚力、创造力、生命力。通过具有行业特色、职业特点、工作特性的创建活动,提高干部素质,涵养职业操守,培育职业精神,树立行业新风。

加强县级气象局精神文明建设,是构建和谐机关的重要保证,是推动气象部门物质文明、精神文明协调发展的必然选择,是基层单位干部群众参与共建共治共享美好生活的重要形式。改革开放以来,精神文明创建活动蓬勃发展,呈现出旺盛生机和强大活力,有力促进了公民文明素质和社会文明程度的显著提高,为改革开放和现代化建设营造了良好的社会环境。加强县级气象局精神文明建设,就是要建设"行为规范、运转协调、公正透明、廉洁高效"的机关,提高工作人员整体素质,维护良好的工作秩序和工作环境;适应业务改革、防雷改革的变动,深化社会公德、职业道德、家庭美德、个人品德教育建设,自觉承担社会责任,树立良好形象。

3. 建设的举措

精神文明建设的内容包括政治思想道德建设和教育科学文化建设。政治思想道德建设是要解决整个气象队伍的精神支柱和精神动力问题;教育科学文化建设是要解决气象队伍的科学综合文化素质问题。

社会主义思想道德建设是精神文明建设的灵魂,决定着精神文明建设的性质和方向,对社会的政治经济发展有巨大的能动作用。思想道德建设解决的是精神文明建设的根本问题。社会主义思想道德建设的基本任务是:坚持爱国主义、集体主义、社会主义教育,加强社会公德、职业道德、家庭美德建设,引导人们树立建设中国特色社会主义的共同理想和正确的世界观、人生观、价值观。政治思想道德建设的基本内容,可以归纳为理想建设、道德建设和纪律建设三个方面。其中,理想建设是思想道德建设的核心;道德建设是思想建设的主体内容;纪律建设是思想道德建设的保证。进入新时代,全面加强社会主义道德建设,要坚持"明大德、守公德、严私德",以习近平新时代中国特色社会主义思想为指导,积极培育和践行社会主义核心价值观、弘扬爱国主义精神,以社会公德、职业道德、家庭美德、个人品德作为公民道德建设的着力点,推动全民道德素质和社会文明程度达到一个新高度。教育科学文化建设,是精神文明建设不可缺少的基本要素,它既是物质文明建设的重要条件,也是提高人民群众思想道德水平的重要条件。

气象部门精神文明建设,就是要根据社会主义思想道德建设和教育科学文化建设要求,积极开展群众性精神文明创建活动,培育和践行社会主义核心价值观,经济建设、政治建设、文化建设、社会建设、生态文明建设和党的建设全面发展,职工素质较高,业务工作过硬,社会形象良好。根据《全国文明单位测评体系(2020年版)》要求,推进精神文明建设的主要形式包括以下十二个方面。

一是深化理想信念教育。中央文明委要求,深入学习贯彻习近平新时代中国特色社会主义思想,引导干部职工增强"四个意识"、坚定"四个自信",做到"两个维护",认真落实意识形态工作责任制,在政治立场、政治方向、政治原则、政治道路上同以习近平同志为核心的党中央保持高度一致;健全完善党委(党组)理论学习中心组指导、严格落实"三会一课"制度,定期开展党员集中学习教育;深化中国特色社会主义和中国梦的宣传教育,加强党史、新中国史、改革开放史、社会主义发展史教育;认真贯彻落实《新时代爱国主义教育实施纲要》,扎实开展爱国主义、集体主义、社会主义教育,加强中华优秀传统文化教育,深化国情和形势政策教育、祖国统一和民族团结进步教育,大力弘扬民族精神和时代精神;广泛运用"学习强国"学习平台、行业媒体或宣传橱窗等阵地开展宣传教育,组织领导干部、专家学者、先进人物开展宣讲活动。

二是培育和践行社会主义核心价值观。广泛开展社会主义核心价值观学习宣传实践活动,形成浓厚的社会主义核心价值观建设氛围;坚持贯穿结合融入、落细落小落实,把社会主义核心价值观要求融入单位规章制度、融合干部职工生产生活;开展道德模范、时代楷模、劳动模范、最美奋斗者、大国工匠、身边好人和文明家庭等先进典型选树和学习宣传活动,营造崇德向善、干事创业的浓厚氛围。

三是党组织建设和党风廉政建设。坚持党建引领,充分发挥党组织和党员在文明单位创建中的战斗堡垒作用和先锋模范作用;建立健全"党建＋文明创建"机制,形成以党建带创建、以创建促党建的良好局面;落实全面从严治党要求,推进党风廉政建设和反腐败工作经常化、制度化。

四是思想道德建设。认真贯彻落实《新时代公民道德建设实施纲要》,广泛开展社会公德、职业道德、家庭美德、个人品德教育,引导干部职工在社会上做一个好公民、在工作上做一个好建设者、在家庭里做一个好成员;开展移风易俗行动,破除陈规陋习、弘扬时代新风;以文明交通、文明旅游、文明上网、文明观赛(观演)、文明祭扫等为重点,普及文明礼仪规范,引导干部职工养成良好行为习惯;开展文明餐桌行动,落实分餐和公筷制度,文明健康用餐。

五是单位文化建设。打造健康文明、昂扬向上、全员参与的职工文化,培养团结协作、勇于创新、奋发有为的团队精神,单位凝聚力、向心力和竞争力强;积极营造拼搏进取、干事创业、乐于奉献的环境和氛围;坚持开展岗位培训和职工教育,加强学习型单位、学习型支部、学习型职工建设;结合传统节日、重要纪念日、重大节庆活动等,开展形式多样、健康有益的文体活动;积极参加"全民阅读""全民健身"活动;有必要的文化和体育设施,能够正常使用。

六是行业优质服务。依法科学管理,工作成效显著,综合工作或主要工作目标本区域或气象部门位居前列;围绕服务人民、奉献社会,创新服务理念、健全服务规范、细化服务标准;干部职工文明用语、礼貌待人,无门难进、脸难看、事难办及"冷、硬、拖、卡"等突出问题,做到文明、优质、高效服务;定期开展职业技能、服务竞赛活动,提升干部职工素质;窗口单位注重开展争创文明政务窗口、服务名牌、服务明星等活动,促进提高服务水平。

七是诚信守法建设。持续开展诚信教育实践活动,普及与市场经济和现代治理相适应的诚信理念、规则意识、契约精神;积极参与诚信缺失突出问题集中治理,严肃查处失信行为,支持社会信用体系建设;广泛开展法制宣传和普法教育;制定推进依法行政、依法办事的规章制度,自觉接受法律监督,领导班子带头遵法学法守法用法,干部职工依法行政,依法办事。

八是履行社会责任。建立志愿服务队伍,设计实施1个以上的志愿服务项目,常态化开展学雷锋志愿服务活动,注册志愿者人数符合相关要求;积极参与所在地方的文明城市创建、乡村振兴、疫情防控、社区共建共治、重大赛会服务等重点工作;支持服务所在地方新时代文明实践中心建设,组织参与实践中心的文明实践活动;发挥单位优势助力脱贫攻坚,巩固脱贫成果;认真落实就业政策、创造就业岗位,积极为大中小学生提供教育实践基地。

九是单位内部管理。行业规章、管理制度、服务标准、工作流程等制度健全完善,有效落实;工会组织健全,职工大会等民主管理制度健全有效,落实政务公开,保障干部职工合法权益;结合实际有针对性地开展职工思想政治工作,保持干部职工队伍思想稳定;搭建沟通平台,畅通反馈渠道,在工作、学习、生活等方面对干部职工给予人文关怀,关注干部职工身体健康和心理健康,帮助解决实际问题。

十是优美环境建设。加强生态文明教育,开展绿色生活创建活动,培养简约适度、绿色低碳生活和工作方式;根据所在地部署要求,实行垃圾分类投放收集;扎实开展爱国卫生运动,积极配合环卫部门做好门前卫生保洁,单位环境干净整洁,无卫生死角,无乱写乱画、乱摆乱放、乱搭乱建现象;办公场所整齐有序,生产经营场所设计合理,设备设施完好,对外服务场所按照标准建设改造无障碍设施。

十一是特色创建活动。围绕转变作风、廉政勤政、执政为民、依法行政、严格执法、文明服务,围绕提升职工素质、促进业务发展,广泛开展体现气象特色、职业特点、工作特性的文明单位创建活动。

十二是健全文明创建工作机制。领导班子重视精神文明创建工作,纳入单位发展整体规划和重要议事日程,与业务工作同部署同落实,定期研究、督促指导;创建工作有规划、有制度、有队伍、有保障;单位领导班子和职工支持并积极参与文明单位创建工作,利用多种形式宣传展示文明单位创建工作,创建氛围浓厚。

(二)气象文化建设

气象文化建设内容非常丰富,县级气象文化直接面向基层、面向社会公众。长期以来,县级气象局在气象文化建设方面已经取得丰硕成果,气象文化不仅在气象部门,而且在社会上产生了广泛影响,并成为民族文化自信的重要组成部分。根据新时代气象发展要求,还要进一步加强气象文化建设,丰富气象文化内涵,让气象文化成为人民群众对文化自信的重要支撑点。

1. 突出气象服务人民宗旨

要不断丰富气象服务内涵,扩大气象信息覆盖面,提高气象服务产品效益,满足人民对气象信息的需求。坚持以公共气象服务为引领,将先进的气象文化融于气象为国家和人民服务的具体实践,转化为干部职工的创造力、凝聚力和工作动力。牢固树立气象关系生命安全、生产发展、生活富裕、生态良好意识,坚持气象预报服务理念,准确预报,主动服务,不断拓展气象服务领域,提升公共气象服务水平。

县级气象文化要结合开展气象科普活动,着力构建气象科普新格局,切实增强气象科普能力,大力推进气象科普工作。面向重点地区、重点人群普及防灾减灾和应对气候变化知识,提升公众防灾减灾、应对气候变化和开发利用气候资源的意识和能力。建立完善气象科普与气象业务、服务联动机制,有效组织社会力量,积极整合社会资源,广泛借助媒体平台开展气象科普宣传。努力将气象灾害防御知识纳入国民教育体系,着力构建气象科普发展新格局,切实增强气象科普覆盖面和影响力。

2. 突出"三个结合"

一是结合加强社会主义核心价值体系教育,大力弘扬气象精神,深入推进学习型部门建设,巩固气象职工共同的思想道德基础。把社会主义核心价值体系融入部门党建和精神文明建设全过程,贯穿气象现代化建设各领域,体现到气象文化产品创作生产传播各方面。不断丰富和发展气象精神。健全和完善具有部门特色的学习品牌。加强学习型党组织建设,提高基层党组织的创造力、凝聚力和战斗力。

二是结合气象宣传工作,坚持正确的宣传导向,完善气象宣传工作机制,提高气象宣传科学化水平。要增强做好气象宣传工作的责任感和使命感,坚持正确的政治方向和舆论导向。加强极端天气气候事件的信息传播和舆论引导。促进气象宣传与业务、服务、科研的联动协调,推进气象部门媒体资源整合与协作共享,广泛开展与社会主流媒体的交流与合作。努力探索新形势下气象宣传的内在规律,增强气象宣传的吸引力、影响力、亲和力、公信力。

三是要结合气象文化精品创建,大力加强廉政文化建设,深入开展精神文明创建活动,广泛开展文化体育活动,不断丰富气象文化载体和内容。加强对气象文化产品创作的引导,组织开展优秀气象文化产品评选活动,不断推出思想性、艺术性、观赏性相统一的精品力作。突出特色,积极创新,不断丰富廉政文化载体,精心打造廉政文化建设品牌。加强廉政文化活动阵地建设,发挥气象部门廉政文化示范点的引领作用。广泛开展创建文明单位活动,不断丰富创建内涵、提升创建水平。积极组织开展群众性文体活动。

3. 不断挖掘当地气象文化之"源"

中国气象文化有着丰厚的历史基础,各地都有丰富的历史气象文化资源,县级气象局可以结合地方实际,积极挖掘当地气象文化建设之"源"。

一是开展气象文化资源普查。结合当地实际,以摸清气象文化家底为宗旨,运用地方史志、古今书籍广泛收集,以及走访、座谈、采风、记录、摄影等田野调查手段,对本地涉及气象的各类历史与现代人文思想、制度规范、经济活动、科技成果、文学艺术、遗迹遗址、民风民俗、自然景观、宗教信仰、文化设施等进行挖掘、收集,形成气象文化家底的原始资料。

二是开展气象文化资源研究。组织相关学科和本领域文化专家、学者,本着坚持"扬弃"的原则,对气象文化原始资料进行研究分析,"取其精华,去其糟粕",筛选出真正能代表当地历史与品牌的优秀气象文化,并分类整理。在研究过程中,采取适当形式,广泛征求社会大众的意见和建议,使研究成果更加符合当地实际并提高社会的普遍认可度。

三是建立气象文化资源数据库。采用纸质、光盘、录音带、录像带等载体,将气象文化研究成果造册、立卷、归档,形成资源数据库,为下一步的规划、建设提供资源。

四是加强历史气象文化的抢救。在调查阶段就必须采取紧急措施进行保护,防止进一步遭到破坏或消亡,造成不可弥补的遗憾。对于气象类非物质文化遗产,要联合文化部门进行抢救性发掘。

4. 建设气象文化载体

一是加大基层台站文化设施建设的力度,建立和完善气象文化标识标准建设,不断加强气象廉政文化品牌建设,不断提升气象部门精神文明创建水平,创新和维护、发展气象部门学习品牌,开展丰富多彩、健康有益的群众性文化体育活动。

二是将气象文化要素体现在业务环境、办公环境、办公事务、宣传告示等文化环境建设中,多方位营造良好的文化氛围,树立气象行业鲜明的整体形象;要在气象台站、重大工程、系统平台等建设中注入气象文化元素,把气象发展理念、视觉文化融入其中,通过色彩、图形、建筑小品等体现气象文化内涵。

三是气象文化阵地,完善"三室一场"建设(图书室、阅览室、荣誉室、小型运动场)。加强文体设施建设,根据条件加强图书架建设。有条件的地方要建设气象文化长廊、科普园地、健身场所,增加文化体育设施。把气象文化人才队伍建设纳入气象人才发展战略,统筹考虑,同步建设。吸纳社会力量积极参与气象文化建设、气象文艺创作和气象文化活动。

思考题

(1)精神文明和气象文化内涵是什么?

(2)县级气象局精神文明和气象文化建设有什么意义?

(3)结合单位实际,谈谈如何扎实推进基层气象文化建设?

第五章　宣传与科普

气象宣传科普工作是党和国家宣传思想与科学普及工作的重要组成部分,也是气象事业的重要组成部分。气象宣传科普是气象连接社会的桥梁,是气象部门面向社会、服务社会的窗口。

气象宣传科普工作肩负着气象部门"举旗帜、聚民心、育新人、兴文化、展形象"的重任,肩负着更好满足人民美好生活需要、提高气象服务能力效益、提高公民科学素质水平的重任。做好气象宣传科普工作,既能为全面深化改革、推进气象现代化建设统一思想、凝聚力量,也能为气象事业高质量发展、气象强国建设营造良好舆论氛围。

习近平总书记关于气象工作的重要指示中明确指出:"气象工作关系生命安全、生产发展、生活富裕、生态良好,做好气象工作意义重大、责任重大。"在全球合力应对气候变化的背景下,在突发性极端天气气候事件呈多发、频发、重发的态势下,全社会对气象服务的需求日益增长,气象工作的地位和作用更加凸显。在传播手段不断进步和传播形式日益丰富的时代背景下,通过气象新闻发布、媒体沟通服务来回应社会关切、普及气象科学知识、加强突发事件舆论引导,同时让社会关注气象、了解气象、支持气象,气象宣传科普工作意义重大、责任重大。

气象宣传科普工作履行宣传党和国家方针政策和气象事业发展成就、传播公共气象服务信息、普及气象科学知识、弘扬气象文化精神的职责。

气象宣传科普工作的主要任务,是以习近平中国特色社会主义思想为指导,努力践行新时代赋予气象宣传工作"理论武装、凝心聚力和立形象、展面貌、树精神"的使命任务,着力满足全社会特别是广大人民群众通过气象科普"趋利避害、防灾减灾"的需求愿望,主动适应新技术发展对气象宣传科普工作的挑战,充分利用新技术、运用新媒体、把握新闻传播和舆论引导的新规律,提高气象宣传科普工作的能力水平,增强社会化传播合力,扩大受众覆盖面和影响力。

第一节　气象宣传与科普管理

内容提要

本节列举了气象宣传科普工作应当遵循的基本理论和相关法律法规,明确了气象宣传科普管理的基本原则和规范要求,阐述了气象宣传与科普工作的组织、载体、平台,介绍了可以借力的相关品牌活动。

一、宣传管理

(一)基本理论与法规规范

所谓宣传,是借助新闻报道的形式开展宣传活动,达到宣传目的,或以新闻媒介为手段发表言论、阐述思想。新闻与宣传相互关联,但又是两种不同的意识形式。新闻是对客观发生事实的叙述,以报道事实、传播事实为主;宣传是一种传播活动,以扩散观点、态度、授人以理为主,通过传播思想观点去影响和引导受众的行为。

气象宣传工作是党的宣传工作的有机组成部分,遵循以马克思主义新闻观为主要内容的新闻宣传基本理论和我国现阶段相应的法律法规和要求,在中国气象局党组的统一领导下组织进行。

1. 马克思主义新闻宣传理论

马克思主义新闻观是马克思主义关于新闻传播活动规律的总看法,是无产阶级政党领导的新闻舆论事业的指导思想和行动指南。

马克思主义新闻观是一个开放和发展的思想体系。列宁、毛泽东等马克思主义者解释了社会主义革命和建设时期新闻事业的特殊规律,为社会主义新闻事业确立了指导方针。我国改革开放以来,邓小平、江泽民、胡锦涛、习近平等历代领导人进一步发展了马克思主义新闻观,提出适应我国时代发展的新观点。党的十八大之后,习近平总书记对新闻宣传和舆论引导做出系列重要指示,强调新闻媒体要坚持服务中心、服务大局,坚持贴近实际、贴近生活、贴近群众,坚持以正确的舆论引导人,充分发挥党的喉舌和舆论引导作用;把新闻报道摆上重要位置,在思想上高度重视,在工作中切实抓好。他在党的十九大报告中明确指出,牢牢掌握意识形态工作领导权,坚持正确舆论导向,高度重视传播手段建设和创新,提高新闻舆论传播力、引导力、影响力、公信力;加强互联网内容建设,建立网络综合治理体系,营造清朗的网络空间;落实意识形态工作责任制,加强阵地建设和管理。在2018年全国宣传思想工作会议上进一步强调,做好新形势下宣传思想工作,必须自觉担起"举旗帜、聚民心、育新人、兴文化、展形象"的使命。

2. 新闻宣传职业道德

新闻宣传职业道德是社会道德对新闻宣传职业的特殊要求,内容包括:必须遵守法律法规,真实、准确、客观地叙述事实,维护公共利益和公民合法权益;尊重和保护未成年人、老年人、女性、残疾人等特殊人群;保持清正廉洁,禁止关联交易,对以各种方式涉及当事新闻工作者利益的采访和报道事实采取回避措施;理性对待个人或组织以正当理由对相关报道提出申诉或异议并给予当事人答辩的机会。

新闻宣传必须坚持党性原则和监督原则,忠于国家、服务人民,将人民的利益摆在第一位;充分发挥主观能动性,敬业爱岗,个人利益服从集体利益;对涉及他人隐私、组织机构或国家安全的信息予以保密,避免或将受访者及相关人士受到的物质或精神伤害降到最低,确保当事人知情并且同意报道事件;满足受众合理需求,关注弱势群体;正当竞争,团结协作。

3. 新闻宣传法律法规和规范性文件

我国目前有关新闻传播的法律规定散见于宪法和各类法律法规和规章之中,有关新闻传播活动的法律规范已初具规模,正在构建以宪法为统帅,以相关法律和行政法规、地方性法规为主干,以部门规章为补充的中国特色社会主义新闻传播法律体系,新闻传播法制框架基本形成。

我国宪法规定,中华人民共和国的一切权力属于人民;中华人民共和国公民有言论、出版、集会、结社、游行、示威的自由;中华人民共和国公民对于任何国家机关和国家工作人员,有提出批评和建议的权利。要保障公民的言论、出版自由和知情权、参与权、表达权、监督权,必须保障新闻媒体合法的采访和报道权利。宪法作为我国根本大法,为保障新闻媒体合法采访和报道权利、规范新闻机构法定义务奠定了法律基础。

除宪法等法律外,国务院颁布的相关行政法规、新闻传播领域的一些部门规章以及国家新闻出版机构出台的一系列规范性文件,丰富和完善了我国新闻传播法律体系。

（二）气象宣传管理

气象宣传是指气象部门借助各种媒体和平台发表气象工作重要决策部署、气象事业发展成就、气象服务社会成效、气象文化建设以及气象科普等内容，使社会各界和广大人民群众了解气象工作情况、应用气象知识和信息、支持气象事业发展，是气象部门思想、文化建设的重要工作内容。

气象宣传管理包含气象宣传活动的组织策划、气象新闻宣传行为的规范管理、舆情管理和日常工作管理等，其目的是大力宣传党和国家大政方针政策与气象工作实际紧密结合的工作部署、落实举措与成效，坚持"团结、稳定、鼓劲、正面宣传为主"的导向，对内弘扬气象精神、倡导爱岗敬业、增强队伍凝聚力和战斗力，对外展示气象部门良好形象、传播气象文化、普及气象知识、提高全民气象防灾减灾意识和能力。

1. 气象宣传管理基本要素

气象宣传管理基本要素包含组织机构、管理职责、制度规范等。

各级气象部门气象宣传工作统一归口办公室管理，在各级党组（党委）领导下和上级部门指导下开展工作。各单位主要负责人是本单位气象宣传工作的责任人。

气象宣传管理职责主要有以下九个方面：一是组织、管理、指导、协调气象新闻、文化、科学知识和服务信息传播工作；二是拟订气象宣传计划、要点和规章制度，并组织实施；三是指导气象报刊、图书、影视、网站和官方微博、微信、客户端等新媒体规范运行和健康发展；四是联系同级地方宣传主管部门和相关机构，协调和监督落实气象新闻宣传相关工作；五是组织、指导与社会媒体的沟通、服务和新闻发布；六是指导气象舆情监测和舆论引导工作；七是协调气象行业宣传资源和业务；八是组织气象宣传工作改革和政策研究，开展重大气象新闻宣传评估工作；九是协助人事部门组织开展宣传管理和业务培训与交流。

中国气象局出台了气象新闻宣传相关管理制度，主要有：《中共中国气象局党组关于加强气象宣传工作的意见》（中气党发〔2018〕97 号）、《气象宣传工作管理办法》（气发〔2014〕76 号）、《中国气象局新闻媒体采访管理规定》（气办发〔2013〕42 号）、《中国气象局新闻发布制度》（气发〔2013〕93 号）、《全国气象部门宣传工作信息沟通制度》（气办发〔2013〕43 号）、《中国气象局办公室关于加强气象部门媒体阵地管理的实施意见》（气办发〔2020〕51 号）、《中国气象局局属媒体阵地联席会议制度》（气办函〔2021〕196 号）、《重大突发事件信息发布工作实施办法》（气办发〔2015〕30 号）、《中国气象局重大突发事件舆论引导工作流程》（气办函〔2020〕232 号）。这些管理制度省级以下气象部门参照执行。

2. 气象宣传管理主要内容

气象宣传管理主要有组织策划、行为管理、舆情管理、日常管理四个方面。

一是组织策划。气象宣传活动的组织策划就是根据不同对象，明确受众，有的放矢地开展宣传。

面向气象职工：要大力加强党的路线、方针、政策和气象事业发展蓝图以及精神文明建设、先进模范人物的宣传，提高气象队伍的政治思想素质，增强气象部门的凝聚力和战斗力。

面向党政领导和相关部门：要大力宣传气象改革开放、气象现代化建设成效、气象服务对经济社会发展的贡献等，加深党政领导和相关部门对气象工作的理解，加大对气象工作的支持力度。

面向社会大众：要大力宣传气象事业发展成就、气象科技进步和气象对经济社会发展和人民群众福祉安康的贡献，大力传播气象服务信息、气象科学和防灾减灾知识，增强广大人民群众的获得感，提高公众的气象科学素质和趋利避害能力，加大对气象工作认知与支持，推动气象科技更广泛地转化为社会生产力、更好地服务广大人民群众的高质量生活。

二是行为管理。气象新闻宣传的行为规范管理包含部门管理和社会管理。

部门管理以分级管理为主,上级对下级加以指导。中国气象局办公室主要管理国家级宣传业务机构和省级气象部门宣传工作。国家级宣传机构包括中国气象局气象宣传与科普中心(中国气象报社)、气象出版社、气象影视中心等,平台有全国气象政府网络和气象新媒体。省级气象宣传管理包括本级宣传科普业务机构、地市级及以下部门宣传机构(岗位),平台有气象政府网站、官方新媒体平台、气象期刊等。地县级管理本级气象宣传活动、平台、载体,地级对县级加以指导。气象新闻宣传行为的部门管理主要内容和要求是,部门所有机构、平台、载体和专兼职从业人员,符合国家新闻传播的法律法规、规范性文件和气象法律法规相关要求,严格执行气象部门相关制度和规定,加强政策引导和业务培训,不断提高气象新闻宣传工作的能力水平。

社会管理主要针对社会媒体、网络、新媒体平台和各种自媒体及其从业人员、各类科普机构、团体、组织等,包括社会化的气象出版、气象期刊、电视气象专栏、广播气象专栏、气象网站和新媒体(或网站、新媒体气象栏目)、气象展览以及面向农村的气象电子显示屏、农村气象大喇叭等。气象宣传社会管理依据新闻宣传出版和气象相关法律法规、政府规章以及有关文件精神对有关气象新闻、气象信息发布的内容、方式、时间等行为予以规范和管理。气象宣传社会管理一般采取属地管理,以沟通、交流、督办为主,必要时采取法律行动。

三是舆情管理。气象部门重大决策、突发气象事件、气象热点问题和重大气象信息、气象工作等都可能引发社会集中关注,形成气象舆情。对于正面舆情,应采取各种措施,扩大宣传;出现负面舆情苗头时,应及时报告上级部门,开展舆情走势监测、会商,研讨回应策略、转化危机,有效平息。

四是日常管理。主要是拟定工作计划、活动方案,掌握工作动态、开展宣传评估总结,组织学习培训,做好新闻发言人、专兼职宣传人员和地方媒体跑口记者的联络和管理,做好官方媒体平台维护和管理,做好气象职工自媒体公众号管理。

二、科普管理

(一)科普工作体系与法律法规

科普全称科学普及,是指利用各种传媒以浅显的、通俗易懂的方式,让公众接受自然科学和社会科学知识、推广科学技术的应用、倡导科学方法、传播科学思想、弘扬科学精神的活动。科学普及是一种社会教育活动。

1. 科普事业历程

科普事业发展是与科学技术进步相伴随的。新中国科普发展经历了三个阶段。

第一阶段,1949—1978年。1949年,具有临时宪法作用的《共同纲领》规定:努力发展自然科学,以服务于工业、农业和国防建设。奖励科学的发现和发明,普及科学知识。之后成立了中华全国科学技术普及协会,印发了《关于加强党对科普协会领导的通知》。一批科学家和科普专家撰写了一系列畅销又长销的科普图书。

第二阶段,1978—2012年。我国《宪法》对科普工作提出了明确要求;《中华人民共和国科学技术普及法》颁布实施;国家出台《全民科学素质行动计划纲要(2006—2010—2020)》及"十一五""十二五""十三五"全民科学素质行动计划纲要实施方案,科普工作纳入国民经济与社会发展规划以及国家中长期科技发展规划和教育发展规划。

第三阶段,2012年至今。科普事业进入新时代,习近平总书记"要把科学普及和科技创新放在同等重要的位置"思想,进一步明确了我国新时代科普工作的重要意义、功能定位、发展理念和指导思想。我国国民经济和社会发展第十三个五年规划纲要提出,推动"互联网＋"科普行动,不断拓展融合领域。

2.科普工作体系

党中央、国务院提出实施"科教兴国"战略,把"发展科技、教育,提高全民族科学文化素质"放在经济和社会发展的突出地位,将"公民素质明显提高"作为文化建设的重要目标之一。目前,我国科学普及工作体系初步形成(图5.1)。

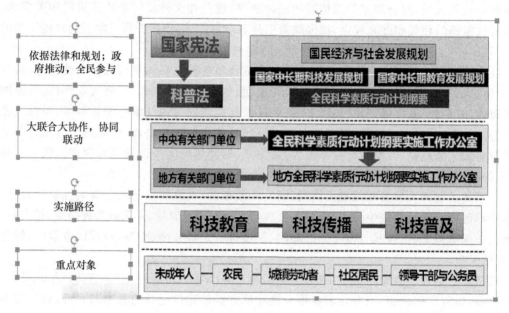

我国科学普及工作体系框架图

3.科普法律法规

《宪法》第二十条规定,国家发展自然科学和社会科学事业,普及科学和技术知识,奖励科学研究成果和技术发明创造。我国发展气象科普可利用的法律法规、规划纲要、意见文件有20多个。其中包括《中华人民共和国科学技术普及法》(简称《科普法》)、《中华人民共和国防洪法》《中华人民共和国突发事件应对法》《中华人民共和国气象法》《国家中长期科学和技术发展规划纲要(2006—2020年)》《全民科学素质行动计划纲要(2006—2010—2020年)》《全民科学素质行动计划纲要(2021—2035)》以及《关于加强国家科普能力建设的若干意见》《关于加强气候变化和气象防灾减灾科学普及工作的通知》等。以《科普法》等为主的法律法规当中,明确了气象科普是全社会的共同任务,指出气象科普应获得经费投入保障和场馆建设支持,并享受相应的税收优惠、奖励政策和鼓励措施。其主要内容:一是各级人民政府应当将科普经费列入同级财政预算,逐步提高科普投入水平;二是省级人民政府和有条件的地方政府应当将科普场馆、设施建设纳入城乡建设规划和基本建设计划;三是国家依法对科普事业实行税收优惠,科普组织开展科普活动、兴办科普事业,可以依法获得资助和捐赠;四是各级人民政府、科学技术协会和有关单位应当对在科普工作中做出重要贡献的组织和个人予以表彰和奖励;五是新建、扩建和改建面向公众的专门科普场所,经批准可将相应的科普设施和场所建设纳入基本建设计划。

4.科普工作内容与特点

《全民科学素质行动计划纲要(2021—2035)》明确,科学素质是国民素质的重要组成部分,

第五章　宣传与科普

是社会文明进步的基础。公民具备科学素质是指崇尚科学精神,树立科学思想,掌握基本科学方法,了解必要科技知识,并具有应用其分析判断事物和解决实际问题的能力。

科普工作的主要内容包括:人类历史发展过程中总结创造的科学知识体系、应用技术(含技能),科学的世界观和方法论,以及随着科技革命迅速发展而产生的新思想、新知识、新技术,即普及基本科学知识、推广科学成果和实用技术以及传播科学方法、科学思想与科学精神。但不同对象在不同社会和时代背景下,对学习掌握科技知识和技能的内容需求和层次有所不同。

科学普及是一种社会教育,具有社会性、群众性和持续性的特点,运用社会化、群众化、经常化方式和现代多种流通渠道、传播载体,广泛渗透到各种社会活动之中,形成规模宏大、富有生机、社会化大科普。气象科普主要传播形式有:科普活动,包括世界气象日、防灾减灾日、科技周、科普日和大型科普展览、科技下乡活动以及气象科普进学校、进农村、进机关、进企业、进社区、进军营"六进"活动;科普场馆,包括大型综合性场馆、专题科普场馆、综合性场所科普展区、专栏等;媒体平台,包括传统媒体、新媒体;科普讲堂;科普图书、电影电视专题片等;带有科普性质的生活用品、游戏玩具等。

(二)气象科普管理

中华人民共和国成立后,在党和政府的领导下,气象科普工作以各级气象学会为主导,开始有序开展。改革开放以来,随着气象事业现代化的发展,气象科普组织机构逐步建立健全。

1. 气象科普管理机构与职责

1996年,中国气象局成立"科普工作协调小组"并下设科普工作办公室。2008年,中国气象局成立公共气象服务中心,进一步强化科普工作的公共服务职能,明确学会和业务单位的科普工作职责,初步形成行业、部门和学会共同推进气象科普工作的统一协调机制。2018年底召开的第六次全国气象宣传科普工作会议明确要求,省级气象宣传科普工作统一归口局办公室管理,建立气象宣传科普实体机构。中国气象局归口办公室管理,省级有归口办公室、科技处、气象学会秘书处管理三种情形,地市级同样有归口综合办公室、业务科、学会办事机构三种情况。

气象科普工作的职责是普及气象科学技术知识和气象防灾减灾、应对气候变化相关知识。气象科普工作在各级党组(党委)领导下组织开展,各级领导、气象科技工作者具有传播气象科技的责任和义务。

气象科普管理职责:一是拟订气象科普规划、落实计划并组织实施;二是统筹气象科普资源,指导协调综合性气象科普工作;三是联系同级地方科普主管部门,推进气象科普社会化发展;四组织开展气象科普政策研究和效益评估;五是协助人事部门组织开展科普管理和业务培训与交流。

2. 气象科普管理规范

中国气象局、中国气象学会等出台了《全国气象科普教育基地管理办法》(气发〔2014〕43号)、《气象科普发展规划(2019—2025年)》(气发〔2018〕110号)、《国家气象科普基地管理办法》(气发〔2019〕104号)、《中国气象局重大突发事件信息发布工作实施办法》(气办发〔2015〕30号)、《中国气象局重大突发事件舆论引导工作流程》(气办函〔2020〕32号)等气象科普基地管理办法、气象科普发展规划,省以下气象部门结合实际做好落实工作。

3. 全国性气象宣传科普活动

宣传科普活动是宣传科普工作的平台和抓手。借助和参与全国性宣传科普活动,能有效提升宣传科普活动的影响力和传播力。

"3·23"世界气象日纪念活动。每年一次,通常按照世界气象组织发布的纪念活动主题,

165

由中国气象局和中国气象学会联合印发纪念活动通知,各级气象部门组织实施。

"5·12"防灾减灾日纪念活动。每年一次,由国家减灾委员会、民政部发起,在全国范围内开展。通常中国气象局以及各级地方政府相关部门会印发通知,地方部门还会组织综合性活动,各级气象部门按照双重领导要求,结合实际组织实施。

科技活动周。每年一次,由科技部、中宣部、中国科协等部门和单位联合组织开展。通常中国气象局以及各级地方政府相关部门会印发通知,地方部门还会组织综合性活动,各级气象部门按照双重领导要求,结合实际组织实施。

气象科技活动周。每年一次,每年确立一个主题和一个主会场,与全国科技活动周同步进行。气象科技活动周由中国气象局会同科技部、中宣部、中国科协等部门和单位联合组织开展,充分展示气象科技发展的最新成果和气象服务保障经济社会发展的重要贡献,弘扬科学精神,普及科学知识,促进科技交流,加快创新发展,引导气象科技工作者和社会各界积极投身气象强国建设,让气象科技创新成果更广泛地惠及人民群众、服务各行各业。气象科技活动周通常由中国气象局和省级地方政府相关部门联合举办印发通知,地方部门还会组织综合性活动。各级气象部门按照双重领导的要求,结合实际组织实施。气象科技活动周是全国科技活动周的重点行业示范活动,首届气象科技活动周于2017年5月在广州举办,迄今已在北京、南京、武汉举办四届,其中2020年因新冠肺炎疫情而停办。

全国科普日暨气象科普日活动。在中国科协组织的全国科普日活动基础上,2018年,中国气象局与中国科协联合举办全国气象科普日活动,发文要求各级气象部门组织实施。该项工作由中国气象局科技司具体负责。

全国气象宣传作品观摩交流活动和全国气象科普作品观摩交流活动,由中国气象局办公室主办,中国气象局气象宣传与科普中心组织实施。每两年一次,交替进行。

气象科普品牌活动。气象科普"六进"活动:进乡村、进社区、进学校、进企业、进机关、进单位,自上而下全部门开展;青少年气象夏令营,中国气象学会组织,每年开展;气象防灾减灾志愿者中国行;应对气候变化中国行。

思考题

(1)气象新闻宣传的基本遵循是什么?

(2)气象科普传播有哪些法律保障?

(3)气象宣传与科普工作管理的主要任务是什么?

第二节　写作基础与宣传应用

内容提要

本节主要介绍了气象宣传的内涵与分类,重点介绍了气象宣传稿件写作的基本知识,阐述了气象新闻写作实践中的一些技巧和方法,解析了气象宣传稿件写作中的常见问题和注意事项。

一、气象宣传的内涵与分类

(一)一般新闻宣传知识

1. 新闻与宣传的概念和特点

新闻,是新近发生的事实的报道。主要具有事实性、现场性、时间性、公开性和传递信息、宣传鼓动、服务社会以及提供知识和娱乐的功能。

宣传,是一种专门为了服务特定议题的信息表现手法,具有目的性、倾向性、社会性、现实性、附合性和激励、鼓舞、劝服、引导、批判等多种功能,其基本功能是劝服。

2. 新闻与宣传的区别和联系

新闻与宣传的区别。一是传播目的不同。新闻以满足公众对信息的需求为目的;宣传要受众接受宣传者所宣传的思想观念,同时理解它、支持它,在思想上和行动上与宣传者保持一致,更多为满足宣传者自己的需求。二是传播方式不同。新闻是易碎品,今天的新闻就是明天的历史。所以,新闻是一次性传播,第二次、第三次就不能再称为新闻。宣传需要经常重复以加深印象。相同或相近的内容,尽可能多地利用各种形式反复传播,越多越有效果。三是传播内容和侧重点有差别。新闻传播信息,宣传传播观念。新闻是传播能引发关注、值得重视、有意思的事情,让公众了解和更好地适应不断变化的社会环境;宣传是通过某一事件来传播既定的观念,因此宣传者主观上非常重视宣传后的讨论意见,即公众言论。四是传播准则不同。新闻要求符合新闻特点,做到真实、准确、全面、客观、公正等,相对简单;而宣传具有二重性,既要传播事实信息,又要传播宣传者的意图,因此宣传强调观点鲜明、内容充实,内容支持观点。

新闻和宣传的产生及其存在因素是紧密联系的。因此,常常出现新闻为宣传服务,即通过新近发生的新闻事实来说明、论证宣传者观点,达到更好地说服受众的效果和目的。最常见的就是策划把新闻传播和宣传活动结合在一起。

利用新闻传播进行宣传,一种是通过言论,包括新闻评论和理论文章,直接阐述立场、观点,运用严密的逻辑分析来阐述主张的正确性、必要性和可行性,以此来指导受众。另一种是通过一部分新闻,即借助新闻来宣传立场、观点,指导人们的思想和行动。

(二)气象新闻

气象新闻即与气象有关的新闻,指气象及气象相关领域新近发生的事实报道。

1. 气象新闻的分类

气象新闻可按照一般新闻分类,也可根据气象行业特征划分为天气气候信息、气象相关突发事件、气象业务服务、气象科技、气象管理类新闻。

一是天气气候类新闻。我国地域范围广、南北差异大、气候类型多,四季变化明显。而天气与人们的生产生活息息相关,各种天气气候事件以及因天气气候引发、或受天气气候影响的各种社会事件特别是突发公共事件,极易引发社会关注。天气气候类的新闻天天发生,因此也是媒体最为关注、最易捕捉的新闻。此外,具有行业共性的全球重大、极端天气气候事件也在气象新闻之列。

二是气象业务服务类新闻。气象业务与气象服务始终紧密相连,相互作用。气象业务服务类新闻包含综合观测、通信网络、预报预测预警等业务和决策、公众、专业、专项等公共气象服务。气象业务服务类新闻集中体现气象事业的发展和气象服务社会的能力、水平、效益,展示气象对经济社会发展的贡献,是最为常见、最想表达的气象新闻内容。

三是气象科技类新闻。包括气象科技创新进展、成果及其转化、新技术应用和科技人才培养等等。气象科技新闻具有全球性和专业性特征。

四是气象管理类新闻。以政务新闻为主,是气象新闻的重要门类。政务新闻体现贯彻上级决策部署的举措和落实成效、发展规划及其推进情况、重大项目和重要工作进展、重要活动等,涵盖行政管理、计划财务、人事人才、法规建设以及党的建设、精神文明建设、气象文化建设等气象工作的各个方面。

2. 气象新闻的特点

气象新闻除具有新闻一般特征外,还具有以下特点。

一是受众的广泛性。人类从事各种生产、生活活动都或多或少与气象环境、气象条件相关。气象新闻尤其是天气气候新闻受到最普遍关注。

二是传播的时效性。即从信息发布、传播到受众接收、利用的时间及其效率。现代传播技术的迅速发展,对气象新闻的适用时效要求很高。以气象预报预警信息为例,长则以周或天为单位、短则以小时甚至分钟为单位,其使用价值只在预报预警的时段内有效。

三是范围的限定性。受纬度、海陆位置、海拔高度、地质条件和地形地貌等影响,不同地区存在天气和气候系统差异。天气预报具有属地性,天气气候预测预报预警类气象新闻同样具有区域和地域范围的划分。气象新闻根据行政区域划分进行报道已是共识。

四是内容的科学性。气象是一门科学,传播气象信息必须坚持科学性、客观性、真实性、权威性。气象新闻也是传播科学知识和科学思想的手段,应通过新闻报道将更多气象知识传递给公众。

五是延续的无限性。世界存在着各种各样的系统,所有系统都分别表现出有限性和无限性。天气系统是按照其自身规律时时都在发生运动和变化的大气运动系统,相伴随的气象现象也在发生连续性变化。因此,跟进天气新闻也具有无限性特点。

六是内容的实用性。气象新闻在满足公众知情权的基础上,更注重受众层面的需求,它不是"天气预报"的有闻必录,而是经过精挑细选后,附著了不可替代的服务指导功能。随着气象服务产品种类的增加和内容的改进与增添,衍生出旅游、健康等各类生活指数、生活指南服务产品,气象新闻资讯的实用性更加突出。

二、新闻写作知识

(一)基本要求

气象新闻宣传稿件的写作与普通新闻稿件写作要求相一致,体现新闻的真实性、时效性、可读性、受众针对性。

1. 真实性

真实是新闻的基本属性,也是整个新闻报道的原则。真实性要求新闻报道必须客观反映事物的原貌。新闻写作对真实性的要求,可以分为浅与深两个层面。浅层面要求新闻报道的具体事务必须真实准确。一是确有其事;二是构成新闻的基本要素,即时间、地点、人物、事件、结果、原因等必须准确无误;三是引用的各种资料必须准确无误;四是反映的事实的环境、过程、细节、人物语言和动作等必须真实;五是涉及人物的思想认识和心理活动等必须是当事人所述。深层面则要求新闻报道的整体概括与分析必须符合客观实际,现象真实与本质真实辩证统一,微观真实与宏观真实有机结合,体现新闻报道的多层次真实。

2. 时效性

时效性最主要的体现是新鲜、快速、简短,最好一目了然。新鲜不外乎加强当日新闻的采写,把最新鲜、最精彩的新闻用最显著的形式摆在受众的面前。快速是新闻的生命,要快速写作、快速传播。做到新闻报道的简短,一要坚持一事一报;二要注意把主题破小、角度选好,突出最有新闻价值的事实;三要化整为零,多一些滚动报道、组合报道或连续报道;四是运用浓缩法,只讲事实,少讲道理。

3. 可读性

可读性要求就是具体、生动、通俗易懂。选题角度、报道内容和报道的叙述以及情节、细节都要具体。生动与具体相关联,越具体越生动。要注重人在报道中的作用和写作的结构安排。多用短句和浅显的文字、形象的比喻或大家熟悉的语言来讲述、表达、说明新闻报道中的内容,巧妙处理新闻报道中的数字。

4. 针对性

针对性是指传播的新闻,宣传的内容、知识、思想具有特定的受众,针对某些专有人群。针对性有两层意思:一是进行新闻写作时,心中要有对象感,明白受众是谁;二是明确为什么写,你的报道是针对什么而发,要引导或影响受众到什么目标上去,即了解传播对象、明确传播目的。做到针对性,第一,加大信息量,一是从不同侧面进行报道;二是使用新闻背景;三是抓住新闻特点,特点越鲜明、差异越显著,受众效果越好;四是用尽可能少的新闻符号传递尽可能多的新闻内容。第二,加大知识含量,讲究科学性,注意挖掘和展示新闻背后的某种客观规律;深挖材料,精选角度,增加知识的数量、质量。第三,挖掘思想深度,增强新闻报道的持续影响力。

(二)常用新闻体裁写作

1. 消息

消息是各种新闻体裁中用得最多、最活跃的一种体裁,在新闻报道中占有重要地位。消息通常被称为新闻报道的主角。

消息的特点。一是概括。简要、概括地反映新闻事实,是消息区别于其他新闻体裁的本质特点。二是注重用事实说话。消息不提倡抒情或议论,尽可能地减少主观色彩。三是有特殊的结构形式。这是有别于其他新闻体裁的一个突出特点。

消息的组成形式为:标题、导语、主体、结尾,在文中穿插背景材料。消息的结构是"倒金字塔型",即最重要的内容放在开头,次要的放在后面。它有一个与众不同的导语,通过导语,将新闻事件的结果、新闻事实的精要,最先呈现给受众。这种结构方式的消息写作从标题至导语、主体,分三步呈递进式展开叙述,即标题是第一次叙述,用一句话报告事实,起索引作用;导语是第二次叙述事实,补充标题,吸引读者;主体是第三次叙述事实,展开、补充导语,完全打开包袱。

消息写作有四个层面。首先是标题。按结构分,有单一型和复合型两种。单一型只有主题,复合型由主题+辅题(引题、副题)组成。复合型表现形式也有两种,一种是引题在主题之上且字号较小,它主要是从一个侧面对主题进行引导、说明和烘托;另一种是副题置于主题之后的次要标题,字号较小,它主要是对主题起补充、注释作用。复合型标题至少且必须有一个实标题,大多数情况是引题以虚标题居多,副题以实标题居多,主题可虚可实。

案例5-1:

精细化预报择天时

"鲲龙"展翅避开降雨时段

案例5-2:

以小雨不积水大雨不内涝为目标

××省出台行动方案提升排水防涝能力

标题形式主要有以下三种类型:一是平铺直叙式,它的特点是简单明了,如"我国首个气候指数系列出炉";二是对仗工整式,它的特点是略有诗意,如"千山鸟绝有孤站,万径无人守春秋";三是修辞手法式,它的特点是运用比喻、借代、比拟、双关、反语、排比等,让标题更生动,如

"收复传播管理'失地'让权威声音跑赢谣言""预报监督员：10年专管天气'闲事'"。

其次是导语。导语是消息体裁所特有，处于文章开头部位，是所报道事件的结果、提要或高潮（这是与其他任何类型的文章开头不同之处）。因此，导语是消息开头用来提示新闻要点与精华、发挥导读作用的段落，应开门见山、尽快报告新闻事实、传递最新信息，使人"一眼便知""一见钟情"，为全篇定音。导语写作必须有实质性内容，体现最具新闻价值、最有吸引力的事实，练字练句、力求简短且生动。

再次是主体。主体的任务是将导语展开，使之具体化。主体的结构方式有：倒金字塔结构、纵向结构、横向结构和点面结构。绝大多数消息采用的是倒金字塔结构，且主体也采用倒金字塔结构，吸引读者。纵向结构可以反映新闻事件的大致过程，让读者了解前因后果。横向结构方式不受事物发展时间顺序限制，围绕一个主题，将同一时空范围内的情况有序组织起来，反映"面"的变化。点面结构中的点是指个别的、典型的事例，面是指一般的、总体的情况，以点带面、点面结合，可以为受众提供广阔的认识空间，使消息更有说服力，也更符合普通受众的认识规律。

最后是结尾。消息结尾的要求是以事实结尾，即事实该讲到哪里，消息就在哪里结尾，戛然而止，无需再加。然而，这并不意味着消息可以不注意结尾，好的结尾可以使主题更鲜明，使报道有回味余地，甚至有审美价值和带来妙趣。巧妙的结尾方式主要有四种：材料典型式，意味隽永；首尾关照式，前后呼应；稍加议论式，画龙点睛；水到渠成式，自然顺畅。

消息的写作除要掌握以上四个步骤外，还要了解新闻背景。新闻背景是指新闻事实之外，对新闻事实或新闻事实的某一部分进行解释、补充、烘托的内容。交代新闻背景，是消息写作中不可忽视的一个环节。消息，尤其是动态消息，往往是一事一报，如果不交代必要的背景，只孤立地反映事实，有时很难说明问题。选择背景材料应该注意三点：一是明确目的，抓住重点；二是背景材料的广泛性、多样性；三是借用新闻价值标准精选背景材料。背景材料可巧妙穿插在导语、导语之后或分散插入主体之中。

2. 简讯

简讯是压缩的产物，原型大多是消息。受版面限制或新闻价值判断的差异，被压缩成了简讯。

简讯的一个基本特征是一个"简"字。一是文字简略。从字数上看，简讯比"一句话新闻"要长，比一般的消息要简短，大多只有几十个字，长则一二百字。二是内容简单。简讯一般不讲事件过程、不写细节，略去一些背景材料，只报道梗概，同一般消息的导语大体相似。三是结构单一。简讯大多有标题，正文一般就一个自然段。

简讯的写作要抓住撮要和简要。撮要是简讯写作的决定性环节，要体现新闻事实中最有价值的部分。选择标准主要有构成事实的基本要素和构成新闻事实的关键要素，何人、何时、何地、何事及其效果或潜在影响。简要包括内容和文字的精简，用最少的文字体现最多的新闻量。文字要有变现力，简短而不枯燥。

案例 5-3：

××市人工增雨为农田"解渴"

11月10日凌晨（时间），××市气象局（地点）抓住有利天气形势在多个乡镇开展人工增雨作业（过程）。作业后，全市平均降水量13.1毫米，最大降水量为××镇29.5毫米，其次为×××镇27.5毫米（结果）。此次降雨对改善农田墒情、降低森林火险等级有积极作用（效果）。

3. 通讯

通讯是一种详细、生动的新闻报道体裁，是新闻报道中的常见文体，尤以事件通讯、人物通讯为甚。

与消息不同,通讯报道的内容和事实要求详细、完整、富于情节,可以满足受众的欲知详情的需求。在表现形式上,通讯主题鲜明、结构完整,可用多种描写手法表现事实,它以感性的素材还原事物的原生形态,形象、生动,更具感染力。通讯文体较为自由,能够体现作者较强的主观意识和个人风格。通讯的时效性要求没有消息强。

撰写通讯首先是确定主题。主题即通讯要表现的中心思想,是作者观察、体验、分析、研究和对掌握素材的提炼、组织后表达的认识或思想观念。通讯主题要符合客观事物的本质特征,从全局意识、历史感、现实性等方面体现深刻,强调社会和人文意义上的针对性,赋有时代色彩。主题提炼有两种方法,一种是依据事实,提炼主题。对于突发新闻事件,在接触新闻人物和事件前,对事实不甚了解,无法事先预想主题,这就需要有一个直接或间接地了解事实的过程,即采访,确保离事实最近。然后对掌握的素材进行分析、提炼、确定主题。另一种是预设主题＋事实印证。依据长期观察和思考的结果或媒体布置的报道思想,预先设定主题,围绕主题去等待、选择新闻事实,以验证主题,即所谓的"主题先行论"。

其次是选取素材。通讯的选材要注意典型性,围绕主题、避免重复。典型性的直接含义即素材的代表性,有两层含义:一是突出,较一般事实材料更有特点和特别之处;二是普遍存在,即所选事例无论大小,都不是个别现象、个别事件。围绕主题选材,就是用新闻价值标准过滤素材,选择的每一个典型事例,都是想让受众顺着一个个现象达到对事实本来面目的认识。避免重复就是同一问题、同一侧面只需列举一个事例,不必用多个意义相同的事例来强调。事例最好大小搭配,各个事例之间或有差别、或有递进。通讯选材的类型有骨干事例、细节材料和一般叙述性材料。骨干事例事实过程比较完整、意义比较突出又有代表性;细节材料即骨干事例中的细节、画面或富有的个性化对话,这是通讯中最有灵性和感染力、最易打动受众的部分,不是"告诉"而是"再现"。一般叙述性材料是对人物、事件的背景和现状作概括性的介绍或解释,使受众了解大致的事实框架。骨干事例讲一个点,细节材料也表现一个点,而一般叙述性材料则表现的是一个面。通讯取材的难点在于细节等感性材料的采集。一般来说,感性材料来源于三个渠道:现场观察、体验式采访、当事人的回忆材料。

第三是框好结构。结构是通讯写作成败的关键。构思通讯的过程,就是合理安排通讯结构的过程。框好结构要遵循事实为本、主题为本、简洁清晰、均衡对称、跌宕起伏五项原则。事实为本原则即以清晰表现事实为目的,而不是要事实去服从体裁、结构的需要;主题为本原则是围绕主题来理顺全部事实材料的内在逻辑关系和层次排列,将通讯的"意义性"结构表现得十分集中和鲜明;简洁清晰原则是对人对事的各种复杂联系进行切割,只挑选表现主题最有力的材料,使主题与素材相对简约清晰,易于受众的理解和记忆;均衡对称原则是要有层次意识,要结构对应,段落、层次之间的素材安排要考虑意义上的互异、互补,首尾衬托、互相照应,以突出报道的整体感;跌宕起伏原则是根据受众的阅读心理,在结构的安排上注意形式变化,充分利用纵式或横式结构所提供的时空框架,组织具有美感特征的通讯结构。

通讯的开头和结尾是其最重要的部分。头开得好,容易吸引受众往下阅读、仔细阅读;结束得好,则利于回味和引发思考。开头常用形式有:开门见山式,突出中心事实,勾起人们的阅读欲望;插入式,插入事态场景或直接引用新闻人物的语言表达;抒发式,以富有寓意的诗歌故事开头,然后迅速转入主题。通讯的结尾也有几种形式,包括强调主题、引发思考和抒发情怀。

4. 特写

特写，是从消息和通讯之间衍生出来的一种报道形式或新闻体裁。特写以描写为主要表现手段，截取新闻事实中某个最能反映其特点或本质的片段、剖面或者细节，作形象化的再现与放大。特写与消息有相似之处，都是简要和迅速地报道新闻事实。区别在于，消息往往择要报道新闻事件过程，而特写却是抓住新闻事件中富有特征的片段，浓笔展开。消息是以简洁的让事实说话取胜，而特写则以带形象感的描绘占优。

特写的文体特征充分体现了镜头感、透视感、现场感。镜头感在一定程度上借鉴了摄影或者电影中特写镜头的表现方法，它在文体结构与形态上表现出一种文字镜头的美：一是巧妙截取，讲究角度的切入；二是适当"放大"细节或局部，把事实所包含的内容立体化地表现出来，增强视觉和艺术效果。透视感是相对于其他新闻体裁更强调"以小见大"的传播效果，把新闻事实"镜头化"以后，对受众产生更强的感染力，更能深入细致地体味其中的神韵与精髓。现场感顾名思义即一定来自现场的报道，作者一定参与进行过现场采访，而被采访人一定是新闻事件的参与者或现场目击者。

特写的文体结构与表现方式灵活，几乎没有什么固定的写作规范，给予作者在文体与表现手法上很大的创造空间。但特写也是新闻报道，必须严格遵守新闻真实性的原则。

特写取材灵活，几乎各种类型、各种内容的新闻事实都可以写成特写，只要具备上文所提的三个要求，即新闻事实本身要有镜头感、透视感、现场感。

特写写作要求历历如绘、情景交融。其中人物特写要求绘声绘色地再现人物的某种行动、行为或者性格，它比人物通讯更集中与凝练，同时"画面感"和"动感"更强。人物特写的选材范围很广，但也有统一的标准：即选择的新闻人物要贴近时代、贴近社会生活；报道的内容要凸显新闻人物的内心世界，展示其思想发展的过程；要再现人物的行为，表现人物的个性；要从社会生活的矛盾中表现人物。除了人物特写外，其他特写的取材和表现方法与人物特写极其相近，都是通过截取某一个或者一些关键性或者典型性的场景而完成。

特写写作一要抓准"镜头"；二要有精彩的细节描写，有特点、有动感；三要抓住新闻事实的高潮，一个接一个地铺陈，推动读者视觉、感觉、联想与共鸣不断向前，最后一个为颇有回味的结尾；四要情景交融；五要善于运用背景材料烘托与凸现。

5. 网络新闻

网络新闻的受众越来越多，其文本形态以多媒体、超链接等形式呈现。传播方式的即时性、交互性，带来了网络新闻写作形式的多媒体化，文字、图片、音视频、动画等综合运用。

网络新闻的特点。一是文字不再是传统的文字。网络新闻的文字往往是动态性、碎片化的。网络新闻的语言，介于网络语言和新闻语言之间，既有网络语言的轻松诙谐，又有传统新闻语言的严谨。硬新闻报道多采用新闻语言，平实、准确；软新闻报道多采用网络语言，诙谐、讽刺。二是多媒体成为一种写作思维和审美观念。图片、音视频、动画的即时加入，赋予了网络新闻新的多样表现力。多媒体叙事成为网络新闻的核心，成为重要的新闻形态。三是网络新闻写作指向的模糊性。受众的不确定性、传播情境的不确定性，造就了网络新闻在新闻化、口语化、新闻间的多向关联。四是网络新闻写作过程的互动性。无论是信箱、BBS（电子布告栏系统）还是网络社区，都具有话题广、参与者复杂、页面刷新快、不确定等特点。

根据网络新闻的特征特点，写网络新闻要把握好以下四点。

一是精心制作新闻标题。网络新闻标题的特点：题文分家。行文的单行性——宁实勿虚。标题措辞简洁，一般在 20 字以内，在有限空间里传达尽可能多的新闻要素，或者抓住重点要素出奇制胜。网络新闻标题体现事实人性化、内涵诱惑性的双重特征,一要满足人的天性,引发好奇心,或者以拟人化的姿态出现,增强亲和力;二要充分发挥汉语的修辞优势,使读者获得美感;三要使用缩略词、流行语等新鲜词汇使标题更能抓人。

案例 5-4(来源:中国气象局微信公众号 2019 年 5 月 21 日):

案例 5-5(来源:中国气象局微信公众号 2019 年 2 月 12 日):

二是制作便于检索的导语和概要。以简要的文句,突出最重要、最新鲜或最富有个性特点的事实,提示新闻要旨,吸引读者阅读全文的开头部分。注意事项:其一,使用能够引起人们注意的词汇和简洁的句式制作导语;其二,导语和概要描述必须准确反映全文的内在联系及本质含义;其三,不要用夸张和浮华的语言描述导语和概要,把精力集中到事实上;其四,概要描述应该控制在 150 字以内。

三是突出重点新闻要素。准确、简洁、突出——这三个要求在新闻主体的构造过程中需要同时完成。第一,注意要让关键词语突出,非常明确地强调它们。第二,注意用一个段落描述一个主要的内容,用另一个段落去描述另一个内容。第三,要高度简洁地表述最为重要的事实。需要在网页的第一视觉区域内完成对重要新闻的精准概括、描述和引导。第四,将最重要的新闻要素置于最前面。

四是分层展示新闻的深度。这个问题看似与写作无关,但实际上网络新闻没有传统媒体从写作到发布有许多的流程,大多写作者就是发布者,而写作的内容与版面设计密不可分。超链接实际上是一个记录网络上其他网络资源的"指针",它指向网络中的其他资源,被它标记的热点就是这些资源的入口。一是对新闻的重点因素进行精确的分解,以确定哪些内容需要在第一页面呈现,哪些内容需要通过联动在第二、第三页面呈现。二是要保证让每个页面的内容具有相对独立的完整性,并且从一个侧面更详细、更深刻地解释主体新闻。

三、气象新闻写作实践

气象宣传通常是气象新闻宣传的统称,前述新闻概念和新闻写作方法完全适用于气象宣传。做好气象宣传就是要深刻理会、充分应用新闻写作的基本知识,达到提高气象宣传质量、水平和传播效力、影响力的目的。

(一)寻找新闻线索

一是从文件中挖掘新闻。文件是新闻的"富矿",关注发文发电可以获得很多新闻素材,很多文件可以直接改写成新闻。

二是从会议中发现新闻。会议新闻在介绍会议时间、会议地点、与会人员等基本会议要素之外,侧重报告会议实质内容。

三是从活动中产生新闻。对活动的报道,关键要选准报道角度。报道基层的活动,要体现融入式发展理念、履行社会管理职能等。

四是从工作中凝练新闻。基层气象部门常用的气象宣传选题有部门合作、应急响应、领导调研指导、重大活动预报服务、工作受到肯定、阶段性气象服务重点、地方特色专业气象服务等具体工作。基层是气象服务社会的最前沿和最大阵地,气象为农服务、气象防灾减灾等是气象新闻宣传取之不尽、用之不竭的源泉,自动站维护、人工影响天气、雷电灾害防御,鲜活的事例、案例大多来自基层。只要做个有心人,处处都能挖掘到新闻、找到宣传报道的素材。

案例 5-6(来源:《中国气象报》2019 年 11 月 6 日一版):

西藏地面观测站网建设取得历史性进步

贫困乡镇自动气象站实现全覆盖

(节选)

10 月 30 日,随着西藏自治区最后一批贫困乡镇自动气象站采集数据的成功上传,490 个精准扶贫自动气象站全部建成并投入使用,连同原有的 260 个站,比预定的 2020 年提前实现了全区贫困乡镇自动气象站全覆盖。此举从根本上改变了西藏地面气象观测站稀缺的现状，为助力贫困地区气象防灾减灾救灾、生态文明建设等工作提供了坚实支撑。

（二）提升表达能力

1. 会议报道

撰写会议报道前，需要全面了解会议召开的背景，在领会精神的基础上，运用严谨的结构和强逻辑性的语言，高度概括地将会议精神融入新闻稿件中。突破"以会报会"，突出报道会议核心内容。

会议报道一要标题恰当，符合会议规格。标题一定要高度概括新闻的主要内容，严格控制字数，避免标题过长。不同规格的会议选取不同的标题，例如，洽谈会、交流会、调研会等。二要导语清晰，体现会议要素。导语是全文中最直接的、最集中的体现会议情况的部分，要将时间、地点、事件表述清楚。特别是对第一次出现的单位名称和地点要用全称。三要程序清楚，体现会议主次。如果会议的程序较为复杂，就要分清主次，重点介绍与会议主题联系紧密的重要内容，缩减或删除与会议主题联系不紧密的琐碎环节，例如分发、收取材料等。四要注意细节，抓住核心要素。将务虚的会议讲话转化为务实的会议精神，用高度概括的语言，凝练领导讲话的核心要素。

2. 领导活动报道

首先确定是否报道，其次是怎样报道。根据《中央八项规定实施细则》中关于改进新闻报道内容的要求，对于领导活动的报道要根据工作需要、新闻价值、社会效果来决定。领导活动报道要按照"精简务实、注重效果"的原则，压缩数量、字数和时长。

尽量减少领导活动报道，尽可能以领导指导工作的具体内容代替。有关领导的报道，要注意写清领导姓名和职位，如果有多个领导出席，名称排序通常遵循"来宾在前、论资排辈"的顺序。

领导讲话多掺杂口语成分，不能照搬所有内容，要对讲话内容进行提炼和深加工。提炼领导讲话要注意准确领会话语中的精神，措辞严谨，准确表述"概念性"的提法，注意提高理论的高度。领导讲话通常很有逻辑性，要将各层次内容用精练的语句表述出来，注意顺序性和层次感，囊括讲话精髓。

3. 事件报道

事件报道强调新闻的时效性，要求迅速反映新闻事件的发生发展，体现新闻价值与生命力。事件报道要注意将事实交代清楚，将时间、地点、人物等新闻要素全面体现，深挖事件背后的深层原因，透过事件表象，用准确的语言将事件背后的意义传递给读者。事件报道须慎重报道恶性事件。

案例 5-7（来源：《中国气象报》2019 年 6 月 12 日一版）：

昼夜鏖战直面风雨

——广西气象部门强降雨气象保障服务纪实

（节选）

6 月 9 日 15 时，广西桂林的漓江已超警戒水位，暴雨持续，在一场关于该地青狮潭水库是否应开闸泄洪的研判会议上，气氛紧张、争论激烈。

"为防止出现漓江洪峰叠加引发次生灾害，青狮潭水库不泄洪！"根据气象部门的预报结论，与会各部门达成共识。当日 20 时 25 分，漓江桂林水文站出现 147.66 米洪峰水位，超警戒水位 1.66 米,下游有惊无险。

5 月底至 6 月初,广西壮族自治区两次遭遇入汛以来大范围强降雨天气过程,桂北、桂西等地接连受创,多地打破当地日降水量历史纪录,河流超警、山洪内涝、滑坡泥石流……一时间,"龙舟水"肆虐,广西气象部门昼夜鏖战,科学研判,为抢险救灾指挥决策提供了参考、赢得了时间。

忙在前头 打响"防御战"

"县城是龟背形的,平时有 100 多毫米的降水也很快就下去了。"5 月 28 日凌晨,即使已经做好对此轮强降雨的预判,并提前向县委、县政府汇报,天等县气象局局长冯元伟还是感到有些不安。该县北部进远乡 6 小时雨量达 223.2 毫米,突破历史极值,且从雷达回波和云图来看,降雨毫无消退迹象。

(省略部分内容)

自治区气象局多次主动与应急管理厅、水利厅联系,5 月中旬两次赴应急管理厅通报汛期气候趋势、汛期灾害预估,并提出防灾减灾建议。忙在前头,各级气象部门积极与各地防汛抗旱相关部门对接服务,种好"消息树",打好"发令枪",最大程度降低了暴雨灾害带来的影响和损失。

临危受命 精准保安危

"目前落久电站只有一个导流洞泄洪,洪水下泄慢,水位上升将影响四荣乡群众。"6 月 7 日傍晚,融水苗族自治县气象局局长段毅强从县政府接下了"军令状":今晚是否还会出现强降雨,是否需要转移低洼地区群众,务必提供准确的降雨定点定量预报结论!

(省略部分内容)

"根据气象部门建议,我们派出督导组前往预报重点区域、易灾区开展督导,指导地方有效开展防灾减灾工作。"自治区应急管理厅党组书记、副厅长许建忠表示。

定向预警 抢出"提前量"

6 月 8 日凌晨 2 时许,在外出差的桂林市资源县中峰镇大源村支部书记李春杨手机响个不停,县气象台雷电黄色预警、暴雨橙色预警、暴雨红色预警信号三连发。"(省略部分内容)据统计,在 6 月 5 日至 10 日的暴雨过程中,各级气象部门共发布暴雨、雷电等各类预警信号 128 次,通过手机短信接收气象预警信息的公众达 2570 余万人次。"

4. 人物报道

人物报道要挖掘人物本身的特质,把握人物性格特点,突出其典型性。写作时,可以适当运用矛盾冲突引起读者的好奇心,还可借他人描述、借景写人等方式,将人物形象塑造得立体、生动、真实、饱满。

案例 5-8(来源:《中国气象报》2019 年 2 月 28 日 四版):

小女子带头摘掉兰草村"穷帽子"

(节选)

初进村,李琳决定清退不符合条件的贫困户,几个村民甚至指着她鼻子骂;

在村里,李琳决定带头种植中药来带动大家脱贫,全村总收入超过百万元;

这几年,李琳带领全村修路,修水渠、水窖,兰草村成功退出省级贫困村序列;

现如今,李琳获评县、市、省"优秀第一书记",被国务院扶贫办评为"中国社会扶贫网"全国代言人。

"你不要给我解释,我对你那套说教没兴趣。"

2015 年 6 月,四川省遂宁市蓬溪县气象台台长李琳来到了距离蓬溪县城近 50 千米的省级贫困村——兰草村担任第一书记。那时,她儿子刚满 3 岁。

驻村不久,李琳发现村里贫困户评定标准不一,有的根本不符合贫困条件。新官上任三把火,她决定烧"第一把火"——清退不合格贫困户。

(省略部分内容)

"我想了想,下定决心跟着李书记干"

如何才能脱贫,李琳走访时发现,兰草村有种植中药材的传统,只是路子不对,脱贫难;如果能好好种植,打开销路,中药材脱贫也是一个可行的路子。

于是,她回到气象局,查阅了兰草村近 50 年的气候和土壤资料,还特地邀请了气象局高级工程师杨丽霞对兰草村的各类气象要素进行了对比分析。研究发现,兰草村的地理自然环境很适宜种植瓜蒌、砂仁、黄精等中药材。

(省略部分内容)

"别看她小女子一个,干事的决心男人也比不得"

兰草村中药材产业致富的消息传开后,不少外村人也开始加入。黄鹤就是其中一位,他一口气承包了百亩地来种植中药材,解决了兰草村大片荒地无人耕种的问题。后来,加入耕种的人越来越多,为了大家能更好地种植中药材,李琳决定带领村民修水渠、水窖,打水井,一来保证村民的灌溉用水,二来解决村民的生活饮水难题。

(省略部分内容)

辛勤的付出,李琳也收获了许多,她当选为中国共产党蓬溪县第十三次代表大会党代表,获评县、市、省"优秀第一书记"和全市"红土先锋"等称号,获全县脱贫攻坚创新奖,被国务院扶贫办评为"中国社会扶贫网"全国代言人。

面对这些荣誉,李琳说:"这些都离不开蓬溪县气象局领导和同事的大力支持,成绩属于大家。"

(三)提升宣传效益

1. 提高稿件命中率

提高稿件命中率重点是把握投稿的针对性。一是注意应景,比如春运、春节。切不可在下雪天投关于高温天气的稿件。二是关注选择媒体的组稿重点,有的放矢进行投稿。比如夏季防汛抗洪,冬季雾、霾天气等。三是注意区分传统媒体和新媒体、政务类新闻和服务稿件栏目对稿件风格的不同要求。

2. 采取联动互动

充分利用部门上下内外媒体资源,突出地方特色亮点,联合开展"走基层"等相关活动,以提升宣传影响力。

3. 争取全媒体推送

同一个内容,可能被不同媒体采用;同一篇稿件,也可能被同一媒体的不同形式采用。稿件的新闻性越强、传递的正能量越大,宣传效果就越好,被采用的几率就越高,影响就越大。

按照习近平总书记关于融媒体建设的重要指示精神,目前正在大力推行全媒体推送,以强化宣传阵地、占领舆论高地。气象新闻宣传的全媒体推送渠道:一是部门媒体推送,包括各级气象政府网站、气象官方微博微信、主流媒体客户端等;二是社会媒体推送,即各级、各地主流媒体的新媒体;三是社交媒体推广,包括各部门、单位微信工作群组、朋友圈等。

4. 加强宣传成效的再宣传

对上下联动的重大宣传、体现宣传成效的报道等进行再宣传,是扩大宣传影响力的重要方式和手段之一。对宣传的再宣传可以面向部门、社会,比如××报道引发良好社会反响,或获得领导批示(大多为内部报道),或报道及其作者、新闻宣传工作者获得表彰奖励等。也可以面向上级,一是围绕领导关注问题,将高端媒体报道、媒体重点推送的报道等,根据需要呈送部门或地方领导阅知,及时回应领导关切;二是对策划的宣传活动取得的成效及时予以评估和总结,呈报上级部门,便于掌握工作动态和开展横向交流。

(四)常见问题与注意事项

1. 表述问题

常见的有以下八个方面。一是没有具体时间。新闻要避免用近日、近期等。二是方位不明确。投往全国性媒体的稿件,如《中国气象报》,省(自治区、直辖市)、市(州)、县(区、市)要全。三是缺乏主语或者主语不明确。四是过于主观、不严肃、不严谨。新闻稿件力求客观,应尽量使用叙述性语言,避免出现主观色彩浓烈的描述,如惊天、伟大、串通、趋之若鹜等;避免老板、官场、瞎子等民间称谓、口头语甚至侮辱性语言和词汇。五是夸大。未经核查,使用首次、首创、填补空白、全国第一等词汇。六是绝对化。如非常、到处都是、每一个、全部等绝对化的词句。七是表述不清。如通篇都是我县、我局等第一人称。新闻报道一般采用第三人称,应从受众角度写稿、编辑角度衡量新闻价值。还有"他们说""大家说"之类,既无身份又无姓名,无凭无据。八是口语化。除引用人物语言外,报道应采用书面表述形式。

2. 表达问题

新闻写作区别于材料写作。材料写作强调的是全面归纳,首先要表明目的,在"为了……"之后才报告事实,表现形式上大多存在层级编号,且常常会有"狠抓一个*字、落实一个*字、突出一个*字"等类似的简单化的标语口号或"在……形势下(基础上)"之类的材料用语。新闻写作强调的是突出一个点、展现一个面,写法上通常详写典型事例,以事实说话(如前述内容)。新闻的消息写作中要尽量少用形容词,多运用具体名词和富于动作色彩的动词;新闻导语要简洁交代最有价值的内容,不是一开始就写不痛不痒的背景介绍;新闻写作不能过于强调领导活动而非新闻事件本身,慎用"亲自""亲临"之类的词语。

3. 疏漏问题

疏漏最多的是忘写作者姓名。作者姓名是新闻稿件的要素之一,没有作者姓名的稿件在真实性问题上要打折扣。投稿时,稿件里面一定写清楚作者姓名、单位及其联系方式,以便核实和采纳。

4. 其他注意事项

一是要站在气象事业发展的角度进行报道,让事实说话,切忌表扬式、自夸式及自己判断和推理。二是新闻报道中引用的关键素材必须准确,数据和背景资料确保准确无误。对于特定领域的专业知识,应查询相关的专业资料或者咨询专业人士。三是关于社会关注的气象热点问题,应加强上下内外沟通协调,保持宣传口径的准确性和统一。

思考题

(1)气象新闻有哪些类别?撰写不同类型的气象新闻需要把握哪些特点?

(2)气象新闻由哪些来源?如何将一份文件改写成一篇报道?

(3)气象新闻有哪些常见问题和注意事项?

第三节　宣传策划与媒体服务

内容提要

本节讲述了宣传策划的一般特征，县级气象局宣传策划要点，媒体沟通的一般原则，媒体服务与媒体合作有关内容。

一、宣传策划

（一）宣传策划的内涵与特征

1. 宣传策划内涵

宣传策划是做好宣传工作的重要环节，根据内容涉及面和关联度，可以通过团队会商完成，也可以由作者本人构思完成。

宣传策划前提是先有或已知即将发生的新闻事实或事件，对其宣传主题、内容等先行谋划，包括对报道的背景、切入的角度、表达的思想甚至体裁、结构和使用媒体平台等进行会商、统筹，有针对性地提出活动和报道方案，以求达到最佳宣传效果。

2. 宣传策划特征

根据宣传策划的内涵分析，它有四个主要特征。一是尊重客观事实。策划是在事实发生后或已知即将发生的事实的预备状态，比如世界气象日，我们在策划世界气象日活动方案的同时，策划世界气象日主题宣传与纪念活动宣传，把活动情况（新闻事实）更明确更有效地予以传播。二是有一定预见性。宣传策划自有策划的含义，通过有效的策划，一定程度上可以预见宣传效果。三是资源配置有效性。宣传策划也是把各种宣传资源进行更有效的组合与运用，包括对即将进行的宣传有关方式、方法、手段及各种资源的分配，以及有效的时空布局，从而在不新增加资源要素的前提下，形成最佳宣传效果。四是宣传效果检验性。宣传结束活动后，可以通过受众的评价、感受和体验等检验宣传产生的效果。

（二）基层宣传策划

1. 明确策划内容

气象宣传策划要素主要包括：主题、内容、目的、资源、载体（媒体平台）、形式、时间、人员、分工等，有的还包括一定的专项经费筹措。

基层常规气象宣传策划的主要内容有：亮点工作、防灾减灾、为农服务、生态旅游服务、科普传播等，也可策划参与上级部门和媒体组织的相关重大宣传活动、品牌宣传活动，如"走基层、看气象""绿镜头　发现中国"等等。

常规宣传策划按时间节点有世界气象日、防灾减灾日、春运及春节气象服务与气象人的坚守、春耕春播与秋收秋种等农时气象服务、汛期气象服务等。

2. 突出策划重点

在宣传主题、内容、目的明确的前提下，策划的重点在于怎样推进，即以怎样的方式实现设想的宣传目标。一是选择合适的载体（媒体平台）。充分利用自有媒体平台，注意选择权威的、有一定合作基础的部门内外媒体平台，这样便于沟通交流，有利于推进实施。二是选择合适的采访对象。有代表性、有亲身经历、能客观反映新闻事实的，注意新闻和宣传事实上的统一。三是拟定采访提纲或访谈话题。围绕社会关注，突出受众的针对性。

不同的宣传形式,比如联合采访、报纸专版、媒体访谈等,策划方案各不相同。如果前期沟通顺畅,也可同媒体共同完善和细化方案,提升宣传效力。

做好宣传策划要把握好以下几点。

一是宣传高度。提高政治站位,从气象部门贯彻党的方针政策、从气象服务经济社会发展全局去谋划部署宣传工作,坚定正确的政治方向,把握好宣传的高度。

二是时间进度。统筹谋划年度宣传要点和计划,考虑每月重要节点的宣传任务,兼顾每次宣传重点和安排,精心组织,周密实施,确保宣传策划落实到实处。

三是表达尺度。与媒体保持合理互动,综合考量宣传报道的外部环境因素,针对媒体和社会关注,既有所为又有所不为,同时把握何时为何时不为,针对一些敏感话题或片面质疑,以法律法规和政策为依据,以科学的数据为支撑,注意保持口径一致。

3. 提升策划能力

基层气象部门受机构、编制、人员、经费等各方面条件限制,做大做强气象宣传工作存在一定的压力和困难。面对困难,应有意识地增强对宣传工作的认识、提升自我表达能力和与媒体打交道的水平。

第一,从推动气象事业高质量发展的高度,增强主动宣传意识,抓住各种时机,策划宣传活动,积极营造气象事业发展的良好舆论氛围。

第二,从提升气象宣传综合能力的角度,针对基层事多人少的现实状况,动员气象职工全员参与,并采取各种形式,加大宣传策划、新闻写作、气象摄影、新媒体应用等专业技术培训,营造宣传工作人人有责的生态环境。

第三,从扩大气象宣传影响力的维度,加强与各级各类媒体的联系,主动提供新闻线索,组织媒体开展活动,借力开展气象宣传,同时积累与媒体打交道的经验以争取更多支持。

(三)宣传策划实施

1. 注重策划选题

实施气象宣传策划,首先要策划宣传选题,也就是要确定宣传的方向和主题。日常宣传工作中,并不是所有的新闻事件和气象工作都要去策划,一般来说,只有重大事件和重要活动、重点报道需要提前策划,或者说具有策划的价值和意义。策划的目的是增强报道的全面性、深入性,让受众获取更大的信息量,更多地了解背后的故事,以期更好地引导社会舆论。

在确定宣传选题时,应注重气象新闻点、传播时间点和社会关注点之间的有机联系,更多地考虑气象与经济社会发展的密切关系、社会公众的关注焦点和热点等,注重从气象业务服务中寻找气象与社会的结合点,寻求最佳的切入点和宣传角度。党和政府对气象工作的重要指示、社会公众对气象的期盼、各行各业对气象服务的需求、新时代对气象的新挑战、气象现代化对气象的内在要求等,都是应该捕捉和关注的内容,只有从这些相对较大的方面入手,才能凝练出好的宣传选题。策划宣传选题必须建立在事实基础之上,不能为了宣传而虚拟选题,更不能牵强附会。凝练选题,可以小见大、从现在说过去、从变化说成就,善于从普通的事件中反映重大主题。

2. 注重宣传形式

不同的宣传形式会产生不同的宣传效果。根据宣传主题需要,合理选择宣传形式。

一是新闻发布会。新闻发布会通常用于重大新闻发布,包括重大新闻事件、重大天气过程、突发天气气候现象、重要气象服务、重大科技进展、社会关注热点等。召开新闻发布会,可以在最短时间发布消息,就是俗称的抢"第一时间",能够起到引导社会舆论,正确引导公众的重要作用。召开发布会之前,要做好新闻通稿和媒体邀请等工作。

二是新闻通稿。对于常规新闻事件,需要媒体周知但又不需召开发布会的,可选择向媒体统一发布新闻通稿,各媒体根据自己的宣传需要,从通稿中选取自己需要的内容。

三是集中采访(访谈)。需要全方位展示工作,或要求深度报道某项工作,或需第一时间向公众解疑释惑,即可组织媒体集中采访或者组织有需求的媒体记者深入一线采访。也可联系媒体访谈栏目进行专访。

四是官方媒体发布。充分利用本部门、本单位政府网站或官方新媒体等主阵地,第一时间发布宣传报道,增强主题宣传的新闻性和发布的权威性。

新闻发布会和集中采访是常用的两种宣传组织形式,二者都是主动邀请媒体,主动提供新闻资讯,但二者之间有一定区别,新闻发布会突出的是时间快,强调的是时效性,集中采访突出的是内容广,强调的是内容深度与广度。

3. 注重传播渠道

宣传载体与渠道相对应,不同载体决定不同的传播渠道。互联网尤其是移动互联网的飞速发展,带来媒体格局的深刻变革,以微博、微信、手机客户端等为代表的新兴媒体方兴未艾。因此,在选择宣传载体和传播渠道上,已不再局限于报纸、广播、电视等传统媒体。按照传播手段来讲,宣传载体有传统媒体与新兴媒体之分,传统媒体的优势体现在深度报道等方面,新兴媒体的优势主要体现在方便快捷。新闻强调快,而宣传突出影响深远。根据需要,两者可以互融互通。

面向高层领导宣传,可以以内参报道平台为载体,或者以党报党刊为载体;面向市民的宣传报道,则以生活类民生类报刊为主要载体。很多部门和行业都有自己的报纸、网站和官方微博微信等新媒体,这些是我们面向部门宣传的重要载体。总之,选择不同的载体,要根据宣传意图,不同的载体传播渠道不尽相同,宣传效果也会有差异。应加强与媒体的沟通联系,策划之初,首先要了解媒体的定位,了解媒体的版块内容,刊播出时间安排等,做到知己知彼,提前做好媒体沟通,便于媒体安排宣传计划。

4. 注重关注要点

一是学习贯彻习近平总书记重要指示精神,推动气象事业高质量发展。新中国气象事业七十周年之际,习近平总书记对气象工作作出重要指示,指明了气象事业发展目标和战略任务。目前正在推进更高水平的气象现代化建设,气象事业日新月异,要敏锐地捕捉这些变化,重点策划基层气象部门学习贯彻习近平总书记重要指示精神,推动气象事业高质量发展的新思路、新举措、新成效。

二是提升气象服务能力,服务经济社会发展。气象服务是气象部门的立业之本,重大气象服务关系到社会稳定和人民群众生命财产安全,宣传气象服务成效可以鼓舞士气,塑造部门良好形象,比如防汛决策气象服务,气象监测预报预警、气象防灾减灾和应对气候变化等,还有重大社会活动气象保障服务、重要天气过程气象服务、突发事件气象应急服务等。

三是气象科技进步和人才队伍建设。气象事业是科技型、基础性社会公益事业,气象事业发展历程表明,科技进步推动气象事业发展,人才资源是推动事业发展的重要保障,现代气象业务水平取决于科技应用能力,要更加突出气象事业的科技型定位,气象科技进步推动业务技术变革、业务规范和业务流程调整等,也会给气象服务带来很大的变化,是基层气象宣传策划应该关注的一个重点。

四是反映部门融合发展。气象与各行各业相关联,比如"三农"气象服务,为乡村振兴和农民增产增收提供气象保障,交通旅游气象服务、水电气象服务、新能源气象服务等,直接服务生态文明建设,还有区域特色产业气象服务和防雷减灾服务等,为推进高质量发展和全面建成小康社会提供优质气象保障。

五是气象服务国家重大战略。"长江经济带战略""一带一路倡议""三大攻坚战""生态文明建设""乡村振兴战略"等,这些重大战略实施,很多方面都涉及到气象保障服务,在宣传策划时,要提高政治站位,增强全局视野,提升宣传格局。

六是气象服务地方党委、政府中心工作。新时代综合防灾减灾救灾对气象工作提出了新的需求和挑战,各级党委、政府对气象服务提出新的更高要求,气象部门如何贯彻落实党和政府的决策部署,如何体现新时代新作为,如何大胆探索大胆实践,需要我们去凝练总结和大力宣传。

七是气象服务民生保障。气象服务是政府公共服务的重要组成部分,气象服务要提升老百姓的幸福感和获得感,气象助力美丽乡村建设、扶贫攻坚等方面所做的工作,气象服务改善民生,改善空气质量,提升人们生活品质等,气象服务助力生态旅游品牌创建等,这些内容老百姓关注度高,也是策划的一个重点。

二、媒体服务

(一)媒体及媒体关系

媒体,是指人借助用来传递信息与获取信息的工具、渠道、载体、中介物或技术手段。报纸、杂志、电视、广播、网络、通信、手机、显示屏等都可称作媒体。有时新闻机构也称作媒体。

媒体是信息传播的重要平台,是连接社会的桥梁。媒体关系即部门与媒体的相处之道,与媒体打交道,不仅是面对一个或几个人以及背后的机构,而是面对社会各界和广大人民群众,尤其在网络传媒迅猛发展的今天,媒体传播往往会带来"蝴蝶效应"。"媒体无大小、新闻无小事",努力探索媒体沟通规律,掌握媒体沟通原则和策略,采用适当的方法和技巧,可以充分运用或借助媒体传播气象正能量,起到事半功倍的效果。

(二)媒体沟通

与媒体合作提供服务,首先要了解媒体,包括媒体的特点、风格、定位等,必要时要了解媒体相关记者的特征,包括个性、特长、擅长领域、文章类型等,也可与媒体签订合作协议,知己知彼,取长补短,合作共赢。与媒体合作应注意以下几点。

一是经常开展互动,功夫用在平时。与媒体合作属公共关系学范畴,要了解媒体,选择合适的媒体;要采取新闻发布会、集中采访、现场体验采访以及联合走基层、媒体座谈会等方式,主动给媒体"爆料",与媒体全方位合作并做好服务;要多做功课,与媒体建立和谐良好的互动关系。

二是主动配合采访,满足合理要求。严格按照相关规定操作,及时回应采访提纲所列需求,对提纲外的问题能回应的回应、不能立即回应的做好相关解释,慎对记者说"不"。同时注意提醒记者不得对采访内容断章取义以致误导公众,重要稿件要进行审稿。

三是遵循新闻伦理,善用新闻语言。认识和掌握一定的新闻传播规律,严守新闻伦理,善于用新闻语言。对记者发布什么,哪些内容希望记者重点报道,事先要有预案;面对尖锐、焦点、敏感问题,要控制好情绪,谨言慎行、留有余地。

四是提高自身素质,树立良好形象。加强修养、训练,丰富社会阅历,不断提高政治素质、业务素质、心理素质，从语言、行为、态度、举止、穿着打扮等各个方面树立良好形象，给媒体以信任感和安全感，为与媒体顺利合作奠定基础。

(三)媒体服务途径

一般来讲，媒体服务做得好，宣传效果能够得到更好体现。提高媒体服务质量，可以从以下几个方面入手。

一是完善制度、健全机构。与媒体沟通，应有统一的制度规定，有相应的对口机构处理日常事务，比如媒体接待规定，新闻发布制度等，没有规矩不能成方圆。日常沟通机构应经常总结经验、面向未来，及时跟进媒体快速发展和迎接新的挑战。

二是规范流程、全程监控。一旦与媒体建立了相互适应、互动高效的沟通流程，就不要轻易变更，而是逐步完善，提高沟通效率和成效。要全程关注媒体传播，及时发现问题苗头，会商应对策略。

三是制定预案、化解危机。平时制定预案，把困难想象得多一些，必要时举办相关培训和应急演练，目的是一旦突发事件或者舆情危机爆发，可按照应急预案沉着应对，力争在第一时间把负面舆情控制在最小范围，最大限度化解危机。

(四)媒体合作模式

媒体合作形式多样，归纳起来，主要有传播内容、传播渠道等方面的合作。

媒体对重大天气气候事件尤其是灾害性天气现象尤有兴趣，借此可以告诉媒体此类天气的成因，科普灾害防御等，达到气象防灾减灾的目的。气象事业发展也在媒体关注之列，事业的发展直接影响预报预警和服务，影响经济社会发展和百姓生产生活。大力推进现代化建设、深化气象改革，气象监测预报预警、气象科技和人才队伍建设等不断取得新进展，气象服务尤其是参与国家战略的重大气象服务、围绕地方党委、政府中心工作的气象服务(如防灾减灾)宣传潜力较大。

传播渠道主要包括报纸、杂志、电视、广播等传统媒体传播渠道。基层气象部门可与媒体签订协议，在报纸或电视节目中开辟气象专栏，定期定时刊发(播出)。还有新兴媒体传播渠道，各大媒体的官方微博微信和客户端等，新媒体传播快、覆盖面广、更新频次高，且文字、图片、视频直播等表现方式灵活多样，尤其视频直播，较好满足了快节奏生活方式下的信息获取需求，是气象宣传的拓展方向。

(五)媒体合作机制

与媒体合作非一朝一夕，要形成稳固的合作关系，必须建立常态化的长效合作机制。各地在与媒体合作中，探索出了很多有效的方法，归纳起来有以下几种。

一是联合策划机制。将宣传意图、宣传主题和预期效果等及时通报媒体，与媒体共同开展宣传策划，如此，媒体可以由被动变为主动，从源头上提升宣传站位，同时也便于媒体提前安排宣传计划和宣传版面(栏目)。

二是交流座谈机制。定期与媒体座谈，通报双方工作需求，总结合作经验，规划未来合作重点，联合座谈一般半年举行一次，座谈有利于交流工作，加深感情。座谈可根据需要多家媒体联合或独家。

三是联合培训机制。气象部门从事宣传的工作人员，大多不是新闻专业出身，新闻传播理论知识欠缺，宣传实践经验不足，与媒体联合培训，可以充分利用媒体资源优势，提升气象宣传人员综合素质，提高新闻写作和宣传报道能力，也为更好合作奠定一定基础。

四是联合表彰奖励机制。与媒体联合开展表彰奖励,鼓励通讯员和媒体记者讲好气象故事,传播好气象声音。比如,开展好新闻评选、气象宣传优秀记者和通讯员评选等活动,激励先进,调动宣传积极性,同时加深媒体合作,扩大气象宣传影响力。

思考题

(1)如何理解策划在宣传工作中的重要作用?

(2)县级气象局的宣传策划要点有哪些?关注点又有哪些?

(3)媒体沟通与服务要把握哪些原则?

第四节　气象科普实务

内容提要

本节介绍了气象科普的内涵、特征及传播基本知识,阐述了气象科普主体与对象、常用形式、主要载体、创新创作内容方法及其应用技巧,介绍了气象科普社会化发展的主要途径。

一、气象科普概要

(一)内涵与特征

1. 气象科普内涵

科普工作是提高全民族素质的重要措施。党中央、国务院提出实施"科教兴国"战略,把"发展科技、教育,提高全民族科学文化素质"放在经济和社会发展的突出地位,将"公民素质明显提高"作为文化建设的重要目标之一,通过发展科学技术教育、传播与普及,使全民科学素质在整体上有大幅度的提高。

气象科普是科普事业的分支,是指气象科学技术知识(包括气象科学技术、气象防灾减灾、应对气候变化等气象各学科知识)的普遍传播和普遍推广。其普遍传播和推广,第一层意思是把气象专业知识转化为普通的、适合广泛传播和推广、易于受众接受、消化与应用的通俗知识;第二层意思是最大程度地广覆盖、全覆盖。气象科普的根本目的是促进公众了解、理解气象科学,掌握并学会应用气象科学技术、气象防灾减灾、应对气候变化知识趋利避害、防灾减灾,促进公民科学素质提升。

2. 气象科普特征

一是受众广泛、指导性强。气象科普普遍传播和普遍推广是它最重要的特征。气象与人们的生产生活息息相关,指导公众运用气象科技知识趋利避害、防灾减灾、服务社会,是其基本属性。

二是种类繁多、施教灵活。气象科普内容包括气象灾害实况监测、天气与气候预测预报、气象灾害预警、气候资源、气候评价、生活气象服务、气象资讯、气象及其气象相关学科、气象技术等。这些内容通过科普的形式,可以不受教学大纲和教材编制的范围、周期等限制,根据需要随时摘取其中某个或某几个方面的内容、最新气象科学思想、最新气象科技成果等予以传播。

三是多样传播、队伍庞大。气象科普传播包括基地、平台、活动(载体)等,形式多样,途径灵活,因需施普,因材施教,因需而选,因用而学。气象部门两院院士、气象业务服务首席、气象高级工程师等专家和专业讲解员,大学生、城镇居民和农村气象协理员、信息员等气象志愿者,都是气象科普传播的骨干和重要力量。

(二)主体与受众

1. 气象科普主体

根据《科普法》，县级科普主体有五类。

一是县级政府。各级人民政府领导科普工作，应将科普工作纳入国民经济和社会发展计划，为开展科普工作创造良好的环境和条件。县级以上的各级人民政府，均应当建立起科普工作的协调制度。

二是县级科技部门。县级以上地方人民政府科学技术行政部门及其他行政部门在同级人民政府领导下，按照各自的职责范围，负责本地区有关的科普工作。

三是县级相关机关和单位。医疗卫生、计划生育、环境保护、国土资源、体育、气象、地震、文物、旅游等国家机关、事业单位，应当结合各自的工作开展科普活动。公园、商场、机场、车站、码头等各类公共场所的经营管理单位，应当在所辖范围内加强科普宣传。

四是县域企事业单位。各类学校及其他教育机构，应当把科普作为素质教育的重要内容，组织学生开展多种形式的科普活动。

五是基层社会组织。农村基层组织应当根据当地经济与社会发展的需要，围绕科学生产、文明生活，发挥乡镇科普组织、农村学校的作用，开展科普工作。城镇基层组织及社区应当利用所在地的科技、教育、文化、卫生、旅游等资源，结合居民的生活、学习、健康娱乐等需要开展科普活动。

科普功能的实现，需要全社会的共同参与。以上五类科普主体都应承担相应的法定职责和义务。气象科普也是如此，应当依靠政府、吸纳更多部门和单位共同参与，更加开放、更加多元。

2. 气象科普受众

气象科普的受众是社会公众，是最广大人民群众。根据《全民科学素质行动规划纲要(2021—2035 年)》(国发〔2021〕9 号)，分析气象科普社会需求，现阶段气象科普应重点面向以下领域和人群。

一是青少年。相比于其他人群，青少年具有较强的接受能力和可塑性，好奇心和想象力丰富。在学校教育以及科学普及的双重作用下，增强青少年科学兴趣、创新意识和创新能力，提高青少年气象科学素质水平具有较大的优势。

二是农民。农民是生活在农村、从事农业生产活动的最广泛人群。以提升科学文化素质为重点，促进农村文化建设，提高农民气象科学技术知识水平、提升他们趋利避害、防灾减灾的意识和能力，可以促进适应农业农村现代化发展要求的高素质农民队伍建设，促进农村生产力水平的提高，有利于加快推进乡村全面振兴。

三是产业工人。产业工人以在城镇生活的人群为主，包括在城镇工作的流动人群。作为直接或间接建设城镇以及发展经济的主体，提高他们的气象科学素养，有利于促进气象科技成果转化，促进气象科技产生更大社会经济效益。同时增强对极端天气气候事件的认知和反应能力，提高防范气象灾害风险的水平。

四是老年人。老龄化社会来临，老年人群体正在迅速扩大，提高老年人气象科学素养，帮助老年人学习利用气象信息，有利于增强气象防灾减灾和健康养生的意识水平，提高老年人适应社会发展的能力，促进老有所乐、老有所学、老有所为。

五是领导干部和公务员。通过提高领导干部及公务员的气象科学素养，提高科学决策水平，有效规避风险、扩大发展效益。

此外,还应加强经济欠发达地区、灾害易发生地区人群的气象科普,提高其应急避险、自救互救的意识和能力。

3. 形式、平台与载体

气象科普的主要表现形式有:科普书籍、报刊、挂图、展板、影视宣传片、动漫、课件、游戏产品、生活用品等。随着传媒技术的发展,近年来新媒体、融媒体科普作品及其传播最为常见,这其中又包含有文字、图片、视频及其它们的组合等。

现代高科技的气象科普产品如机器人、仿真模拟产品、VR(虚拟现实技术)产品等,拉近了科普与受众的距离,通过听、看、触、碰和身临其境的直观体验、互动交流等,大大提升了科普传播效益。

各级各地气象科普场馆(基地)是气象科普的主阵地。目前基本做到地级以上有气象机构的区域就有气象科普场馆(基地),县级气象局气象科普场馆(基地)覆盖率在50%以上。其中获得命名的包括全国青少年科技教育基地、全国科普教育基地、国家气象科普教育基地、全国气象科普教育基地以及各省(自治区、直辖市)科普教育基地等。

气象科普平台主要有气象宣传科普业务平台、气象科普传播平台、气象自媒体平台三个方面。当前大部分省级气象部门基本建成了集需求分析、业务会商、选题策划、产品制作、产品发布、传播效果评估于一体的气象科普综合业务平台,基层气象机构可以从中获取资源。从国家级气象科普传播渠道的布局来看,已经建成了以中国气象科普网为主体、中国气象网(科普频道)、中国天气网(科普频道)为两翼,其他各级各类气象网站(科普专栏)为依托的科普传播体系,其平台包括中国气象科普网、校园气象网、中国防雷网、中国台风网和数千气象专业网站、数万农村气象信息服务站以及无以计数的气象电子显示屏、农村综合信息自助终端,部门上下气象报刊、政府网站、官方新媒体等平台,各级各类社会媒体气象专栏、专题和手机 APP 传播平台。

社会化气象科普载体有世界气象日、防灾减灾日、科技活动周、科普日等常态化、节点性活动,气象夏令营、气象防灾减灾宣传志愿者中国行、应对气候变化中国行等各类专题气象科普活动,以及气象科普进乡村、进社区、进学校、进企业、进机关、进单位等"六进"活动等。随着智能手机的快速发展,QQ、微博、微信、网络直播等聊天工具成为传播气象科普新的重要载体,气象知识竞猜、气象热点大讨论、地区天气实况直通车等线上活动公众参与热情不断提升。便捷的方式手段可成为气象科普传播最可利用的抓手。

气象科普载体还包括气象科技培训、气象科技扶贫、气象科技服务、气象科技示范、气象科技竞赛、气象科普工程、气象科技咨询等等具有较强针对性的传播载体。依据内容、服务对象以及环境、时间等不同条件,选择不同的方式。

二、气象科普务实

(一)科普活动组织

1. 主要方式及特点

常用的气象科普活动方式有以下三种:广场活动、"六进"活动、专题特色活动。

与一般的大型科普活动相比,气象科普活动除了具有开放性、多样性和互动性等特征以外,还具备更贴近公众、更具系统性和针对性的特点。一是气象科普活动一般选择季节性、节点性以及公众兴趣点为话题,当公众运用所学的知识发现或者解决生活中遇到的气象问题后,兴趣更浓。二是相对于传统的科普活动,主题气象科普活动以一个话题为中心进行延伸,小的活动构成一个小主题,几个小主题构成大主题,并可根据时间、季节、节日以及公众的兴趣灵活地确定主题的内容。定一个大主题,几个月完成,定一个小主题,半个月或几天完成。三是开展气象科普活动一般都以提高公众防灾减灾和应对气候变化能力为目的,针对不同受众对象设计具有针对性的主题,比如国家气象体验之旅和气象夏令营以青少年学生为主要科普对象,气象科技下乡和流动科普万里行主要针对农村农民。

2. **专题活动策划**

一是要点策划。开发利用与活动相关的各种资源,追求效能最大化和可持续性;了解社会环境和关注热点,把握主题选择;从不同渠道遴选主题。基于目前互联网海量信息,可运用网络技术和新媒体手段自动获取准确、实时的社会热点信息。

二是主题策划。主题策划是活动策划的重心,是指围绕某一社会普遍关注的热点、难点或新闻事件,紧扣主题进行相应的科普。其首先要明确策划的目的、任务以及事件类型,以保证不偏离宗旨,并把握以下原则:引领舆论导向,服从大局,引导公众积极向上,有效化解社会矛盾,维护社会稳定;把握策划时机,针对突发、重大灾害性天气等气象热点,抓住时机及时策划相应的科普主题,充分利用权威媒体平台,做好科学解释以减少猜测;反映社会热点、焦点问题,反映社会现实,回答公众关心的问题;突出主题;主题明确,追求深度与力度;注重品牌树立,通过品牌战略实施,树立自身良好的品牌形象,取得更好的生存和发展的空间。

三是联合策划。联合策划是指围绕某一具体的科普活动或科普主题,通过部门上下内外联动合作,打造主题性、全民性、群众性的科普活动,除满足主办单位的目标外,其定位还应该考虑"三个结合":结合实际因地制宜,气象科普作为行业和地方科普的重要组成部分,在联合科普策划过程中,要通盘考虑行业和地方的科普需求,充分调动部门内外参与积极性和创造力;结合时事因势利导,在新闻媒介高度发达、信息传播多元通畅、传递速度实时快捷的今天,科普联合策划一定要与时俱进、及时跟进,在形式上不断创新,在内容上因材施教,在组织实施上因势利导;结合需求因材施教,紧密围绕科普对象做文章,不同年龄、不同行业、不同文化层次的社会群体,气象科普的内容必不相同。

3. **科普活动实施**

前期准备充分,策划细致周全。在策划中不仅需要制订出活动的宗旨、活动的宣传、活动合作者的选择、活动对象的组织,还要制订详细的活动步骤、相应的负责人、完成各步骤的时间节点,及活动所需的人、财、物预算,以控制活动成本。好的开始是成功的一半,活动从策划开始。同时,活动的成功执行,需要对每个环节进行设计和谋划,要注意做好突发情况的预案工作。

执行完美有序,步骤规范协调。活动各步骤的执行者按时、按质、按量开展和完成各自工作,彼此之间分工协作,具有一定处置突发问题的能力。

分析成败得失,总结及时到位。活动后期收集活动参与者资料和反馈信息、合作者分担的活动内容和取得的成效、执行者工作总结和建议以及整个活动的财、物投入凭证和记录等,通过这些资料与信息收集整理,核算出活动投入的成本和获得的成效,总结出活动所取得的成功和所存在的问题。

(二)科普基地与科普平台

1. **气象科普基地**

全国气象科普教育基地包括中宣部、科技部、教育部和中国科协联合命名的"全国青少年科技教育基地",科技部、中国气象局命名的"国家气象科普基地",中国科协命名的"全国科普教育基地",中国气象局、中国气象学会命名的"全国气象科普教育基地"四大类,其中中国气象局、中国气象学会命名的"全国气象科普教育基地"又分综合类、示范校园气象站、基层防灾减灾社区(乡镇)三类。

气象科普教育基地含联合社会力量共建或独立兴建的具有气象科普展示、教育功能的科技、文化、教育类公共科技教育活动场所,包括气象行业中具有气象科技展示、教育功能的气象业务、科研场所,如气象台(站)、观测场(站)、雷达站等,也包括气象相关科研机构和大学面向公众开放的实验室、陈列室、科研中心或野外观测站、农业试验站等。

社会气象科普基地主要指校园气象站和基层气象防灾减灾社区(乡镇)。校园气象站即在校园建有气象站、并依托气象站开展气象科普活动。示范校园气象站顾名思义即按照相应标准建设的校园气象站。基层气象防灾减灾社区(乡镇)指促进气象预警信息传播,面向居民开展气象科普宣传,有效提高公众应用气象信息和防灾减灾能力的城市社区或乡镇。

2. 气象科普平台

媒体平台。媒体平台分传统媒体平台和新媒体平台。传统媒体平台是指以报纸、刊物、电视、电话、广播、大喇叭、电子显示屏等为代表的传统信息传播工具,可以包括图书、挂图、折页等,传统媒体平台是早期气象科普推广的最主要的方式,具备较高的社会公信力,目前仍在发挥重要的作用,是气象科普传播重要的载体之一。新媒体平台主要指网络媒体平台,其构建包括网站、手机 APP、微信、微博等。部门官方新媒体平台是重要的气象科普传播平台,同时应加大社会资源开发利用,拓展气象科普传播渠道和空间。

气象服务业务平台。气象服务业务平台又分为农服务平台和专业气象服务平台。生态与农业气象业务服务,围绕农业资源与环境、粮食安全、全球变化、农村经济可持续发展以及现代农业、设施农业、精准农业等问题,为解决农业生产中的气象问题、防御和减轻农业自然灾害影响而展开。国家气象中心着力打造的国-省 CAgMSS 智慧农业气象业务服务平台、CAgMSS众创平台、农业气象大数据平台和智慧农业气象服务平台,积累了大量的科普素材、科普队伍和科普对象。在农业气象服务过程中,围绕不同农事节点,实时添加科普服务,不仅能增加服务的实用性,更能体现科普的针对性。专业气象服务是公共气象服务的重要组成部分,是为经济社会有关行业和用户提供的用来满足特定行业和用户个性化需求、有专门用途的气象服务。覆盖农业、交通、海洋、水文、地质、环境等多领域的专业气象服务系统,在合作过程中积累了丰富的专业素材和相关行业的服务群体,在服务过程中添加适当的科普内容,不仅增加科普的针对性,也是专业气象服务的延伸和创新。

(三)气象科普报告

1. 科普报告的特征

一是报告构架要好。科普报告是以普及科学知识为目的学术报告,是气象科普常用方式。科普报告构架要龙头凤尾熊腰。报告的开头要像龙头一样多彩,引人入胜。报告的结尾要像凤凰的尾巴一样漂亮,让人回味无穷。中间部分像"熊腰"一样,有大量科学、实用、新颖的内容。例如在科普云的过程中,引用大量的重特大天气气候事件科普"看云识天",用公众身边的事说与公众息息相关的气象,科普的效果比"以云说云"好。

二是内容要新。多用典型案例加以阐述。如围绕三国演义中的"上方谷之战"的故事解析葫芦谷骤雨之谜,既科普降水的形成,又科普特殊地形对降水的作用,还能科普人工影响天气原理。

三是针对性要强。针对不同公众突出不同重点。以科普人工影响天气为例,针对孩子等小学生群体,围绕人工增雨的原理,将发射催化剂等比喻成往小朋友之间撒糖果,然后用"云很懒""云好骗"等词语将播撒糖果吸引小水滴聚集壮大然后掉下来,增加降水效率。针对决策者,则偏向人工影响天气的作用,以实例介绍人工增雨在"增雨雪、净化环境、防雹、消雨、消雾、防霜"等各方面的用途,不断提高地方政府对人工影响天气的重视和投入程度。针对普通社会公众,重点科普人工增雨作业的条件等。

2. 科普报告人邀请

活动前的联系沟通是科普报告开展的前提。可分为三个方面,一是报告邀请人的联系沟通,包括报告的时间、时长、内容、针对的对象以及后勤保障方面的沟通等;二是科普对象方面的联系,包含时间、场地、人员、年龄、学历结构以及其他后勤准备上的沟通;三是组织团队内部的沟通,包括活动方案、后勤、宣传、总结等方面的组织、分工以及协调等工作。

活动开展前,应正式发出邀请函。一是履行相关手续,二是对报告人以尊重。

3. 注意事项

要明确科普报告与学术报告的区别。一是专业的学术报告是同行之间的交流,报告人和听众知识结构基本对等;科普报告是专家和普通受众的知识传播,报告人和听众知识结构大多不对等,因而科普报告语言特点必须通俗易懂。二是学术报告多为新的研究成果在同行内宣讲,研究成果的观点尚未得到同行和公众普遍认可,科普报告涉及的学术知识内容是已经得到社会普遍认同或经过实践检验的观念。

要选择科普报告的举办时机。科普报告举办一般安排在重大科技活动期间,新近发生重大事件需要相关科普解疑释惑时也可临时安排。常态化的科普报告如气象科普"六进"活动,可结合受众需求、社会关注热点、科技动态等,安排相应的有针对性的专题科普报告。报告选择的时机、内容、报告人等,往往决定了报告的影响力和传播度。

(四)气象科普产品

1. 气象科普创作

一是图文作品。科普图书是传播气象科普最普遍、最常用的手段。编撰气象科普图文作品,一要注重语言文字的通俗性、通用性、系统性、趣味性,提升普适性和推广性;二要结合地方特色、地域文化和社会需求选择主题,如渗入湖北地域文化的《楚风荆韵话气象》,还有少数民族文字的气象科普图书等;三要结合融媒体特点,推出适合融媒体传播的图文并茂的气象科普图书。除了科普内容的别具匠心外,形式上也要适应发展不断创新。

二是动漫、影视作品。动漫作品生动、形象、活泼的表现方式特别适合面向青少年传播。同样,影视作品也具有受众广泛性和普惠性。这种创作既可以充分挖掘和利用自身人才,也可以拓展利用社会资源,发挥各自优势。如地方媒体、中小学美术教师甚至学生。动漫、影视作品的制作一要坚持科学严谨,内容上应是得到广泛认可并可以验证的科学结论、科学原理、科学思想。这是科普作品与科幻作品的区别所在。现代气象科学对很多天气现象的解释尚有不确定和不完善的地方,气象影视科普创作应对表达内容有足够深入的认识,利用专业的逻辑判断严格把握表述的分寸,不能混淆专业气象概念和百姓日常用语、专家主观判断和客观观测事实、基本学科原理和前沿研究猜想、业界主流观点及个别专家意见等。二要强调通俗易懂。充分利用影视作品视听感觉上的先天优势,强调通过画面、解说、情景模拟等方式综合表达气象科普内容,贴近生活,便于理解、接受和应用。三要注重语言表达。采用动漫、影视语言,增强科普传播的趣味性、娱乐性,与时俱进,具有时代特色,符合青少年的审美趣味。如计算机模拟画面,新的网络元素等。

三是课件产品。气象科普课件产品主要依托 PPT 等软件进行课件制作,是气象科普宣传的主要手段之一,在气象科普"六进"活动中应用最为广泛。制作气象科普 PPT,一要避免大段文字;二要讲究排版的整齐和简洁;三要配用必要的插图,借以形象地解释所述科学内容;四要强化音视频处理,充分利用听觉功能,将作品中的文字用有声语言形式与观众进行交流,从而抓住受众的心,强化效果;五要合理利用动画效果,展示科普知识的内在联系等。课件的制作不能一劳永逸,同样的主题根据不同的受众群体要进行相应调整,例如,面对小学生群体,更多采用比喻手段,让深奥的知识形象、直观,面对农民群体,充分结合生活生产实际,提升课件的针对性和传播效果。此外,还可依托社会专业化编创、制作工具进行课件创作,打造个性化的科普数字产品和课件。

四是数字化产品。近年来,新型数字化气象科普产品的开发日益增多,数字气象科技馆、游戏、VR 体验等逐渐成为流行性气象科普新手段,基层气象部门可以借鉴。数字气象科技馆指利用全景拍摄、三维扫描、网络虚拟等数字技术,将气象科普馆、气象科技馆、气象博物馆等现实生活中的气象科普产品、科技、人文、历史等信息进行采集,通过图文、音频、视频、VR 等以更加丰富的形式展现出来,构建虚拟的气象科技科普馆场景,采用扫描二维码、推送电子书签等形式,更加直观、快捷地获取气象知识。数字气象科技馆受众面广,但互动体验等功能受到限制。

数字气象科普游戏是另一种新型产品,目前在数字气象科技馆、流动气象科普设施上开发有"气象学院""气象预警信号连连看""人工消雹""人工增雨"等运动闯关类、生存训练类、益智类、问答类等形式的科普游戏,操作者在游戏中学习掌握防灾减灾、应急避险等措施。

VR 技术在气象科普产品中的应用逐渐普及。如基于 VR 技术的《穿越台风》气象科普产品体验亮相世界气象日活动,用户在虚拟体验台风来临的场景,感受台风带来的灾害。

2. 科普产品获取

一是自制。自制产品是常用气象科普产品的获取方式。除设计生产宣传册、挂图,推出的专题片,出版气象科普图书等以外,还可联系相关企业,在扑克牌、棋类等游戏玩具和雨伞、折扇、围裙等生活日用品中增加气象科普元素,便于随时获取相关知识。

二是专属平台获取。目前可利用的有气象行业媒体,如《中国气象报》《气象知识》杂志,中国天气网(http://www.weather.com.cn),中国天气频道(http://www.weathertv.cn),中国气象科普网、校园气象网等专门网站等等,气象科普资源共享。使用时注意注明出处。

中国气象局气象宣传科普中心承担全国气象宣传与科普工作的决策支持、规划编制、组织策划、业务指导、引领协调、产品研发、社会传播等职能,有专门机构负责设计制作各种不同类型的气象科普产品,是基层气象部门获取气象科普产品的重要来源。

气象出版社是气象科普图书产品最大的产出地,可随时咨询购买。

三是社会公共平台获取。主要是指围绕气象科普宣传需要,在书店、音像店等直接购买的文字影视气象科普作品一种方式,这种获取方式比较便捷。还有就是转载传统媒体、新媒体公开发表的科普作品。注意注明出处,切勿引起版权、产权纠纷。

三、气象科普拓展与创新

(一)气象科普拓展

1. 科普场馆体系建设

基层气象台站应充分发挥气象台、观测站、气象影视中心、气象科普馆、地方科技馆等科普场馆的作用,构建"一站一台一中心两基地"的科普实践阵地,因地制宜、精准分类、突出特点地推进本地气象科普实体场馆的建设,同时大力应用数字技术,建设数字气象科普场馆,广泛推广宣传气象新业务、新平台、新技术、新成果。

2. 科普业务平台建设

依托现有的新媒体业务服务平台,大力推动"互联网＋"气象科普,依托大数据、云计算、移动互联等信息技术,以气象信息化建设为核心,带动气象科普理念、内容创作、表达方式、传播方式、运行机制、服务模式和业务平台的全面创新,逐步实现气象科普信息的快速汇集、数据深度挖掘、服务及时获取、用户精准推送、决策有效支持,不断提高对社会关注气象事件的科普响应能力。

3. 科普创作能力建设

围绕"创新驱动、生态文明建设、脱贫富民攻坚、乡村振兴、可持续发展"等国家重大战略,找准气象科普创作的发力点和着力点,鼓励气象科研成果在气象科普作品中的转化,吸纳观测、预报、防雷、服务、设计等各方面人才,利用现代先进的媒体技术,推送可视性强、页面饱满的科普产品,实现文字向图画,图画向动画发展,形成科普创作的合力。

4. 科普作品品牌建设

以全国大型科普活动为契机,以科普宣传"六进"为基本,推进气象科普"进公园、进商场",以志愿活动为抓手,开展"小小预报员、小小观测员、小小播音员、萌娃画天气、气象小主播、世界气象日、小小减灾官"等系列活动,增强气象科普的互动性、实用性、有效性,突出主题、抓住特色,锃亮品牌、打造名牌。

5. 科普人才队伍建设

通过举办部门内部的科普讲解比赛,参加上级气象部门和地方科协举办的科普讲解类比赛活动,挖掘讲解人才、打造科普作品、精选科普活动、组建科普队伍。同时建立科普作品、讲解员共享联动平台,吸纳各方面的优秀人才,汇聚各类型的科普作品,探索和创新跨专业、跨行业、跨部门的科普合作模式。

(二)气象科普创新

1. 气象科普格局创新

主动构建跨学科、广领域、多行业交叉融合的大联合、大协作的科普大格局,也可以积极参与由地方政府统一领导和规划,突出整体优势,整合社会各方资源,组织动员社会各方力量参与的科普宣传工作,形成社会大科普积极活跃、需求相适应的局面,使气象科普成为县级有关部门领导者、县乡社区和村级组织、企事业单位和科技工作者、科普志愿者展示的广阔平台。

2. 气象科普主体创新

充分发挥本单位气象科普场馆功效,争取政府履行主体责任,将气象科普场馆运维纳入全民科普发展计划;在社会综合性科普场馆建设中设立气象科普展区;在各种科普展览中增加气象科普元素。争取搭建科普传播工作交流平台,推进各类科普主体间的融通交流与合作,充分发挥和综合利用各级各类科普资源,扩大科普受众的覆盖面和科普内容的系统性、针对性。

3. 气象科普内容创新

强化科普决策服务,将气象科技成果转化为智库产品,为领导决策提供科学参考。从普及一般气象常识转向更加注重弘扬科学精神、掌握科学方法,普及气象新技术新成果转变。联合相关行业和部门,进一步拓宽农业气象、交通气象、电力气象、旅游气象等科普服务面,从对行业的专业科普扩大到面向公众的科普服务;联合开展相关气象科普技能培训和竞赛,促进气象科普二次、多次传播。

思考题

(1)如何充分利用社会资源传播和发展气象科普?

(2)基层气象工作者参与气象科普的途径有哪些?如何调动其积极性?

(3)如何更好地发挥气象科普基地的作用?

第五节　气象摄影

内容提要

本节简要介绍了气象摄影的基本知识、分类以及气象工作摄影与气象新闻摄影的内涵与运用技巧,手机摄影、短视频摄影的技巧与方法,阐述了如何抓住有利有效时机开展气象摄影、提高气象摄影水平,发挥摄影在气象宣传科普工作中的作用。

一、气象摄影概述

(一)摄影要义

摄影,简而言之即以光线绘图,或曰光与影的结合,是指使用某种设备进行影像记录的过程。从广义上说,摄影就是记录。随着摄影的发展,人们在摄影实践中不断地借鉴光影效果、色彩原理等美术理念来增加艺术元素,开始产生艺术摄影,光就是摄影的画笔。

摄影器材很多,目前一般采用机械或者数码照相机(摄影机)、手机、航拍机等进行摄影。摄影最初最主要的功能在于它的记录,这是其他技术或艺术所无法比拟和取代的。

摄影有文献摄影、科学摄影、生活摄影、纪实(新闻)摄影、人文纪实摄影、历史记录摄影、民俗摄影、揭露摄影、风光摄影、商业摄影、婚纱摄影、肖像摄影、艺术摄影、静物摄影、花鸟摄影、创意摄影等数十种。除专业的摄影分类外,各行各业都可以根据自己的行业特色对摄影分门别类。

(二)气象摄影

气象摄影顾名思义是气象行业的摄影,用摄影来记录行业所发生的事,为行业留影、为行业服务。

气象行业是以研究大气为基础而没有国界的行业,各行各业又与气象密不可分,包括日常的生产生活。气象摄影可以拓展到上拍天、下拍地、中间拍空气。能站多高,就能拍多远。所以,气象摄影应站在全球的高度、站在人类命运共同体的高度寻找视觉,记录气象,传播气象。

气象摄影有得天独厚的空间,可以记录气象及其与气象相关的各个部门、行业和领域所发生的事,可以引领、提升专业摄影及其他行业摄影的发展方向和水准。因为风霜雨雪云雾等天气现象演绎的精彩瞬间无处不在,日月是摄影的最好光源,气象的千变万化可以带来无穷的创作灵感,可以叠加各类元素的影,可以为摄影界扩容增色,只是在考验拍摄者的眼光、思维和聚焦、定格瞬间的能力不同而已。

二、气象摄影实务

(一)气象摄影分类

气象摄影分类可以广义到数十种,也可狭义到工作摄影、新闻(纪实)摄影两大类,二者互相联系,互相作用,没有绝对的界限。

工作摄影的定义,简单来说就是用相机记录历史,让历史定格在一瞬间,让一瞬间成为永恒。气象工作摄影是指我们日常工作、会议、台站建设、活动等相关动态的纪实摄影,其目的在于记录历史、留影存档、广告、宣传等。

气象新闻摄影是通过摄影手段来阐述气象新闻事件。其内容,或是反映气象工作、展现气象人物,或是再现变化莫测的天气现象、捕捉天气奇观。因而气象新闻摄影通常分为突发事件类、气象服务类、日常生活类、气象风光类等。

气象工作摄影和气象新闻摄影往往紧密相关,互通有无。气象新闻摄影必须围绕气象工作,在工作中发现新闻,在新闻中宣传工作。不同的是,工作摄影有时可以摆拍,而新闻摄影以抓拍为主。

(二)气象工作摄影

1. 会议摄影

一般会议摄影要有全景和特写的区分。用专业相机,最好配 70～200 毫米长焦、16～35 毫米广角两个镜头。广角用于拍摄全体性的大场面,长焦用于拍摄主席台上领导、嘉宾、代表特写。会议一般在室内,光线条件差,大光圈可以提高快门速度,降低 ISO(感光度),可以保证画面清晰。

拍摄领导、嘉宾、代表讲话,首先考虑使用 70～200 毫米变焦镜头。70～200 毫米变焦镜头涵盖了较大的焦距范围,并且一般最大光圈可达 F2.8,对背景的虚化能力较强。用 70～200 毫米变焦镜头拍摄人物,比较灵活、方便。特别是现在很多变焦镜头和单反相机都有防抖功能,可以手持相机拍摄人物,具有很强的稳定性。用 70～200 毫米变焦镜头拍摄人物一般常用三个焦段:140～150 毫米、100 毫米和 70 毫米焦段,运用这三个焦段可以拍摄大小不同的人物画面。

如果是近距离拍摄,要用闪光灯补光,也要注意不要直接对着人物闪光,可以将闪光灯向上,通过对着天花板,利用反光来进行补光。这样,人物的脸不容易出现发白的现象。如果是远距离通过长焦拍摄人物,那闪光灯可以直接对准人物,或者根据距离远近作适当的角度调整。如果是比较好的数码相机,近距离拍摄的时候,也可以不需要闪光灯,把感光度 ISO(可以设置成自动)提高,或者光圈优先(尽量用大光圈),或用脚架固定拍摄等。少用闪光灯,避免干扰被摄者。

会场拍摄要注意选好角度,使会议主题、人物突出。一般用广角来拍摄比较好,既可获得较快的速度,也可使画面更清晰。广角拍摄的时候,最好用三角架,这样,不用闪光,效果更好。因为如果用闪光,会造成镜头前面发白,而远处曝光不足的现象。但是要注意测光,一般选择中间测光比较好,可以兼顾两头。现在数码相机,多点测光、中央平均测光都很精准,拍摄会场一般都很清楚。

拍摄颁奖、领奖等动态照片时,大部分情况是室内光线不够理想,人又在不断地运动着,角度又在不断地变换,颁奖的时间往往又很短暂。所以,记住三个小技巧,就能致胜,那就是掌握好光圈、速度、感光度三个参数。首先设置一个参数,其他的两项或一项交由相机自动生成一组参数,执行拍摄。比如在相机的模式拨盘上选择光圈优先模式(Av)后,把感光度(ISO)调至自动(R)状态,或者速度优先(TV)把感光度(ISO)调至自动(R)状态,剩下的参数相机会自动给出一组光圈和感光度参数,直接拍摄都不会失误。为确保画质万无一失,还可以把相机调成三张连拍状态。

会议全景照要拍的横平竖直,四平八稳,否则就会有失重感,横以会标为准,竖以主席台两侧竖柱为准,要将会场横幅的会标拍进画面,一看照片就知道是什么会议,全景照要注意画面充实完整,做到三位一体,即会议横标、主席台领导、参会人员都要拍出来,使会议照隆重生动有立体感。

拍摄与会者发言时,正确的拍摄角度为 45 度,麦克风不能和嘴连接或挡住讲话者的脸,还要注意不能在发言者头部出现线条、支柱之类,切勿使主席台就座者的头部与背景的一些不和谐的画面重叠,不要拍摄与会者抽烟、摸鼻子、抠脑袋等不雅动作。

2. 台站摄影

台站摄影意指记录台站建设变化摄影,是一种相对固定又在随着时代的进步而不断地变化的影像记录。一个台站从建设之初到发展壮大,一定承载着气象工作者的使命和责任,通过摄影形成时空对比,既是记录时代、记录工作,也是一种纪实新闻。这类照片多半用于记录历史沿革、存档、志史等,同样也可以形成组照在特定的时候作为新闻发布,反映新旧变化。

台站摄影除掌握一般摄影技巧外,应注意选取体现特征的、有代表性的角度。

(三)气象新闻摄影

1. 新闻摄影概要

气象新闻摄影的现场纪实性是新闻摄影的重要特性之一,必须拍新闻事件发生的现场或新闻人物活动的现场。

新闻摄影与摄影艺术创作不同。艺术摄影强调的是创造性地运用摄影手段来达到一种艺术效果,创造性地运用摄影语言来表达一种审美情绪、审美感受,摄影艺术家强调的乃是主观性的表达。而新闻摄影则不同,新闻摄影者只能利用摄影手段的纪实性特长来对所见到的事物进行客观的、实事求是的记录,通过对客观现象进行真实的、细致的、形象的描绘,实现新闻报道的真实性、可信性,从而达到准确地传递新闻信息的目的。

新闻摄影抓取的瞬间,通常概括为以下几方面:一是瞬间的黄金点,瞬间的黄金点指高潮到来之前的那一刹那,呈现动作欲就未达之势,最有力地暗示事物发展的过程,最大限度地调动人的想象力,引起悬念,具有启发性和耐人寻味的效果;二是高潮瞬间,也即动作造型完美之时;三是高潮后的瞬间,常常孕育着事物内在意义的延伸,能启发思考;四是情节瞬间,通过选取情节正在展开的时刻,以人物的动作、姿态、表情、神态,人物之间的联系以及人物与背景、环境之间的关系等,展示事物的情节或表现人物的情感、性格。这类图片摄取的是富于象征性的内容,需要读者结合相关知识并借助想象来加以补充完善。

新闻摄影要如实记录新闻事件发生现场和新闻人物活动现场的气氛,给人以如临其境、如见其人、如闻其声、如经其事、如感其情的现场感受,调动受众参与感、贴近感。要真实记录现场浓郁气氛,生动如实地传递新闻信息。对背景等环境处理得当,能够强化现场气氛,现场感更强,信息量也更大。

新闻摄影应以人和人的情感作为重点表现对象。注重人物情感的表现和人物性格的揭示,成为新闻摄影图片内部形式要求的重要组成部分之一。能打动受众的图片,都是那些真实传递人物情感、揭示人物性格特征的图片。

好新闻摄影作品的评判,主要依据以下几点:一是新闻性;二是真实性,并且强调本质真实;三是瞬间精华;四是发表及时;五是文字说明,新闻要素齐全、准确、简洁,有标题;六是图像清晰、制作精良。概括起来即:好照片=主题+构图+画质,其中主题尤为重要,反之不然。

2. 气象新闻摄影分类

按内容分类,主要有重大突发事件类(如台风登陆、暴雨致灾等)、科技经济类(如南极科考、为农服务等)、气象服务保障类(如人工增雨、防雷服务、自动站维修等)、文教体育及日常生活类(如科普活动、高考服务、精准扶贫等)、气象风光艺术类(如天气景观、自然生态等)。

按应用分类,有气象新闻、气象服务、气象业务、气象灾害、科普宣传等5种。

气象新闻同样讲究时效性、新奇性、重要性,以下案例《山巅上的雷达站》气象新闻在主流媒体头版、首页、要闻刊发报道后,奋战在一线的恩施气象工作动态新闻迅速在全国传开,引起社会各界广泛关注,不到三天时间,新华网、中国青年网等近百家媒体纷纷转载。在特殊的时间、特殊的环境,采取航拍的手段,用不同的视觉,展示了雷达的重要性,彰显了气象人精神,提升了气象部门形象,为恩施气象工作新春开门红营造了良好舆论氛围。

案例5-9:气象新闻类(刊发于2017年2月7日人民图片网、《中国气象报》《湖北日报》等主流媒体)

【图片说明】山巅上的雷达站　张洪刚摄

2017年2月3日,春节后上班第一天,湖北恩施新一代多普勒天气雷达站在若隐若现的云雾风雪中显得格外美丽壮观。冬季,雷达观测者需要克服大雪封山导致的物资匮乏、供水困难等,在山高路远、气候恶劣、条件艰苦的山顶上默默坚守,尤其是春节期间坚守在工作岗位,定时开展冰雪观测,为恩施州防灾减灾、经济发展和人们生产生活提供气象服务。雷达站地处海拔1780米的利川市石板岭山巅,肩负着防汛抗旱、人工增雨防雹作业指挥及灾害性天气监测等重要任务。

【点评】主题突出,画面优美,富有思想性、重要性、艺术性。

气象服务涉及到各行各业,范围广,内容多,是气象新闻的"富矿""金矿",值得深挖广采。以气象现场服务第七届世界军运会为例,第七届世界军人运动会于2019年10月18日至2019年10月27日在中国武汉举行,赛期10天,共设置射击、游泳、田径、篮球等27个大项、329个小项。来自100多个国家的近万名现役军人同台竞技。这是中国第一次承办综合性国际军事赛事,也是继北京奥运会后,中国举办的规模最大的国际体育盛会。气象现场提供保障服务,使命光荣,任务艰巨。

案例 5-10：气象服务类(刊发于 2019 年 10 月 18 日人民图片网、《中国气象报》)

【图片说明】武汉:气象现场服务第七届世界军运会　张洪刚摄

2019 年 10 月 18 日,第七届世界军运会气象保障现场服务部刘火胜(中)、李明、陆鹏程等巡检维护开幕式场馆激光雷达等观测设备。第七届世界军运会开幕式于 18 日 20 时在武汉体育中心举行,为期十天的军人体育运动会拉开帷幕,天气预报产品将精准服务到 35 个比赛场馆,有十几项赛事对气象条件要求十分高,比如帆船比赛、高空跳伞、低空飞行等,气象工作者奔赴各场馆现场服务。

【点评】气象服务工作者围绕激光雷达忙碌在军运会开幕式场馆的情景一目了然,主题、环境、氛围一应俱全。

气象业务范围很广,观测、预测预报、保障以及创新性工作、新的业绩、新的成果等等,能体现气象工作又有现场感的画面,都能进入气象新闻摄影的视野。

案例 5-11：气象业务类(2018 年 8 月 20 日《中国气象报》一版)

【图片说明】长江流域首个船载移动气象观测站完成安装调试　图/文 唐悦,陈宁

8月14至16日,长江流域气象中心完成了流域首个船载移动气象观测站的安装调试工作,为做好长江航运智能化气象服务、护航长江经济带发展打下基础。船载移动气象观测站设立在"民殷号"货轮顶层甲板上,主要监测风、气温、空气湿度等多要素数据。该观测站随货轮往返于长江重庆至上海段,途经万州、宜昌、沙市、武汉、九江等多个港口,可为气象观测提供丰富的实况数据资料。图为气象工作人员正在船上安装观测设备。

【点评】图片主题突出,环境交代清楚,现场感强。

关于气象灾害的新闻摄影,气象部门占尽优势。台风、暴雨、雷电、冰雹等灾害性天气,常常会给当地工农业生产、生活等造成严重影响和损失,关注天气,捕捉灾害类新闻,留心即得。

案例 5-12:气象灾害类

【图片说明】大风惹的祸　张洪刚摄

2016年7月12日17时13分,湖北恩施市航空大道奔跑的公共汽车及小轿车突遭大树倒压,公共汽车前窗玻璃引机盖、小车顶棚后备箱盖严重受损,均因狂风暴雨所致,幸无人员伤亡。

【点评】风吹、树倒、车停、人慌,人、车、树在一个对角线上构成动静、虚实,抓拍到了灾情突发时刻的惊险瞬间。

基层台站经常开展气象科普宣传进校园、进社区、进农村、进企业等活动,并接访市民和学生参观气象局(气象科普基地)。不同的场馆,不同的环境,有不同的视觉,精彩瞬间的功夫在于抢抓人物神态的变化。

案例 5-13：气象科普类（刊发于 2019 年 5 月 27 日《人民日报·海外版》第三版）

【图片说明】科考队员进校园　张洪刚摄

2019 年 5 月 23 日，中国第 34 次南极科学考察队员李鑫走进湖北鹤峰县五里乡苏区小学做科普宣传。李鑫带领小学生寻找地图上的南极，用自己在南极工作的感受和经历，启发孩子们热爱科学、热爱气象、热爱祖国。

【点评】图片主题鲜明，构图美观，情景融合，色彩丰富，感染视觉。

3. 图片表现形式与图片说明

图片表现形式主要有单图和组图。单图即用一张图片报道新闻，是新闻摄影最常见的形式。图片以画面的视觉形象来说明问题，主要依靠抓拍完成。一张完整的新闻图片，一定要有一个画龙点睛的标题和一段简短符合新闻"六要素"反映新闻事件的文字说明，即"标题＋图片＋文字说明"模式。

案例 5-14（2012 年 5 月 7 日《中国气象报》一版）

【图片说明】"喇叭书记"喊气象　图/文　张洪刚

"大雨马上来了,请各家各户注意蓄水灌溉水田!"2012年4月27日,湖北省恩施州苦竹溪乡党支部书记谭海清正举着大喇叭向村民高喊。由于该村四面环山,很多村民都住在山上,只要喇叭一响,村民都会聚集山头收听。每逢重大灾害性天气或重要农事活动安排等,谭海清总是举起一米多长的大喇叭告诉村民天气变化,指导农业生产。当地村民亲切地称呼谭海清为"喇叭书记"。

【点评】这张图片相继在《中国气象报》、新气象网、《湖北日报》、人民日报图片网等刊发,曾获第四届全国气象新闻摄影协会新闻摄影作品大奖赛气象新闻人物类一等奖,同时获第二十六届全国专业报、产业报新闻摄影年赛铜奖。这张图片之所以能获奖、备受党报及气象部门青睐并广泛传播,是因为主题鲜明,极具视觉冲击力;对人物活动动态的瞬间抓拍定格准确,感染力强;摄影技法运用到位,虚化远山、树林、其他人物活动等环境,杂而不乱,层次清楚,内涵丰富。

组图即用一组图片(通常有2~9张,或者更多)来表现一个主题。相对于单图只表现事物的某个瞬间,组图可以通过具有一定结构方式和内在逻辑联系,或从若干个不同侧面、不同视点来对一个主题进行多方位、立体的记录和展示。

组图、图片故事、专题摄影三者都是用镜头通过多种角度、多种景别、多种光影等手段讲述故事的一种方法,其间没有本质的区别,只是专题摄影涵盖的范围更广。专题摄影可以点带面,以小见大,记录历史变迁,记录时空跨度,无限延伸的去表达专题范围,两张图片构成的组图也可以形成时空跨越、新旧对比。

图片故事是组图的主要表现形式,即"标题+图片+文字"。一幅单图配几十个字可以说明,组图则需要几百字说明。图片如珠,文字如线。图片、文字素材齐备后,用文字线索把一幅幅图片按照一定的结构方式、时间流程等串起来,形成故事、专题。组图在融媒体中运用最为广泛,影像的力量在于它用特殊的画面语言,打破民族间的语言障碍,一图胜千言。

案例5-15(2018年01月11日《中国气象报》)

【图片故事】

湖北恩施:咬住冰雪不放的两位女匠人

2018年1月4日下午,高山上的冰雪组合张祖莲(左)、杨霁在测量电线积冰

近日,降温降雪天气让湖北恩施多地出现冰凌积雪、雾凇雨凇,给人们生产生活、交通等带来不便。距离恩施城区70千米、海拔1738米的恩施天气雷达站,两位气象女职工坚守岗位,

践行气象工匠精神。她们是张祖莲和杨霁,平均年龄45岁,且都是在测报工作中取得连续250班无错情的优质成绩,被中国气象局授予"质量优秀测报员"称号的测报能手。

迎着寒风测冰雪的张祖莲

一丝不苟的杨霁

在寒风刺骨、冰雪交加的室外,她们每次观测一个小时以上。尤其是夜晚的观测更艰难,手上既要拿测量工具,又要拿电筒,又要纸笔记录,又要搬凳子上下。但她们的测量操作是一丝不苟,工作流程是冰风不动,井然有序。

天刚蒙蒙亮 两位冰雪女匠忙碌在冰雪架中

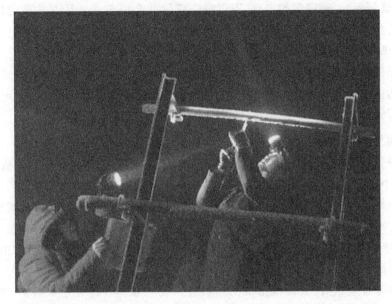

首先是给不同粗细的 24 根积冰电线拍照编号,然后是用积冰卡钳标尺测量
电线积冰直径厚度,测量时必需小心翼翼,不得碰触积冰架上的积冰。然后回到
室内处理资料、编发上报等。(图/文 张洪刚 谭林)

【点评】图片故事《湖北恩施:咬住冰雪不放的两位女匠人》,标题一语破的,"咬"字既是测
冰雪的卡钳成"咬"状,也为渲染"工匠"埋下伏笔。图片故事在景别拍摄技术架构上采用了
"远、中、近、特(写)、大(环境)"手法,时间跨度上考虑了"早、中、晚"和"昼与夜"。不足 700 字
的文字说明,较好地表达了图片看不出来的东西,如冰雪恶劣天气对生产生活的压力和不便,
气象工作者在恶劣天气条件下和艰苦的环境中的奉献等。通过主人公头上的电筒、手上的测
量工具与纸笔、提着的木凳等细节描写,刻画了在寒风刺骨、冰雪交加的夜晚一丝不苟的工作
态度、井然有序的工作流程、敬业爱岗的工作精神,补充了图片所不能及的部分。

图片说明是用简短的语言阐释拍摄者的思想。图片说明对图片的信息传播意义重大,其
作用是将图片中抽象的无法用影像语言表达的信息予以补充,消除图片的不确定性、模糊性和
多义性。

撰写图片说明要做到以下几点:一是把最重要的事实放在前面,且要写图片中不可见的内
容;二是时间、地点、主要事件表述清楚;三是使用准确语言,不得主观臆断、妄加猜测;四是注
明特殊摄影技法;五是标明作者及所属机构。

三、气象摄影拓展与创新

(一)微视频

微视频(又称视频分享类短片),是指个体通过 PC、手机、摄像头、DV、DC、MP4 等多种视
频终端摄录、上传互联网进而播放共享的短片,短的 30 秒、长的一般在 20 分钟左右,内容广
泛,视频形态多样,是涵盖小电影、纪录短片、DV 短片、视频剪辑、广告片段等的视频短片的统
称。"短、快、精"、大众参与性、随时随地随意性是微视频的最大特点。

融媒体环境形成新的新闻传播格局,即传统媒体(报纸、期刊、电视、广播)+PC 端网络媒
体(新闻网站、门户网站、垂直网站、社会化网络媒体等)+移动媒体(手机报、手机网、手机

APP、微信公众号等）。微视频的出现，不仅符合现代社会快节奏生活方式下的网络观看习惯和移动终端特色，也可满足娱乐爆炸、注意力稀缺时代消费者的自主参与感和注意力回报率的需求，可以预见，微视频带给大众的将是随时随地随意的视频享受。

短视频拍摄制作要注意以下几点：一是拍摄前有充分准备，有拍摄计划和文案；二是拍摄中抓住要表达的重点场景、感人的画面，同时注意内容的完整性；三是运用一定的剪辑技巧，图、文、景、音高度融合；四是主题突出、收放自如；五是片头片尾结构完整。

（二）手机拍摄

手机拍摄弥补了突发新闻事件专业记者所不能达的缺憾。目前大多数手机均有图片、视频拍摄功能，中高端手机拍摄功能更为强大。

相比专业相机，手机在镜头和感光器件上处于劣势，但在计算机运算以及网络交付和大数据分析能力方面有着先天的优势。人工智能手机操作更简单，无需摄影知识，在不同的场合场景，只需你对手机说，我想拍什么片子发到什么地方，手机会根据用户语音启动拍摄功能，拍摄你想要的效果图片。

手机拍摄与专业相机、摄像机拍摄的一般技术要求相同。结合手机特点，拍摄前设置像素、保证图片尺寸；拍摄时注意姿势稳定、构图简洁、主题突出、画质清晰；图片保存时采用RAW、JPG格式；微信、QQ发送时点原图、发高清大图。此外，尽可能使用专业拍摄模式；抓拍不要破坏画面的自然性。

（三）气象摄影创新

一要"跳"出气象拍气象。气象摄影既要动体力也要动脑力，视觉不能局限于观测场，要具备跨部门、跨媒体、跨地域、跨专业的本领，培养新闻摄影创新意识，气象服务领域在拓展，宣传的触角要延伸到各个领域，站在气象之外看气象，"跳"出气象拍气象。多视觉、全方位拍摄宣传气象在防灾减灾、经济建设、社会发展和国防建设中发挥的重要作用。

二要"讲"好气象故事。在信息全球化大数据时代，构建人类命运共同体，气象是重要组成部分。人类生产生活与气象息息相关，气象新闻就在我们身边，摄影的空间无限且无时不在。将镜头对准基层台站、业务动态、一线人物、防灾减灾、公众服务、"三农"服务、"人影"服务、防雷服务、气象科普、重大活动保障服务等的同时，还要把新闻摄影的视觉延伸到社会各个领域，如精准扶贫、环境保护、生态旅游、交通运输、航空航海、健康养生等。创新摄影、讲好气象故事、塑造气象形象、弘扬气象精神，助力气象事业高质量发展，提升部门影响力，是气象摄影追求的永恒目标。

三要"抢"占融媒体阵地。以融媒体思维，用镜头"抢"占融媒体阵地，策划拍摄出具有强大传播力、引导力、影响力、公信力的摄影作品。有视觉冲击力的气象新闻图片、接地气的气象短视频作品都是融媒体的香饽饽。

气象摄影要注意以下三个站位。一是提高政治站位。宣传工作要"因势而谋、应势而动、顺势而为"，气象摄影工作者同样要有较高的政治思想素质、大局意识、判断能力，哪些该拍，哪些不该拍，要把握好分寸。二要注重技巧站位，提高反应能力和预测能力，快速进入拍摄状态，抢抓精彩的瞬间。对于抓拍以人为主体的场景，要了解当事人的心理特点。人遇到高兴、不高兴的事情，肢体语言可能会比较丰富，作出这些预测时往往可以让自己提前准备各项参数，第一时间进入拍摄状态。抓拍题材最为需要的"技巧"就是尽量调整自己的站位，使用相应的自然光线，不要破坏画面的自然性，减少摆拍的元素。三要把握安全站位。了解拍摄时的各种环境安全,留意附近的警告牌,免生意外;留意天气预报尤其重大转折天气的变化,雨后不宜在湿、斜、滑的地方高攀奔跑拍摄;拍摄易燃易爆场所的气象服务,注意电路、用电设备的安全连接,切忌触碰、引闪火花,避免出现漏电,消除安全隐患;街拍时注意过街道车辆穿行安全。

思考题

(1)气象摄影与气象新闻摄影有什么区别和联系?

(2)台站摄影有什么意义? 请你结合自身实际,用图片看看台站的历史变化。

(3)你认为气象摄影该怎么拓展和创新?

参考文献

艾丰.2010. 新闻写作方法论[M]. 北京:人民日报出版社:36-38.

保密工作培训教材编写组.2016. 保密工作培训教材[M]. 北京:石油工作出版社.

蔡伟民.2009. 政务公开理论与实践[M]. 北京:中国农业出版社.

柴振国.2007. 劳动合同法百姓导读[M]. 北京:中国检察出版社.

崔讲学.2011. 县级气象局综合管理[M]. 北京:气象出版社.

国家保密局培训教材编写组.2013. 保密工作概论[M]. 北京:金城出版社.

国家发展改革委,住房城乡建设部.2014. 党政机关办公用房建设标准[Z].

韩小伟.2017. 公文写作格式与范例大全[M]. 北京:中国言实出版社.

侯通由.2005. 中华人民共和国公务员法辅导读本[M]. 北京:法律出版社.

胡光伟,刘景山.2007. 新世纪干部人事工作手册[M]. 北京:人民日报出版社.

华蓉.2016. 对科普讲解的几点浅见[J]. 云南科技管理,2:62-64.

黄俊,杨晓飞.2014. 博物馆数字化科普平台建设[J]. 上海:文物保护与考古科学,26(4):116-121.

机关礼仪修养实用手册编写组.2015. 机关礼仪修养实用手册[M]. 北京:中国言实出版社.

矫梅燕.2018. 践行使命任务促进融合发展,奋力开拓新时代气象宣传科普工作新局面[Z].

金正昆.2013. 公务礼仪[M]. 北京:北京联合出版公司.

黎建飞.2007. 劳动合同法热点、难点、疑点问题全解[M]. 北京:中国法制出版社.

李克荣.2011. 安全生产管理知识(2011年版)[M]. 北京:中国大百科全书出版社.

李良福,何建平.2016. 气象安全生产事故风险管理与实践[M]. 北京:气象出版社.

李德明.2014. 新闻策划实战宝典[M]. 湖北:湖北教育出版社:102-105.

李逢林.2012. 科普场馆讲解模式初探[J]. 科协论坛,6:191-192.

李兴山.2010. 现代管理学(第三版)[M]. 北京:中共中央党校出版社.

练江帆.2012. 气象影视科普的创作原则和发展特点[J]. 广东气象,6:45-47.

梁佼佼,彭杏芳.2016. 礼仪与沟通实务[M]. 成都:西南交通大学出版社.

梁玉萍,丰存斌.2010. 沟通与协调的技巧和艺术[M]. 北京:中国人事出版社.

梁仲明.2015. 公务员管理理论、制度与方法[M]. 北京:北京大学出版社.

廖广莲.2015. 新闻通讯传媒写作技巧与范例[M]. 北京:北京联合出版公司:85-88.

刘明华,徐泓,张征.2002.21世纪新闻传播学系列教材新闻写作教程[M]. 北京:中国人民大学出版社:
43-45.

陆铭,龙国祥,李傲.2015. 科普园地植入"城市细胞"[C]. 北京:气象出版社,90-98.

潘海娃.2011. 浅谈用PPT制作气象科普作品[J]. 浙江气象,32(3):41-43.

邱成利,刘文川.2015. 提高科普讲解能力的方式与途径初探[J]. 科普研究,5:83-91.

任珂.2017. 气象科普产品开发的现状与发展方向探索[J]. 北京:科技传播:77-79.

如果科普内容制作像建PPT一样简单.[EB/OL]. https://bajiaha.baidu.com/sid=15962441194127607178.wfr
=spider&.for=pe,2019-1-5.

温志强,孙紫夏.2013. 中国公务员管理[M]. 北京:北京大学出版社.

夏海波.2013. 公文写作与处理[M]. 北京:北京大学出版社.

夏书章,王乐夫,陈瑞莲.2013. 行政管理学(第五版)[M]. 北京:高等教育出版社.

徐成华,孙维,房庆等.2012.党政机关公文格式[M].北京:中国质检出版社,中国标准出版社.

许小峰.2017.安全生产与气象[M].北京:气象出版社.

许小峰.2010.现代气象服务[M].北京:气象出版社.

闫剑利.2016.浅析新媒体时代的科普理念与科普平台的建设[J].科技传播,116-117.

杨斗立.2015.天空观地球,遥知风云变发展中的国家卫星中心科普教育基地[C].北京:气象出版社:
103-106.

杨维东.2014.社会化媒体环境下科普宣传的平台构建与路径探索[J].新闻界.13:63-66.

张广振,涂慧.2015.新媒体环境下科普平台的构建—基于双边市场理论视角[J].绿色科技.3:289-291.

张浩.2017.新编政务信息写作全书[M].北京:中国文史出版社.

中共中央.2019.中国共产党党组工作条例[M].北京:人民出版社.

中国气象局办公室.2012.中共中国气象局党组贯彻落实中央关于改进工作作风、密切联系群众八项规定的
实施意见[Z].

中共中央办公厅,国务院办公厅.2012.党政机关公文处理工作条例[Z].

中国气象局办公室.2020.中国气象局气象灾害应急预案[Z].

中国气象局.2009.重大突发事件信息报送标准和处理办法实施细则[Z].

中共中央办公厅,国务院办公厅.2017.党政机关办公用房管理办法[Z].

中国气象局办公室.2001.中国气象局印章管理规定[Z].

中国气象局党组.2018.关于加强气象宣传工作的意见[Z].

中国气象局办公室.2018.气象科普发展规划(2019—2025年)[Z].

中共中央办公厅,国务院办公厅.2012.党政机关公文处理工作条例[Z].

周骏.2011.科普影视作品的创作[J].视听纵横,3:124.

邹建华.2011.如何面对媒体-政府和企业新闻发言人实用手册[M].上海:复旦大学出版社:119-126.

后 记

为充分发挥教育培训对基层人才培养的支撑作用,使县级气象局政务管理相关岗位人员掌握相关知识和工作方法,熟悉县级气象局政务管理的规范和流程,提高政务管理人员的综合素质和履职能力,达到政务管理岗位的上岗要求,在中国气象局气象干部培训学院的统一组织下,湖北分院承担了"县级气象局政务管理"教材的编写工作。

教材的编写经历了八个阶段:制定实施方案,构建编写团队;召开启动会议,拟定编写提纲;理论学习研究,开展基层调研;编撰教材初稿,内部研讨修改;征求专家意见,封闭修改成稿;专家统稿完善,组织专家评审;梳理评审意见,反复修改完善;对照出版要求,集中统一定稿。历时四年,六易其稿,终于完成了教材的编写工作。

本教材由湖北省气象局党组成员、副局长彭军任主编把关并亲自参与编研。许多专家学者对编研工作给予了悉心指导,柯怡明、王志强、余淼、童哲堂、吴义城、匡如献、张鸿雁、胡国超等参与了研讨、咨询,姜海如参与了编审工作。第一章由李劭翌组稿,第二章由向辽元和向玉春组稿,第三章黄群由组稿,第四章由周芳组稿,第五章由陆铭组稿,最后由陈石定、谢赛、王章敏、顾文波统稿。

本教材编研得到中国气象局气象干部培训学院、中国气象局人事司干部培训处的大力支持,参阅引用了许多文献和研究成果,在此一并表示衷心的感谢!

由于县级气象局政务管理工作涉及的内容十分广泛,而且东、中、西部差别较大,加之编写者水平有限,书中难免有一些疏漏之处,恳请读者提出宝贵意见。